Michael Kresse
Markus Bause

ITIL® ALLES WAS MAN WISSEN MUSS

ITIL® LICENSED PRODUCT

SERVIEW
CONSULTING.
TRAINING.
DIFFERENT!

Co-Autoren:
Katrin Alt
Dr. Gisela Böndgen
Gerd Cardinale
Heiko Diekelmann
Ulrich Eisenbarth
Johannes Fauth
Ralf Gorecki
Sabine Handwerk
Michael Heyn
Björn Hinrichs
Roland Hoffmann
Oliver Imm
Simon Kahnert
Marc Köhler
Timo König
Hans-Jürgen Kresse
Wolfgang Krüger
Frank Lülsdorf
Bernd Papachrissanthou
Dirk Rosenow
Torsten Schneider
Harald Schöffmann
Hilmar Stock
Peter Tröger
Marcus Wagner
Michael Weber

ISBN 978-3-9813151-8-9

1. Auflage Januar 2015

IMPRESSUM
Medieninhaber, Herausgeber und Verleger: SERVIEW GmbH
Gartenstr. 23, 61352 Bad Homburg v.d.H., Deutschland
Tel.: +49(0) 6172 / 177 44-0
info@serview.de / www.serview.de
Konzeption und Gestaltung: SERVIEW GmbH
Druck: ABT Print und Medien GmbH

INHALTSVERZEICHNIS

VORWORT

Es ist wie mit einem guten Wein: Er muss die notwendige Zeit zum Reifen bekommen. Seit fast 30 Jahren gibt es ITIL®, um den Service und IT Organisationen Anregungen und Ideen für ihre Geschäftsausrichtung an die Hand zu geben. Die Version 1 von ITIL® war im deutschsprachigen Raum nur Wenigen ein Begriff. Erst mit der Version 2 erwachte ITIL® aus dem Winterschlaf und wurde zum De-facto-Standard für Service Management. Vor gut sieben Jahren brach ITIL® erneut zur Reise auf, um weiter zu wachsen. Die ITIL® Version 3 entstand.

Weil alles im Leben seine Zeit hat, musste auch ITIL® als Best Practice sich den neuen Erfahrungen stellen und dazu lernen. Im Sommer 2011 war es dann soweit, das Update von ITIL® Version 3 wurde als ITIL® Edition 2011 veröffentlicht. Man kann jetzt wieder mit Recht sagen, dass ITIL® auf der Höhe der Zeit ist. Auf mehr als 1.800 Seiten beschreibt ITIL® (Edition 2011), in der originalen englischen Ausgabe, Best Practices für eine kundenorientierte Service und IT Organisation.

Für dieses Buch haben wir uns als Ziel gesetzt, das Wesentliche aus dieser neuen Sammlung in eine überschaubare Größenordnung zu transportieren, angereichert mit wichtigen Informationen über angrenzende Methoden zur Steuerung und Optimierung der Services.

Beim Lesen des Buches habe ich für mich festgestellt, dass wir unser Ziel erreicht haben. Doch es ist wie mit einem guten Wein, es entscheidet der persönliche Geschmack über die wirkliche Reife.

Ich wünsche Ihnen viel Spaß beim Lesen,

Ihr Michael Kresse

Hinweis

PEOPLECERT
Certifying Professionals

PEOPLECERT ist ein weltweit führendes Unternehmen, dass Zertifizierungen von professionellen Kompetenzen durchführt. Wir haben bereits über 4 Millionen Prüfungen in 135 Länder geliefert und bieten hochwertige, weltweit anerkannte Qualifikationen an.

PEOPLECERT arbeitet eng mit AXELOS zusammen und bietet Global Best Practices wie ITIL®, PRINCE2®, MSP® sowie andere Standards an.
Diese Methoden und Standards werden von PEOPLECERT durch innovative und sichere Lösungen geprüft.

Wir teilen und unterstützen die Philosophie der Wertschöpfung für die Kunden von SERVIEW, dem Marktführer im deutschsprachigen Raum.

PEOPLECERT liefert:

- Web- und papierbasierte Prüfungen in **24 Sprachen**
- Über **10.000** Prüfungsstandorte weltweit
- **Online Prüfungen**, wobei die Prüfung mit einer Web-Camera live durchgeführt wird - Jederzeit und Platz unabhängig
- Während der Durchführung von Online Prüfungen wird der Kandidat von dem Kundendienst von PEOPLECERT unterstützt, falls es Probleme mit dem Internetzugang oder sonstigem gibt

- SERVIEW bietet die Gutscheine für diese Prüfungen an, als integrales Teil Ihres Virtual Classroom Angebotes
- **Direkte** Übermittlung des Prüfungsresultates (Vorläufiges Ergebnis)
- **Zertifikate** in **gedruckter** Form oder als **E-Zertifikat** (PDF)
- Ein Portal für Kandidaten; einfach und bequem über das Web zu erreichen
- Mehrsprachiger Kundendienst, 24/7/365
- Gebührenfreie Telefonnummern

ITIL® ACCREDITED EXAMINATION INSTITUTE

PRINCE2® ACCREDITED EXAMINATION INSTITUTE

Für weitere Informationen, besuchen Sie uns unter:

www.peoplecert.org

Mit Handy scannen und mehr erfahren

01

EINFÜHRUNG

1.1 Was ist ITIL®?

ITIL ist eine herstellerunabhängige Sammlung von Best Practices, mit denen es dienstleistenden Organisationen über einen prozessorientierten skalierbaren Ansatz ermöglicht wird, Effizienzsteigerungen innerhalb ihrer Prozesse zu erzielen und somit ihren Kunden einen gleichbleibenden Service zu liefern. Seit seiner Entstehung in den 80iger Jahren hat sich ITIL zum führenden Framework für die Steuerung, Koordination und das Management für Service-Organisationen entwickelt.

Federführend arbeitet das britische Unternehmen AXELOS, welches das intellektuelle Eigentum an ITIL übernommen hat, zusammen mit verschiedensten Service Management Instituten und Foren am Ausbau und an der Weiterentwicklung der Bibliothek. Seit den 90er Jahren hat sich ITIL zu einem internationalen De-facto-Standard entwickelt. ITIL war anfangs eine Serie von mehr als 40 Büchern und bestand aus 26 Modulen. Diese erste große Library bezeichnet man auch als ITIL v1. Im Zuge der ständigen Verbesserung wurden zwischen den Jahren 2000 und 2004 die Inhalte von ITIL v1 in einem großen Release modernisiert und in acht wesentlichen Büchern zusammengefasst: ITIL v2. Im Frühsommer 2007 erschien die ITIL Version 3, die im Jahr 2011 in Form eines neuen Release (Edition 2011) nochmals überarbeitet wurde.

Die Library besteht aus drei wesentlichen Bereichen:
- ITIL Core (Kernpublikationen)
- ITIL Complementary Guidance (Ergänzungen)
- ITIL Web Support Services

Die Kernpublikationen umfassen einen Satz von fünf Büchern, die ein Lifecycle Modell von der Service Strategie bis zur kontinuierlichen Service Verbesserung abbilden. Die Titel und Themen sind:

- Service Strategy (Service Strategie)
- Service Design (Service Konzeption und -Planung)

- Service Transition (Service Implementierung bzw. Einführung)
- Service Operation (operativer Betrieb von Services)
- Continual Service Improvement (kontinuierliche Verbesserung von Services)

1.1.1 ITIL® Seminar- und Qualifizierungsschema

Im Rahmen von ITIL ist aktuell folgendes Seminar- und Qualifizierungsangebot vorhanden:

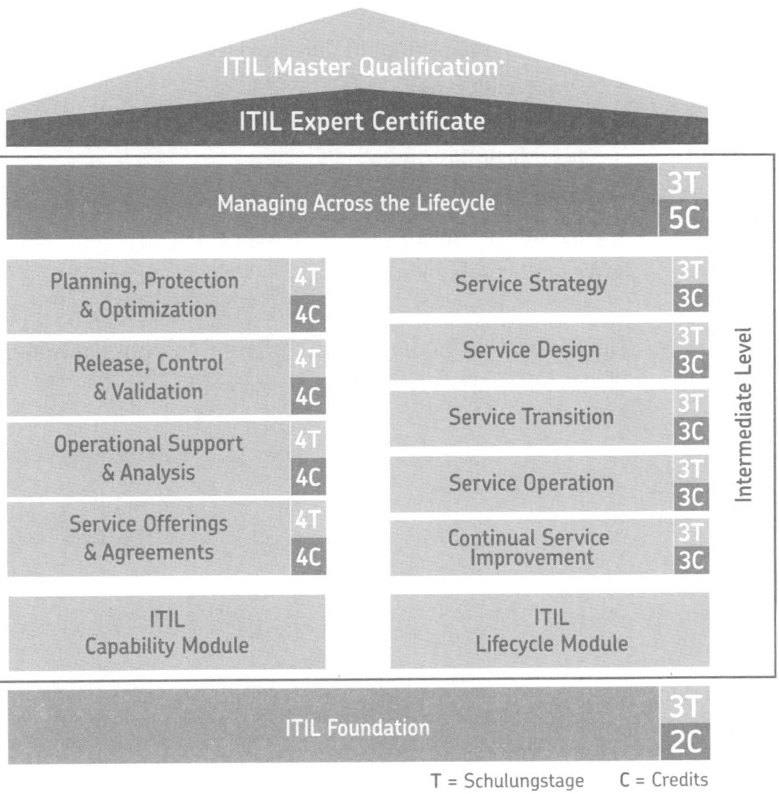

*Die ITIL Master Qualification ist keine Ausbildung mit Prüfung, sondern kann ausschließlich von ITIL Experts durch den Nachweis von mehrjähriger Praxiserfahrung in der Anwendung von ITIL erlangt werden.

1.1.2 ITIL® Foundation – der Einstieg

Die Foundation ist der Einstieg in die Service Management Schulungslaufbahn. Hier gewinnt man einen Überblick über ITIL und seine wichtigsten Elemente. Man lernt die Verknüpfungen zwischen den einzelnen Phasen des Lifecyle, die verwendeten Prozesse und die Vorteile der Service Management Practices kennen. Nach dem Kurs ist man mit der allgemeinen ITIL-Terminologie vertraut.

Nach erfolgreicher Ausbildung und Prüfung sind Kenntnisse zu folgenden Themen vorhanden:

- Service Management in der Praxis
- Service Lifecycle
- ITIL-Schlüssel-Prinzipien und -Modelle
- Wesentliche Konzepte
- Wesentliche Prozesse
- Wesentliche Rollen
- Wesentliche Funktionen

Die Foundation ist die unverzichtbare Basis für alle weiteren Qualifikationen im ITIL-Qualifizierungsschema.

1.1.3 ITIL® Intermediate – zwei Streams zur Auswahl

Der Intermediate Level bietet zwei Streams für die Zertifizierung. Jeder Stream beinhaltet eine Reihe von unterschiedlichen Kursen und Zertifikaten.

Service Lifecycle Stream

Der Fokus der Seminare liegt jeweils auf einer in sich abgeschlossenen Lifecycle-Phase. Man lernt die Prozesse, Aktivitäten, Grundprinzipien und kritischen Erfolgsfaktoren sowie die für die Organisation relevanten Aspekte kennen, die für die Steuerung und das Management der jeweiligen Phase notwendig sind. Ziel ist, das wesentliche Know-how aufzubauen, um alle Inhalte einer bestimmten Lifecycle-Phase verstehen und erfolgreich in der Praxis anwenden zu können.

Service Capability Stream

Der Fokus der Seminare liegt auf den Prozessaktivitäten, der Anwendung und dem Gebrauch des Service Lifecycle. Ziel ist, den Teilnehmern einen detaillierten Blick in die entsprechenden Aktivitäten, Grundprinzipien und deren Anwendung zu ermöglichen.

Kombinieren erlaubt

Die Kurse aus den beiden oben genannten Intermediate Streams sind in vier Varianten kombinierbar.
Weitere Informationen zu den Kursen und deren Kombinationsmöglichkeiten finden Sie auf der nächsten Seite.

1.1.4 Wie wird man ITIL® Expert?

Das ITIL Qualifizierungsschema beinhaltet ein Punktesystem. Dies bedeutet, dass man für jede erfolgreich abgelegte ITIL Zertifizierung eine bestimmte Anzahl an Credits (Punkten) erhält. Sobald man 22 Punkte gesammelt hat, wird einem der ITIL Expert Status verliehen.

Abb. > Die sechs möglichen Wege zum ITIL® Expert Status

		ITIL® Expert Weg 1
	Erzielte Punktzahl	22
	Managing across the Lifecycle	5
Capability Module	Planning, Protection & Optimization	
	Service Offerings & Agreements	
	Release, Control & Validation	
	Operational Support & Analysis	
Lifecycle Module	Service Strategy	3
	Service Design	3
	Service Transition	3
	Service Operation	3
	Continual Service Improvement	3
Basis	Foundation	2

Nicht alle Kurse sind frei miteinander kombinierbar. Im Schaubild sind die sechs möglichen Wege dargestellt.

ITIL® Expert Weg 2	ITIL® Expert Weg 3	ITIL® Expert Weg 4	ITIL® Expert Weg 5	ITIL® Expert Weg 6
23	24	25	25	24
5	5	5	5	5
4	4	4		
4	4	4	4	
4		4	4	4
4			4	4
				3
			3	3
	3			
	3	3		
	3	3	3	3
2	2	2	2	2

SERVIEW empfiehlt den ITIL Expert-Status über die Lifecycle Module anzustreben. Hierfür wurden drei verschiedene Varianten entwickelt. Alle Informationen über die Schulungen und die Inhalte stehen unter www.serview.de zur Verfügung.

Abb. >
ITIL® Ausbildungsvarianten bei der SERVIEW im Vergleich

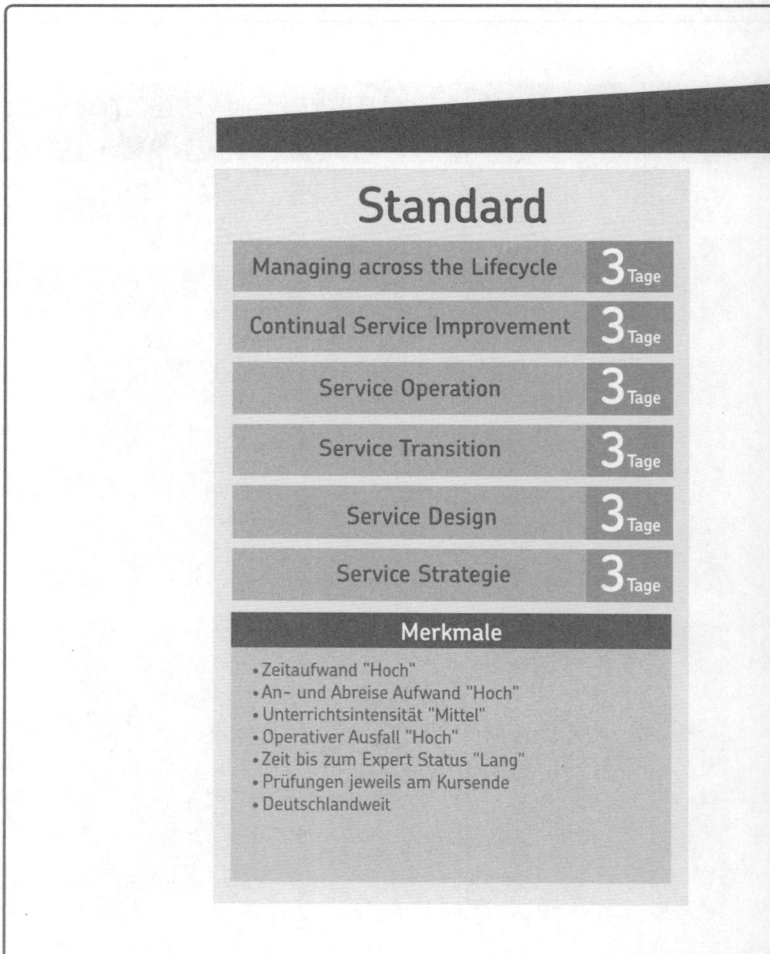

ITIL® Expert

Kompakt

Kompakt III — 5 Tage

Continual Service Improvement +
Managing across the Lifecycle

Kompakt II — 5 Tage

Service Transition +
Service Operation

Kompakt I — 5 Tage

Service Strategie +
Service Design

Merkmale

- Zeitaufwand "Mittel"
- An- und Abreise Aufwand "Mittel"
- Unterrichtsintensität "Mittel"
- Operativer Ausfall "Mittel"
- Zeit bis zum Expert Status "Mittel"
- Prüfungen im Kurs
- Deutschlandweit

Intensiv

Intensiv Block II — 7 Tage

Service Operation +
Continual Service Improvement +
Managing across the Lifecycle

Intensiv Block I — 7 Tage

Service Strategie +
Service Design +
Service Transition

Merkmale

- Zeitaufwand "Niedrig"
- An- und Abreise Aufwand "Niedrig"
- Unterrichtsintensität "Hoch"
- Operativer Ausfall "Niedrig"
- Zeit bis zum Expert Status "Kurz"
- Prüfungen im Kurs
- Nur im Partnerhotel "Öschberghof"

1.1.5 Wie implementiert man erfolgreich Service Management auf Basis von ITIL®?

Abb. >
Vorgehensmodell zur Einführung von Service Management
Source: SERVIEW GmbH

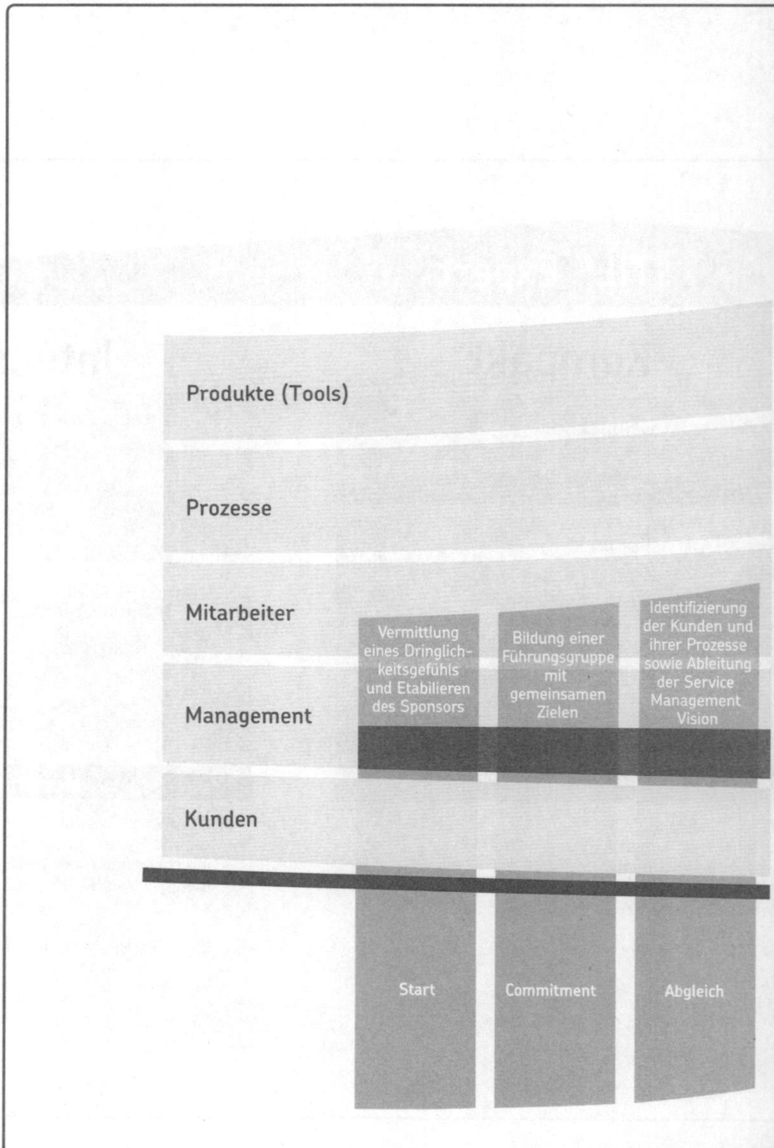

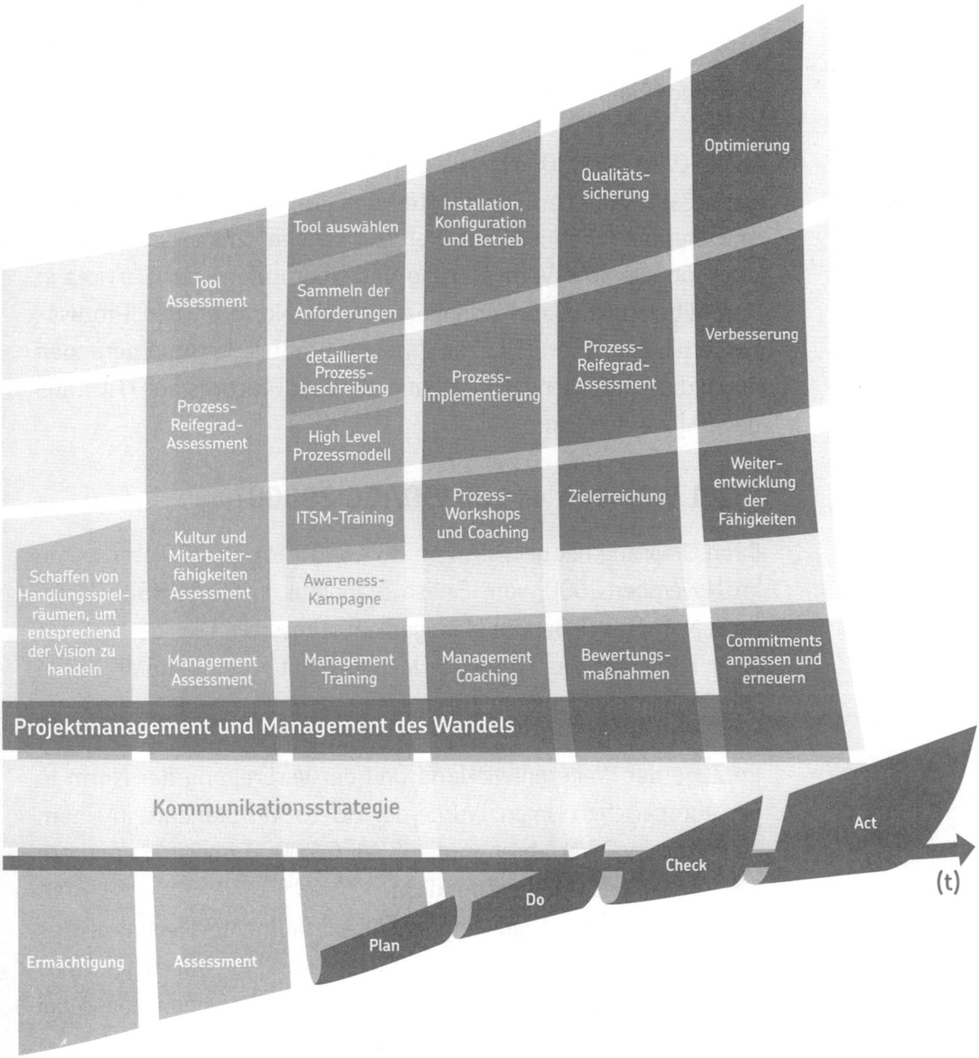
Optimierung
Qualitäts-sicherung
Installation, Konfiguration und Betrieb
Tool auswählen
Tool Assessment
Sammeln der Anforderungen
Verbesserung
Prozess-Reifegrad-Assessment
detaillierte Prozess-beschreibung
Prozess-Implementierung
Prozess-Reifegrad-Assessment
High Level Prozessmodell
Weiter-entwicklung der Fähigkeiten
ITSM-Training
Prozess-Workshops und Coaching
Zielerreichung
Kultur und Mitarbeiter-fähigkeiten Assessment
Schaffen von Handlungsspiel-räumen, um entsprechend der Vision zu handeln
Awareness-Kampagne
Management Assessment
Management Training
Management Coaching
Bewertungs-maßnahmen
Commitments anpassen und erneuern
Projektmanagement und Management des Wandels
Kommunikationsstrategie
Act
Check
Do
Plan
(t)
Ermächtigung
Assessment

1.2 Was ist ISO/IEC 20000?

Die Norm gilt als international anerkannter Qualitätsstandard für IT Service Management. Sie fordert den integrierten Einsatz von Management-Prozessen für die Lieferung von Dienstleistungen (Services) als ganzheitlichen Ansatz zwischen internen und externen Organisationen im Rahmen eines Service Management Systems.

Die ISO/IEC 20000 gibt die Mindestanforderungen vor, die ein Service-Provider erfüllen sollte, um Dienstleistungen Kunden- und Businessorientiert anbieten zu können. Weiterhin stellt sie die kontinuierliche Verbesserung und Überprüfung der Services in den Mittelpunkt. Dabei orientiert sich die Norm an den Prozessbeschreibungen von ITIL®, so dass ein Großteil der Anforderungen durch die konsequente Umsetzung der Best Practices aus ITIL® abgedeckt werden kann.

1.2.1 Wie kam es zur ISO/IEC 20000?

Ihren Ursprung hat die Norm im BS 15000 Standard. Dieser wurde im November 2000, vom British Standards Institute (BSI), als die neue Norm für IT Service Management vorgestellt. Dies geschah auf einer Konferenz des IT Service Management Forums (itSMF UK) in Birmingham, England.

Im Zuge der Weiterentwicklung und der Verbreitung der Norm in der europäischen Union, wurde der BS 15000 Standard in einem „fast Tracking"-Verfahren in die ISO/IEC 20000 überführt und am 15. Dezember 2005 veröffentlicht.
Im weiteren Verlauf sind ergänzende Dokumente (Technical Reports) entstanden und veröffentlich worden. Im Jahr 2010 wurde die ISO/IEC 20000-1 einem Review unterzogen und dabei grundlegend überarbeitet. Im April 2011 wurde die neue Version veröffentlicht und ersetzt damit die bisher gültige 2005er Version in der Anwendung für Zertifizierungen und interne Audits bei IT-Service-Providern.

1.2.2 Wie ist die ISO/IEC 20000 aufgebaut?

Das folgende Schaubild gibt einen Überblick über die in der Norm beschriebenen Prozesse, Prinzipien und Ansätze.

1.2.3 Was beinhalten die einzelnen Teile der ISO/ IEC 20000?

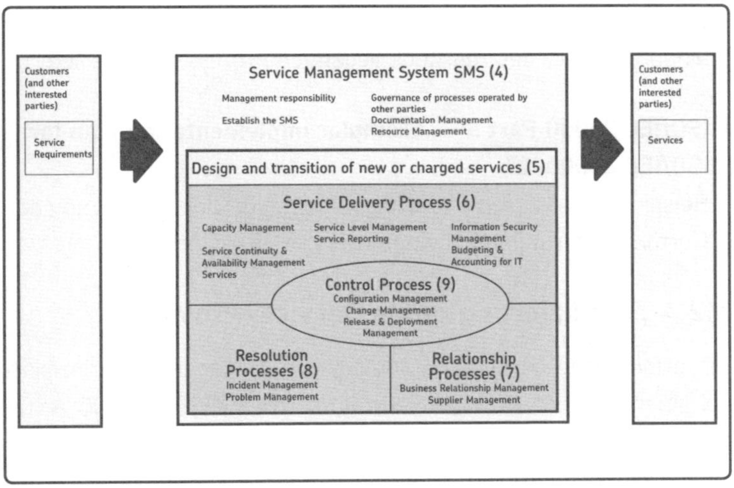

< Abb.
Übersichtsgrafik der ISO/IEC 20000-1:2011 Struktur
Source: www.iso.org – ISO/IEC 20000-1:2011

- **ISO/IEC 20000 Part 1 – „Service Management: Specification"**
  Der erste Teil (ISO/IEC 20000-1:2011) enthält die formelle Spezifikation („Shall"-Kriterien) des Standards. Es sind Vorgaben dokumentiert, die eine Organisation einhalten, sicherstellen und nachweisen muss, um eine Zertifizierung zu erhalten.

- **ISO/IEC 20000 Part 2 – „Guidance on the application of Service Management"**
  Innerhalb des zweiten Teils (ISO/IEC 20000-2:2011) werden die Anforderungen des ersten Teils um Erläuterungen von Best Practice Ansätzen ergänzt. Dieser Teil bietet Leitlinien und Empfehlungen für die IT-Service-Management-Prozesse im Rahmen des formellen Standards.

- **ISO/IEC 20000 Part 3 – „Guidance on scope definition and applicability of ISO/IEC 20000-1"**
  Dieses ergänzende Dokument (Technical Report) dient als Hilfestellung zur Festlegung des Betrachtungsumfangs und der grundsätzlichen Anwendbarkeit der Norm.

- **ISO/IEC 20000 Part 4 – „Process reference model"**
  Ebenfalls ein ergänzendes Dokument (Technical Report), welches einen Überblick des zugrunde liegenden Prozess-Modells liefert.

- **ISO/IEC 20000 Part 5 – „Exemplar implementation plan for ISO/IEC 20000-1"**
  Beispielhaftes Implementierungsschema für eine Umsetzung der Normanforderungen bei einem Service-Provider.

1.2.4 Zertifizierung eines Service-Providers

Die erfolgreiche Umsetzung von Service Management Prinzipien bei einem Service-Provider kann durch die ISO/IEC 20000 zertifiziert werden. Damit besteht die momentan einzige Möglichkeit, eine erfolgreiche Implementierung des Service Managements anhand eines internationalen Standards objektiv zu messen und zu auditieren.

> **Anmerkung**: Eine Zertifizierung von ITIL für Unternehmen ist nicht möglich.

Eine ISO/IEC 20000 Zertifizierung kann auf einen Kunden, einen Service oder einen Standort des Service-Providers begrenzt werden. Durchgeführt werden die Zertifizierungsaudits durch unabhängige Prüforganisationen – den Certification Bodies (CB), die im Laufe eines Zertifizierungsaudits die Umsetzung der geforderten Punkte überprüfen.

Weiterhin muss der Service-Provider verschiedene Dokumente und Reports (documents & records) vorweisen können, um die Effektivität und Effizienz, die Planung, das Handling und die Steuerung von:

- Richtlinien und Plänen,
- Service Level Agreements,
- Prozessen und Prozeduren,
- Aktualität der Reports und
- Prozeduren und Verantwortlichkeiten für das Management der Dokumentationen

vorweisen zu können.

Alle Rollen und Verantwortlichkeiten des Service Managements müssen definiert und bezüglich der geforderten Kompetenzen stets aktuell sein. Mitarbeiterkompetenzen und Trainingsanforderungen müssen regelmäßig überprüft werden und das Top Management muss sicherstellen, dass:

- jedem seine Rolle und deren Aufgaben bekannt sind und
- jeder die Notwendigkeit der Zielsetzung sowie -erreichung des Service Managements verstanden hat.

1.2.5 Seminare

Die ISO/IEC 20000 bietet eine ganze Reihe an Qualifizierungsmaßnahmen.
Aktuelle Informationen über alle angebotenen Seminare finden Sie unter: **www.serview.de**

1.3 Was ist COBIT®5?

Viele Unternehmen haben in den vergangenen Jahren ein großes Augenmerk auf das Thema Governance gelegt und dementsprechend auch ihre Ausrichtung professionalisiert.
COBIT gilt als das international am meisten anerkannte Framework für Governance und Management von Informationen (wenn COBIT von „IT“ spricht, ist dabei weniger die organisatorische Einheit gemeint, als vielmehr alles, was mit Informationen und den damit in Bezug stehenden Technologien zu tun hat). Es gliedert IT-bezogene Aufgaben in Form eines Domänen- und Prozess-Frameworks und liefert Verbindungen von Unternehmenszielen zu IT- und Prozesszielen. COBIT stellt darüber hinaus Messgrößen und Fähigkeitsbewertungsmodelle zur Verfügung, identifiziert Verantwortlichkeiten auf Unternehmens- und IT-Seite und betont die Bedeutung des „Faktor Mensch“ für den Erfolg aller Governance- und Management Aktivitäten.

Die Anwendung von COBIT soll die Erreichung folgender Ziele unterstützen:

- Realisierung von Geschäftsnutzen durch eine effektive und innovative Nutzung der Unternehmens-IT
- Erreichen von operativer Excellence durch verlässlichen und effizienten Technologieeinsatz
- Begrenzung der mit IT zusammenhängenden Risiken auf ein akzeptables Niveau
- Optimierung der Kosten für IT Services und Technologien
- Erfüllung von immer höher werdenden rechtlichen und regulatorischen Anforderungen

COBIT wurde vom internationalen Verband der IT- und Wirtschaftsprüfer (ISACA, Information Systems Audit and Control Association) entwickelt. COBIT basiert auf den international anerkanntesten Standards, Frameworks und Best Practices wie z. B. ITIL, PRINCE2, COSO, ISO 38500 oder ISO 27000. In COBIT werden diese unterschiedlichen Guidelines integriert und die wichtigsten Inhalte in einem übergeordneten Framework zusammengeführt. Dabei konzentriert sich COBIT weniger auf das Wie ein angemessenes Governance und Management der IT zu erreichen ist, sondern Was dafür erforderlich ist.

COBIT ist in seiner aktuellen Version 5 zu einer umfangreichen Produktfamilie angewachsen. COBIT 5 liefert eine ganzheitliche, integrative und komplette Sicht auf Governance und Management der IT. Diese ist konsistent, bietet eine durchgängige Sicht auf alle IT-bezogenen Sachverhalte und liefert eine ganzheitliche und systemische Perspektive. Darüber hinaus ist COBIT 5 konsistent zu generell akzeptierten Corporate Governance Standards sowie weiteren Standards und Rahmenwerken, die behilflich sind, regulative Anforderungen zu erfüllen. Dabei baut COBIT 5 auf mehr als 15 Jahre Erfahrung bei praktischem Einsatz und Anwendung von Governance und Management der IT auf.
Der Fokus bleibt auf der Ebene von Zielsetzung, Steuerung und Messung, so dass COBIT 5, wie in den vorhergehenden Versionen, in keiner Weise versucht mit stärker umsetzungsorien-tierten Rahmenwerken wie PRINCE2 oder ITIL in Konkurrenz zu treten.
In Anlehnung an die ISO 38500 werden in COBIT 5 der Unterschied zwischen Governance und Management sowie die Verantwortlichkeiten der Unternehmensleitung für die Governance der IT stark hervorgehoben. Das enthaltene Prozessmodell zeigt auf, wie Aufgaben und Verantwortlichkeiten zwischen Business-Seite und IT verteilt sind und wie diese zusammenspielen. Darüber hinaus wird auch die Rolle des Faktors Mensch bei Umsetzung und Weiterentwicklung von Governance und Management der IT berücksichtigt.

1.3.1 Seminar- und Qualifizierungsschema COBIT® 5

Für COBIT 5 gibt es folgende Seminare und Qualifizierungen:

COBIT® 5 Foundation:
Bei dem 2 tägigen COBIT 5 Foundation Training und Zertifizierung handelt es sich um eine Grundlagen-Qualifikation. Das Seminar gibt Ihnen einen kompakten Überblick über die Architektur, die Schlüsselprinzipien, die grundlegenden Konzepte und Prozesse, sowie die in COBIT enthaltenen Publikationen und bereitet Sie auf die weiterführenden COBIT 5 – Seminare vor.
Nach dem Training sind Sie in der Lage, den Nutzen, der durch die Anwendung von COBIT 5 entsteht, für Ihr Umfeld zu beurteilen und das Thema Governance wertschöpfend voran zu bringen.

COBIT® 5 Implementation:
COBIT kann nur dann erfolgreich eingesetzt werden, wenn es an die individuelle Umgebung des Unternehmens angepasst wird. Jeder Implementierungsansatz muss sich zudem mit den spezifischen Herausforderungen auseinandersetzen, insbesondere dem Umgang mit Kultur und Verhalten.
Im Rahmen der COBIT 5 Produktfamilie bietet die Publikation „COBIT® 5 Implementation“ einen praktischen und umfassenden Implementierungsleitfaden, der auf einem Lebenszyklus der kontinuierlichen Verbesserung basiert. Er möchte weder einen bestimmten Ansatz vorschreiben, noch versteht er sich als vollständige Lösung. Der Leitfaden soll als Orientierung dienen, um gängige Stolperfallen zu vermeiden, von bewährten Verfahren zu profitieren und die Schaffung erfolgreicher Ergebnisse zu unterstützen. Auf dieser Publikation basieren das COBIT 5 Implementation Training sowie die dazugehörige Zertifizierung.
Bei dem COBIT 5 Implementation Training und Zertifizierung handelt es sich um eine Qualifikation für Fortgeschrittene (Practitioner-Level). Ziel des Seminars COBIT 5 Implementation ist es, Sie in die Lage zu versetzen, den COBIT 5 Implementierungsansatz in Ihrer Organisation anzuwenden.

COBIT® 5 Assessor:

Die COBIT 5 Produktgruppe umfasst ein Prozessbefähigungsmodell (Process Assessment Model (PAM)), das auf dem international anerkannten Standard „ISO/IEC 15504 Informationstechnik - Prozess-Assessment beruht. Diese Publikation wird ergänzt durch den COBIT 5 Assessor Guide, welcher die wesentliche Anleitung liefert, um eine Bewertung der Leistungsfähigkeit von Prozessen durchzuführen. Es werden die wichtigsten Schritte von der Assessment Initiierung bis zum Reporting der Assessment Ergebnisse inklusive der notwendigen Rollen, Verantwortlichkeiten und Kompetenzen aufgezeigt.

Das COBIT 5 Assessor Seminar sowie die dazugehörige Qualifikation basieren auf diesen Publikationen.

Bei dem COBIT 5 Assessor Training und Zertifizierung handelt es sich um eine Qualifikation für Fortgeschrittene (Practitioner-Level).

Ziel des COBIT 5 Assessor Seminars ist es, Sie in die Lage zu versetzen, das Process Assessment Model (PAM) anzuwenden sowie die Rolle eines Assessors oder Lead Assessors einzunehmen und auszufüllen.

Hinweis

Die WAGO Kontakttechnik GmbH & Co. KG erfüllt ihre hohen Anforderungen mit LANDESK Service Desk

"Unsere Exchange-basierte Helpdesk-Lösung war einfach und effektiv, ist aber an ihre Grenzen gestoßen", erinnert sich Herr Eulenberg, Leiter Systemmanagement bei WAGO. "Für die hohe Zahl der Tickets war der Exchange-Server nicht ausgelegt." Heute arbeiten 49 IT-Mitarbeiter mit der LANDESK-Lösung, darunter die zwölf First-Level-Supporter am nun ITIL®-konform gestalteten Service-Desk. Welche Vorteile haben sich aus der Einführung der zentralisierten Ticket-Verwaltung ergeben? Eulenberg betont vor allem die gestiegene Effizienz seiner Service-Desk-Gruppe: "So konnten wir unsere Prozesse 'Hardware/Software-Anforderung' und 'Benutzerantrag' verbessern und beschleunigen." Ein weiterer Hauptvorteil von LANDESK Service Desk liege in der gestiegenen Transparenz: "Wir können nun sichtbar machen, welche Leistung wir erbringen." So ist Eulenbergs Team auch in der Lage, bedarfsgerechte Servicekataloge zu erstellen und anzupassen. Der Nachweis der eigenen Leistungsfähigkeit ist für ihn ein wichtiges Pfund: "Die Wirtschaftlichkeit einer internen IT Abteilung steht immer auf dem Prüfstand. Mit LANDESK Service Desk sind wir jetzt und zukünftig in der Lage, unsere Leistungen ITIL®-konform zu dokumentieren und uns dem externen Wettbewerb zu stellen."

1.4 Was ist M_o_R® (Management of Risk)?

Kritische Zustände kommen in den seltensten Fällen völlig überraschend auf Organisationen zu. Meist sind Faktoren bekannt, welche Auswirkungen auf die durchzuführenden Aktivitäten haben könnten. Diese werden aber in den seltensten Fällen ernst genommen bzw. zu spät erkannt. Zum besseren Verständnis ist es zunächst notwendig, den Begriff „Risiko" und dessen Bedeutung zu definieren:

Ein Risiko ist ein Ereignis bzw. eine Gruppe von Ereignissen, deren Eintreten ungewiss ist und Auswirkungen auf die Erreichung der Ziele haben kann. Dabei ist wichtig, dass dieses Ereignis nicht nur negative (Bedrohung) sondern durchaus auch positive Konsequenzen (Chance) haben kann. Ein Risiko wird anhand der Eintrittswahrscheinlichkeit des Ereignisses und der Auswirkungen auf die Zielerreichung bewertet.

Mit Risiken werden Menschen und Unternehmen tagtäglich konfrontiert, sei es zum Beispiel auf dem Weg zur Arbeit, im Auto oder im Unternehmen z. B. bei der Entscheidung für eine neue Geschäftsaktivität im Rahmen der strategischen Planung.

Im Sinne von Organisationen sollte das Thema Risikomanagement ein zentraler Bestandteil der Geschäftsstrategie sein. Jedes Unternehmen wird sich in der einen oder anderen Art und Weise mit dem Thema Risikomanagement auseinandersetzen. Diese bewussten oder unbewussten Aktivitäten finden aber meist nicht transparent und nachvollziehbar statt. Hierbei fehlt es vor allem an entsprechend definierten Prozessen im Rahmen eines definierten Risikomanagementframeworks. Das Framework M_o_R kann hierbei einen Leitfaden zur Implementierung liefern.

1.4.1 Warum ist Risikomanagement notwendig?

Durch Grundsätze im Rahmen der Unternehmensführung und gesetzliche Vorschriften ist die intensivere Bewertung von Risiken für den Geschäftsbetrieb heutzutage unerlässlich.

Vor allem infolge der US-Bilanzskandale von Unternehmen wie Enron oder Worldcom und des daraus entstandenen Sarbanes Oxley Act (SOX) für an amerikanischen Börsen notierte Unternehmen spielt der Umgang mit Risiken eine besonders herausragende Rolle. SOX beinhaltet Aspekte der Corporate Governance, Compliance und Berichterstattung. Durch diese notwendige Einhaltung können Risiken früher erkannt werden, um damit sowohl Unternehmen als auch Anleger vor Verlusten zu schützen.

Ziel des Risikomanagements ist es, Unternehmen ein Werkzeug an die Hand zu geben, mit dem sie in definierten Schritten eine bessere Einschätzung ihrer aktuellen Situation erlangen und mit dem sie die drohenden Auswirkungen besser bewerten und einschätzen können.

Es ist nicht unbedingt das Ziel des Risikomanagements, Risiken und deren Auswirkungen gänzlich zu vermeiden. Wichtiger ist hierbei, eine korrekte Einschätzung der Situation zu bekommen und entsprechende Maßnahmen einzuleiten, um das Erreichen der Unternehmens-, Programm-, Projekt oder operativen Ziele zu ermöglichen.

1.4.2 Wann und wo sollte Risikomanagement angewandt werden?

Eine Anwendung und Etablierung von Risikomanagement ist überall dort zu empfehlen, wo Entscheidungen getroffen werden. Ausgerichtet auf langfristige Ziele fokussiert sich Risikomanagement auf die Bewertung von Risiken im Verhältnis zu den strategischen Zielen einer Organisation. Strategisches Risikomanagement ist häufig auch der positive Part im Risikomanagement, indem potentielle Chancen erkannt werden und entsprechende Maßnahmen dazu eingeplant werden können. Auch mittelfristig muss im Rahmen von Projekten und Programmen Risikomanagement essentieller Bestandteil jeder Planung und Durchführung sein.

Abb. › Anwendungsschwerpunkte von Risikomanagement based on AXELOS Management of Risk® material. Reproduced under licence from AXELOS

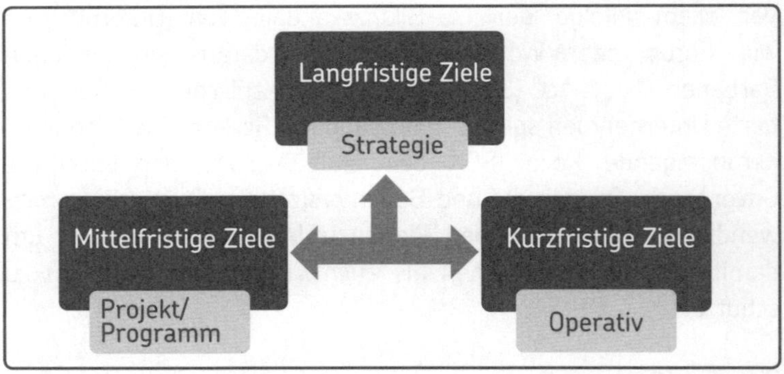

Ebenso verhält es sich mit der Absicherung operativer Funktionen. Gerade hier muss im täglichen Betrieb gewährleistet sein, dass jegliche Bedrohungen erkannt werden und der Betrieb sichergestellt ist.

1.4.3 Grundsätze des Risikomanagements

Für die Entwicklung von Verfahren im Rahmen eines unternehmensweiten Risikomanagements müssen verschiedene Prinzipien bzw. Grundsätze definiert sein. Diese müssen präzise, verständlich sowie einfach umsetzbar sein. Im Rahmen des Best-Practice Ansatzes beschreibt M_o_R folgende generische Prinzipien bzw. Grundsätze:

1. Verständnis der jeweiligen organisatorischen Zielsetzungen erlangen
2. Erkennen des jeweiligen Kontext bzw. des Umfeldes der Aktivitäten
3. Erkennen der relevanten einzubeziehenden Interessensvertreter (Stakeholder)
4. Etablieren von klaren Abläufen und Vorgehensmodellen für das Risikomanagement
5. Bereitstellen eines Kennzahlen- und Informationssystems
6. Kontinuierliches Verbessern des Risikomanagements ermöglichen
7. Risikomanagement als Bestandteil der Unternehmenskultur etablieren

8. Möglichkeiten zur Messung des Mehrwerts von Risikomanagement entwickeln

Diese Grundsätze können auch als Erfolgsfaktoren für die Umsetzung von Risikomanagement angesehen werden.

1.4.4 Methoden zur Umsetzung des Risikomanagements

Jedes Unternehmen verwendet unterschiedliche Ansätze im Bereich des Risikomanagements.

Um diese Methoden zu formulieren und den Beteiligten näherzubringen, empfiehlt der M_o_R-Ansatz die Entwicklung von entsprechenden Dokumenten, die die Ansätze des Risikomanagements beschreiben und in Form von Werkzeugen eine Anwendung ermöglichen.

Es geht darum, in der Organisation ein Bewusstsein für die Risiken des Unternehmens zu schaffen und dazu geeignete Verfahren zu entwickeln. Dazu werden folgende Elemente empfohlen:

- Risiko Management Richtlinie: Ein Grundlagendokument, welches Richtlinien zum Risikomanagement definiert, den Umgang mit Risiken innerhalb der gesamten Organisation festlegt sowie die Art der Kommunikation beschreibt.
- Risiko Management Prozesshandbuch: Beschreibung der Prozesse im Risikomanagement von der Identifizierung eines Risikos bis hin zur Implementierung einer Maßnahme.
- Risiko Management Strategien: Definition der konkreten Aktivitäten im Risikomanagement für (bestimmte) Teile der Organisation. Z. B. wird in jedem Projekt eine auf das Projekt angepasste Risikomanagementstrategie erstellt, welche projektspezifisch das Risikomanagement definiert.
- Risiko Register: Erfassung bzw. Zusammenfassung aller Risiken (Bedrohungen und Chancen) jeweils für jeden Bereich der Organisation.

Das Bewusstsein für diese Themen muss Bestandteil der Organisationskultur werden. Dazu fassen die Dokumente Aufgaben, Verantwortlichkeiten und Kompetenzen im Rahmen der Identifizierung und Bewertung von Risiken zusammen.

1.4.5 Prozesse des Risikomanagements

Risikomanagement lässt sich in vier Teilprozesse gliedern:

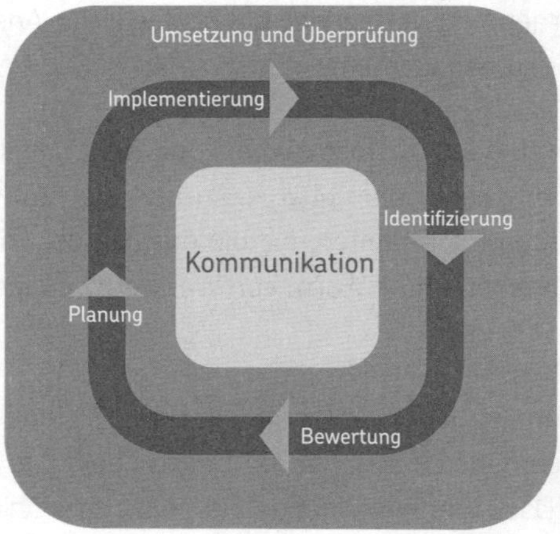

Abb. > Prozesse des Risikomanagements based on AXELOS Management of Risk®material. Reproduced under licence from AXELOS

Identifizierung: Identifizierung des Kontexts der Risikoanalyse und aktive Identifikation der Risiken.
Bewertung: Bewertung von Risiken und deren Auswirkungen, Einschätzen von Eintrittswahrscheinlichkeiten, Bewertung des potentiellen Eintrittszeitpunkts.
Planung: Vorbereitung von Maßnahmen um auf identifizierte Risiken zu reagieren.
Implementierung: Durchführung der gewählten Maßnahmen zur Behandlung der Risiken mit anschließender Überwachung.

Die vier Prozesse ergeben einen zusammenhängenden, logischen Ansatz für die Implementierung von Risikomanagement. Wichtig ist hierbei, dass es sich um ein kontinuierliches Vorgehen handelt. Die Schritte werden nicht einmalig (z. B. zu Beginn eines Projekts) sondern kontinuierlich durchgeführt.

1.4.6 Seminar-und Qualifizierungsschema M_o_R®

Für Risikomanagement nach M_o_R gibt es folgende Seminare und Qualifizierungen:

M_o_R®-Foundation

In der zweitägigen Foundation-Ausbildung werden die Grundsätze des Risikomanagements sowie die Methoden und Prozesse des M_o_R-Ansatzes vermittelt. Die Ausbildung zur M_o_R-Foundation wird mit einer Zertifizierungsprüfung abgeschlossen. Diese umfasst 75 Fragen im einfachen Multiple-Choice-Stil und dauert 60 Minuten.

M_o_R®-Practitioner

In der dreitägigen Practitioner-Ausbildung werden die Grundsätze, Methoden und Prozesse im Rahmen des M_o_R -Ansatzes in aller Tiefe ausgearbeitet. Hierbei ist der Transfer in die Praxis von großem Interesse. Dazu findet als Abschluss eine dreistündige Prüfung statt, die auf einer Praxissituation beruht (Fallstudie). Die erfolgreich abgeschlossene Foundation-Ausbildung ist hierfür Grundlage.

Alle Informationen über die Schulungen und die Inhalte finden Sie unter: **www.serview.de**

1.5 Was ist CMMI (Capability Maturity Model Integration) ?

Die Capability Maturity Model Integration ist ein Reifegradmodell zur Beurteilung und Verbesserung der Qualität von Entwicklungsprozessen in Organisationen. Dabei werden die Stärken und Schwächen einer Entwicklung objektiv analysiert. So können Verbesserungsmaßnahmen bestimmt und in eine sinnvolle Reihenfolge gebracht werden.

CMMI wird im Wesentlichen zur Optimierung der Produktentwicklung genutzt. Darüber hinaus hat es sich in der Industrie als De-facto-Standard zur Überprüfung des Reifegrades etabliert und gilt als anerkannte Auszeichnung.

Abb. > Übersicht über die CMMI Modelldisziplinen und Kombinationen

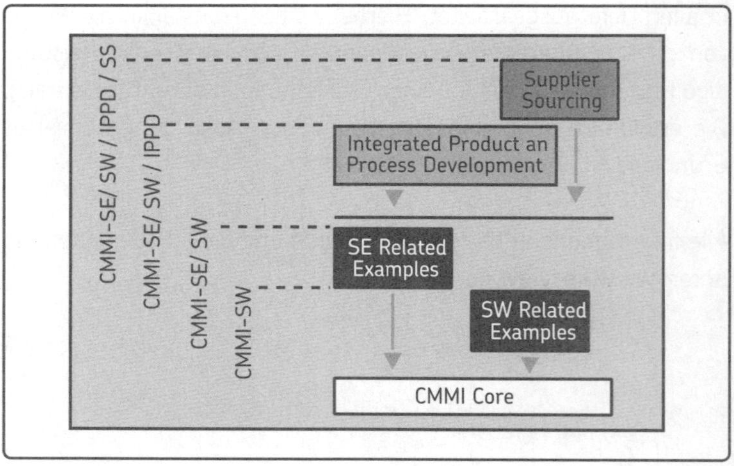

CMMI ist die neue Version des Software Capability Maturity Models. Es ersetzt nicht nur verschiedene Qualitätsmodelle für unterschiedliche Entwicklungsdisziplinen (z. B. für die Software- oder Systementwicklung), sondern integriert diese auch in einem neuen, modularen Modell. Dieses modulare Konzept ermöglicht zum einen die Integration weiterer Entwicklungsdisziplinen (z. B. Hardwareentwicklung), zum anderen auch die Anwendung des

Qualitätsmodells in übergreifenden Disziplinen (z. B. Entwicklung von Chips mit Software).
CMMI definiert eine Reihe von Prozessgebieten (siehe Grafik). Ein Prozessgebiet (Process Area) spezifiziert die Anforderungen an eine professionelle Produktentwicklung auf einem bestimmten Gebiet, durch ein Bündel verwandter Praktiken. Diese – sofern sie gemeinsam ausgeführt werden – erfüllen eine Reihe von Zielen, die für eine deutliche Verbesserung auf diesem Gebiet wichtig sind.

Beispiel: Auf dem Prozessgebiet „Projektplanung" sind die Ziele: „Schätzungen aufstellen", „Einen Projektplan entwickeln" und „Verpflichtung auf den Plan herbeiführen". Die Praktiken zum Ziel „Schätzungen aufstellen" sind „Umfang", „Projektlebenszyklus definieren" und „Schätzungen von Aufwand und Kosten aufstellen".

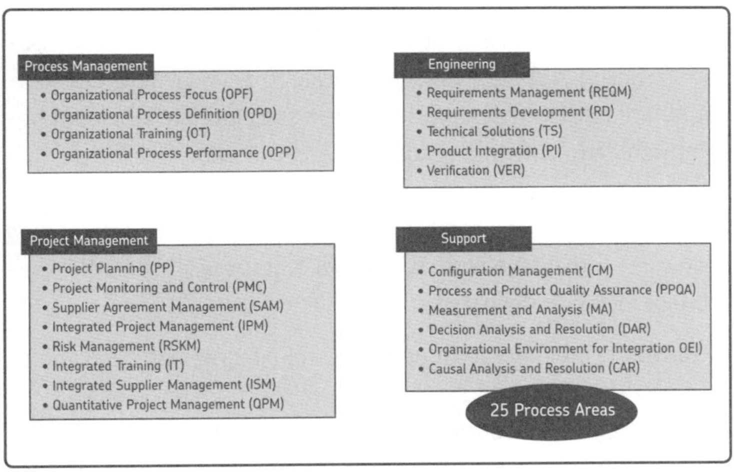

< Abb.
Übersicht über die CMMI Modelldisziplinen und Kombinationen

Die Prozessgebiete sind in vier Kategorien eingeteilt: Projektmanagement (Project Management), Entwicklung (Engineering), Unterstützung (Support) und Prozessmanagement (Process Management). Während die ersten beiden Kategorien die Prozessgebiete enthalten, die typischerweise in Projekten umgesetzt werden, ist Prozessmanagement vor allem eine organisationsweite Aufgabe. Die Prozessgebiete in der Kategorie „Unterstützung" können sowohl eine Projekt- als auch eine Organisationsaufgabe sein.

Für die Prozessgebiete, Ziele und Praktiken gibt CMMI jeweils zusätzliche erklärende Informationen. So wird z. B. jedes Prozessgebiet zunächst erläutert, und im Anschluss die in Verbindung stehenden Prozessgebiete aufgezählt. Jede Praktik wird durch einen Erklärungstext, typische Arbeitsergebnisse sowie spezielle Arbeitsschritte weiter erläutert.

Im Prinzip stellt CMMI somit einen Anforderungskatalog mit generischen und spezifischen Zielen und Praktiken dar – ähnlich den Kontrollzielen in COBIT. Je nach Umsetzungsgrad der vorgegebenen Ziele und Praktiken wird ein bestimmter Reife- oder Fähigkeitsgrad vergeben.

Das Modell stellt die zwei Betrachtungsweisen „Maturity Level" und „Capability Level" zur Verfügung.

Der Maturity Level zeigt den Reifegrad auf, den eine Organisation in Bezug auf die Produktentwicklung erreicht hat. Ein Reifegrad umfasst eine Menge von Prozessgebieten, die zu einem bestimmten Fähigkeitsgrad umgesetzt sein müssen.

Den möglichen Reifegradstufen 1 bis 5 ist also die Umsetzung definierter Prozessgebiete pro Level vorausgesetzt. CMMI beschreibt folgende Reifegrade:

1. **Initial:** Keine Anforderungen. Diesen Reifegrad hat jede Organisation automatisch.
2. **Managed:** Die Projekte werden unter Anleitung durchgeführt. Ein ähnliches Projekt kann erfolgreich wiederholt werden.
3. **Defined:** Die Projekte werden nach einem angepassten Standardprozess mit einer kontinuierlichen Prozessverbesserung durchgeführt.
4. **Quantitatively Managed:** Es wird eine statistische Prozesskontrolle durchgeführt.
5. **Optimizing:** Die Prozesse werden mit den Daten aus der statistischen Prozesskontrolle verbessert.

Der Capability Level zeigt den Fähigkeitsgrad auf, den eine Organisation auf einem bestimmten Prozessgebiet erreicht hat. Für das betrachtete Prozessgebiet kann ein Capability Level (Fähigkeitsgrad) von 0 bis 5 erreicht werden.

Durch die Fokussierung auf einzelne Prozessgebiete ist eine flexiblere Anpassung und Aussteuerung der Organisationsfähigkeiten möglich.

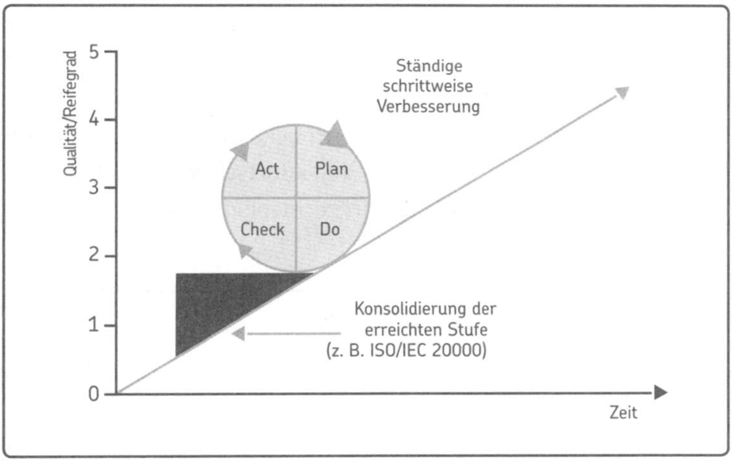

< Abb.
Deming-Cycle mit CMM
Reproduced under licence from AXELOS

Ein Fähigkeitsgrad bezeichnet den Grad der Institutionalisierung eines einzelnen Prozessgebiets.

Die Fähigkeitsgrade sind:

0. **Incomplete:** Ausgangszustand. Keine Anforderungen.
1. **Performed:** Die spezifischen Ziele des Prozessgebiets werden erreicht.
2. **Managed:** Der Prozess wird verwaltet.
3. **Defined:** Der Prozess wird auf Basis eines angepassten Standardprozesses verwaltet und verbessert.
4. **Quantitatively Managed:** Der Prozess steht unter statistischer Prozesskontrolle.
5. **Optimizing:** Der Prozess wird mit den Daten aus der statistischen Prozesskontrolle verbessert.

1.6 Was ist PRINCE2®?

PRINCE steht für PRojects IN Controlled Environments und wurde 1989 erstmals von der CCTA – Central Computer and Telecommunications Agency – als Standard der britischen Regierung für IT-Projektmanagement ins Leben gerufen. Durch ständige Weiterentwicklung ist diese Projektmanagement-Methode heute nicht mehr nur für IT-Projekte verwendbar, sondern seit 1996 (PRINCE2) ein generischer Ansatz zum Management von Projekten jeglicher Art und Größe. Die Methode PRINCE2 beinhaltet vier grundlegende Elemente: Grundprinzipien, Themen, Prozesse sowie eine Beschreibung der möglichen Anpassung an unterschiedliche Projektumfelder. Ein PRINCE2-Projekt wird in kontrollierbare Phasen aufgeteilt, u. a. um den Projektfortschritt am Ende jeder Phase zu beurteilen und bei Bedarf rechtzeitig steuernd eingreifen zu können.

Abb. > PRINCE2® Prozesse, Themen und Prinzipien based on AXELOS PRINCE2® material.
Reproduced under licence from AXELOS

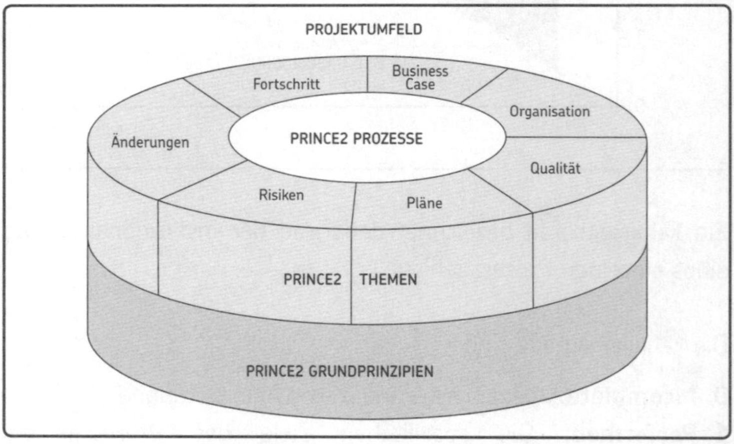

1.6.1 Warum PRINCE2®?

Nicht alle Projekte verlaufen erfolgreich. Die Ursache für das Misslingen von Projekten liegt oft im fehlenden Einsatz einer passenden Projektmanagement-Methode. Eine effektive Projektmanagement-Methode wie PRINCE2 gewährleistet, dass ein Projekt durch kontrollierte, gut organisierte und sichtbare Aktivitäten zu den gewünschten Ergebnissen führt.

1.6.2 Aspekte von PRINCE2®

Die wichtigsten Aspekte von PRINCE2:

- Die Methode ist prozessorientiert und auf eine geschäftliche Rechtfertigung, den sogenannten Business Case, ausgerichtet.
- Eine definierte Organisationsstruktur für das Projektmanagement-Team ist vorhanden.
- Die Methode kennt eine produktbezogene Vorgehensweise der Planung.
- Die Methode betont die Aufteilung von Projekten in beherrschbare und kontrollierbare Phasen.
- Die Methode ist flexibel und kann in jeder Umgebung für jeden Projekttyp angewandt werden.

1.6.3 Vorteile der Anwendung von PRINCE2®

PRINCE2 liefert durch eine kontrollierte Nutzung die Möglichkeit, Betriebs- und Projektrisiken effektiver zu steuern und bietet somit Vorteile für Manager, Projektverantwortliche und für Organisationen. PRINCE2 gehört zu den Best Practices, wird als Methode allgemein anerkannt und gewährleistet eine gemeinsame Sprache für alle am Projekt beteiligten Personen.

Folgende Punkte werden durch PRINCE2 sichergestellt:

- kontrollierter Start, kontrollierter Projektverlauf, kontrolliertes Projektende
- Fokus auf permanente Überwachung des Aufwandes und der Risiken
- definierte Organisationsstruktur
- flexible Entscheidungsmomente
- regelmäßige und planmäßige Fortschrittskontrolle
- automatische Korrekturmöglichkeit durch das Management bei Abweichungen vom Plan
- Commitment des Managements und der Projektbeteiligten im richtigen Moment und für die richtigen Themen
- gute Kommunikationskanäle zwischen den Projektverantwortlichen und der Organisation im Unternehmen

Das Management eines Unternehmens, die Verantwortlichen und die Auftraggeber dieses Projekts sind nach der Methode „Management by Exception" jederzeit über den Projektstand informiert, ohne an zeitraubenden Versammlungen teilnehmen zu müssen.

1.6.4 Seminar- und Qualifizierungsschema PRINCE2®

Für PRINCE2 gibt es folgende Qualifizierungsmöglichkeiten:

PRINCE2®-Foundation
Die zwei- oder dreitägige Foundation-Ausbildung vermittelt die Grundsätze des Projektmanagements sowie Kernbegriffe, Kernthemen und das Prozessmodell von PRINCE2. Die Ausbildung PRINCE2-Foundation wird mit einer Zertifizierungsprüfung abgeschlossen.

PRINCE2®-Practitioner
In der meist dreitägigen interaktiven Practitioner-Ausbildung werden anhand von Praxisfällen die Inhalte von PRINCE2 in aller Tiefe ausgearbeitet und angewandt. Die Ausbildung PRINCE2-Practitioner wird mit einer Zertifizierungsprüfung abgeschlossen.

PRINCE2®-Professional
Der PRINCE2 Professional ist die höchste Auszeichnung im offiziellen PRINCE2 Zertifizierungsschema. Foundation als Einstieg, Practitioner als praxisorientierte Weiterführung und Professional als abschliessende Krönung zum PRINCE2 Experten.

Alle Informationen über die Schulungen und die Inhalte finden Sie unter: **www.serview.de**

1.7 Was ist MSP®?

Mit Managing Successful Programmes (MSP) hat AXELOS einen Leitfaden für Best Practices im Bereich Programm-Management entwickelt.

MSP bietet ein bewährtes Rahmenwerk für die Umsetzung von Veränderungen und Erneuerungen mithilfe von Programm-Management. MSP definiert Programm-Management als „die Durchführung der koordinierten Organisation, Anordnung und Implementierung eines Portfolios von Projekten, um für das Geschäft strategisch wichtige Ergebnisse und Vorteile zu erzielen".

MSP findet sowohl im öffentlichen als auch privaten Sektor breite Anwendung. Es bietet einen soliden Ansatz um Organisationen effektiv dabei zu unterstützen, Veränderungen strukturiert und ergebnisorientiert umzusetzen. Die neueste, 2011 veröffentlichte, Ausgabe stellt einen strukturierten Standard zur Verfügung, der die wesentlichen Aspekte des Programm Managements betrachtet.

Organisationen müssen sich heute in einer Umgebung des kontinuierlichen und zunehmenden Wandels behaupten. Diejenigen, die gelernt haben, sich selbst durch effiziente Führung und strategische Steuerung weiterzuentwickeln, haben eine größere Chance, ihr Überleben zu sichern. Dabei wird immer häufiger erkannt, dass Programm-Management der Schlüssel ist, mit dem Organisationen das Management dieser Transformation bewältigen können.

1.7.1 Herausforderungen

Große Veränderungen bedeuten Komplexität, Risiko, zahlreiche Wechselwirkungen und widersprüchliche Prioritäten, die alle gemeinsam betrachtet, analysiert und bewertet werden müssen. Es hat sich gezeigt, dass Organisationen mit hoher Wahrscheinlichkeit bei der Umsetzung von Änderungen scheitern, wenn:

- keine ausreichende Unterstützung des Senior Managements gewährleistet ist

- Führungskapazitäten fehlen
- die Kapazität und die Fähigkeit der Organisation zur Veränderung unrealistisch eingeschätzt werden
- die Erzielung der Vorteile nicht ausreichend im Vordergrund steht
- es keine reale Vorstellung der zukünftigen Kapazität gibt
- die Vision unzureichend definiert ist und schlecht vermittelt wird
- die Organisation nicht in der Lage ist, ihre Kultur zu verändern
- die Interessenvertreter sich nicht genug engagieren

Die Einführung eines Programm-Management-Ansatzes bietet einer Organisation einen strukturierten Rahmen, der hilft, Stolpersteine auf dem Weg zum Ziel rechtzeitig zu erkennen und zu umgehen bzw. aus dem Weg zu räumen.

1.7.2 Zentrale Rollen

MSP legt die Funktionen und Verantwortlichkeiten aller Rollen fest, die zum Aufbau einer effektiven Programmleitung dazugehören. Die effiziente Führung eines Programms setzt voraus, dass die richtigen Informationen zur Entscheidungsfindung vorliegen und das Managementsystem flexibel ist.
Zu den zentralen Rollen zählen:

- die Sponsorengruppe
- ein erfahrener, verantwortungsbewusster Gesamtverantwortlicher
- ein Programm-Manager
- ein Business-Change-Manager
- ein Programm-Büro

1.7.3 Kernkonzepte

Das MSP-System basiert auf drei Kernkonzepten:

- **MSP® Prinzipien**: Diese basieren auf den gemachten positiven und negativen Erfahrungen mit Programmen. Sie definieren die Faktoren, die den Erfolg von allen transformativen Veränderungen untermauern.

- **MSP® Führungsthemen**: Diese bestimmen die Art, wie eine Organisation Programm-Management angeht. Sie geben einer Organisation die Möglichkeit, die richtigen Führungskräfte, „Delivery-Teams“, Organisationsstrukturen und Kontrollmechanismen einzuführen und so die größten Erfolgschancen zu garantieren.

- **MSP® Transformationsfluss**: Dieser bietet einen Pfad durch den gesamten Lebenszyklus eines Programms hindurch – von seiner Konzeption bis hin zur Einführung der neuen Fähigkeiten sowie zu den Ergebnissen und Vorteilen.

Alle Informationen über die Schulungen und die Inhalte finden Sie auf **www.serview.de.**

02

GRUNDLAGEN DES SERVICE MANAGEMENT

2.1 Was ist Service Management mit ITIL®?

Service Management bedeutet, Standardisierungen für Prozesse und Methoden vorzunehmen, um die Gesamtheit der spezialisierten organisatorischen Fähigkeiten untereinander so zu koordinieren, dass die Generierung eines Mehrwerts für Kunden in Form von Services möglichst kosten- und nutzeneffizient sichergestellt ist.

2.2 Was ist ein Service?

Ein Service ist ein Nutzeffekt, den ein Dienstleister für einen Service-Nutzer erbringt, z. B. der Transport von Personen oder Gütern, das Zubereiten einer Pizza oder das Drucken eines Textdokuments. Die Service-Erbringung durch den Dienstleister erspart es dem Service-Nutzer, die notwendige Ausrüstung selbst bereitzuhalten, z. B. einen LKW, einen Pizzaofen oder einen Drucker, bzw. sich die erforderlichen Ressourcen und Fertigkeiten anzueignen, um z. B. einen LKW zu fahren, eine Pizza zuzubereiten oder selbst ein Dokument zu drucken. Oft verfügt der Service-Nutzer über die erforderlichen Voraussetzungen, möchte aber den entsprechenden Zeit- bzw. Ressourcenaufwand vermeiden und lässt die Aufgabe daher vom Service Provider erledigen. Ein Service muss deutlich von einem Produkt bzw. Sachgut unterschieden werden.
Für den Begriff „Service“ existieren in der Praxis unterschiedliche Definitionen.

Definition nach ITIL®:

> Ein Service ist eine Möglichkeit, einen Mehrwert für Kunden zu erbringen, indem das Erreichen der von den Kunden angestrebten Ergebnisse erleichtert oder gefördert wird. Dabei müssen die Kunden selbst keine Verantwortung für bestimmte Kosten und Risiken tragen.

Eine wichtige Kernaussage muss jedoch stets enthalten sein, nämlich, dass ein Service wertschöpfend (delivering value) für den Kunden sein muss. Unabhängig davon, wie eine Organisation den

Begriff „Service“ für sich definiert hat, muss die Wertschöpfung für den Kunden im Vordergrund stehen. Es gibt keine Service-Erbringung zum Selbstzweck.

2.3 Anwender und Kunde – eine Definition

Ein Anwender (User) ist in ITIL eine Rolle, die einen Service im Rahmen ihrer täglichen Aufgaben einsetzt. Der Anwender kann mit dem Kunden identisch sein. Trotzdem ist der Anwender vom Kunden zu unterscheiden, da manche Kunden die Services nicht unmittelbar nutzen. Die Kontaktstelle für den Anwender ist der Service Desk.

Der Service-Kunde ist in ITIL eine Rolle bzw. Instanz, die Anforderungen an Services formuliert und kommuniziert, Services aus dem Angebot eines Service Providers auswählt, die zugehörigen Service Level Agreements verhandelt und verbindlich beauftragt. Der Service-Kunde verfügt über das Budget für die Service-Beauftragung und veranlasst, dass die Services den Nutzern in seinem Zuständigkeitsbereich bereitgestellt werden. Des Weiteren regelt er alle laufenden vertraglichen Angelegenheiten, die Kontrolle der Service-Bereitstellung bei den Anwendern und die Bezahlung der erbrachten Services. Der Service-Kunde ist häufig selbst auch ein Service-Nutzer.

2.4 Was ist der Service Lifecycle?

ITIL betrachtet Service Management aus der Perspektive des Lebenszyklus (Lifecycle) eines Services. Der Service Lifecycle ist ein organisatorisches Modell, das Folgendes aufzeigt:

- die Struktur von Service Management als Managementsystem
- den Weg, der verschiedene Lifecycle-Komponenten miteinander verbindet
- den Lebenszyklus eines Services

Demnach konzentriert sich ITIL auf den Service Lifecycle sowie die Weise, wie Service-Management-Komponenten verbunden sind (siehe 2.10 „Die fünf Phasen des Service Lifecycle von ITIL“).

Damit ist der Service Lifecycle ein Ansatz für die Koordination und Steuerung der verschiedenen Funktionen, Prozesse und Systeme, die für das Management des gesamtem Lebenszyklus von Services notwendig sind. Der Servicelebenszyklusansatz betrachtet die Strategie, das Design, die Transition, den Betrieb (Operation) und die kontinuierliche Verbesserung (Continual Improvement) von Services. Er ist auch unter dem Namen Service Management Lebenszyklus bekannt.

2.5 Was ist ein Prozess?

Ein Prozess ist ein strukturierter Satz an Aktivitäten, mit deren Hilfe ein bestimmtes Ziel erreicht werden soll. Er wandelt einen oder mehrere definierte Inputs in definierte Outputs. Ein Prozess kann beliebige Rollen, Verantwortlichkeiten, Hilfsmittel, Tools und Steuerungen für das Management enthalten, die für eine zuverlässige Bereitstellung der Outputs erforderlich sind. Ebenfalls kann ein Prozess den Anforderungen entsprechende Richtlinien, Standards, Leitlinien, Aktivitäten und Arbeitsanweisungen definieren.

Die Merkmale eines Prozesses sind:

- Ziel
- Input (Auslöser)
- Aktivitäten (Tätigkeiten)
- Output (Ergebnis)
- Bedingungen (soziales Umfeld)
- Qualität (Leistungsindikatoren)

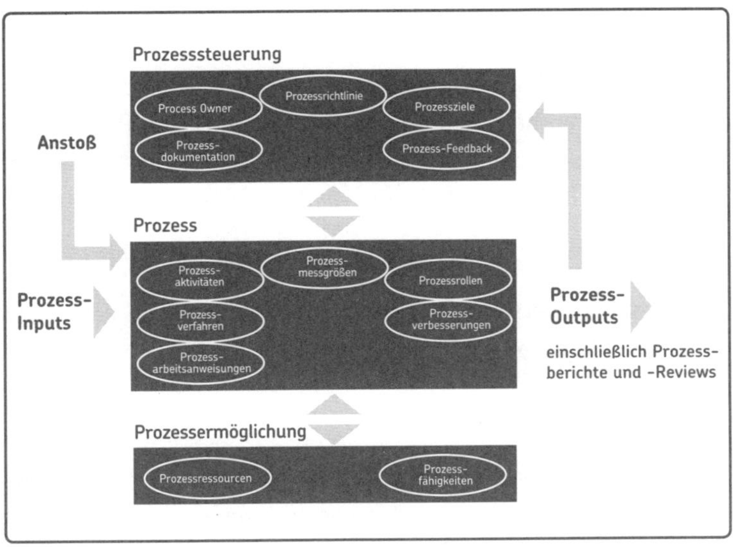

< Abb.
Merkmale einer Prozessbeschreibung
 (Abb. 2.5 ITIL® Service Strategy, Ausgabe 2011)

2.6 Wie werden ITIL®-Prozesse gestaltet?

„Prozessmodelle“, „Prozessgestaltung“ und „Prozessoptimierung“ sind Begriffe, die im Sprachgebrauch jedes Managers zu finden sind. Doch wie werden die Anforderungen in die betriebliche Praxis umgesetzt? Prozessmodelle müssen für die Mitarbeiter eines Unternehmens nachvollziehbar, lesbar und verständlich strukturiert sein. Darüber hinaus dürfen die operativen Handlungsspielräume nicht eingeengt werden.

Um wettbewerbsfähig zu bleiben, ist es für Manager unerläßlich, ihre Organisation permanent anzupassen und diese dabei noch effektiver und gleichzeitig kostengünstiger zu gestalten. Diese Herausforderung lässt sich durch die Einführung übergreifender Prozesse z. B. auf Basis des Best Practice-Ansatzes ITIL lösen. Diese Prozesse optimieren vorhandene Abläufe und steigern die Produktivität.

Jede Organisation muss sich deshalb zum Ziel setzen, Prozesse zu erarbeiten, die genau auf die Anforderungen des jeweiligen Einsatzbereiches abgestimmt sind.

Die Frage, die sich in der Praxis immer wieder stellt, ist: „Wie kommen wir zu den brauchbaren und für uns sinnvollen Prozessen?“ Um dies zu erreichen, ist eine strukturierte Vorgehensweise im Rahmen der Prozessmodellierung eine grundlegende Voraussetzung.

Zum besseren Verständnis werden im Folgenden die relevanten Grundbegriffe näher erläutert.

2.6.1 Prozessmodell

Analog zum allgemeinen Begriff „Modell“ können Prozessmodelle als zweckorientierte, nach einer bestimmten Systematik und Darstellungsform erstellter Abbildungen von Prozessen aufgefasst werden. Ihre Struktur spiegelt im Wesentlichen die zeitlich-sachlogische Abfolge der betrachteten Aktivitäten wider sowie die Zuordnung der Aktivitäten zu den beteiligten Prozessrollen. Prozessmodelle dienen damit im Wesentlichen der Dokumentation, Analyse und Gestaltung von Prozessen.

2.6.2 Prozessmodellierung

Prozessmodellierung ist die systematische Analyse, die einheitliche Erfassung und Darstellung aller relevanten Tätigkeiten (Prozessaktivitäten), Abhängigkeiten und Ressourcen, die bei der Ausführung eines Prozesses wesentlich sind. Eine Prozessmodellierung orientiert sich in der Praxis an einer hierarchischen Vorgehensweise, d. h., auf Basis von High-Level-Prozessen werden detaillierte Subprozesse erarbeitet.

Hat sich die Organisation eines Unternehmens zum Ziel gesetzt, ihre internen Abläufe auf der Basis von ITIL auszurichten, reicht es nicht, zu einem Modellierungswerkzeug zu greifen und ein paar Aktivitäten durchzuführen. Um wirklich erfolgreich zu sein und praxistaugliche Prozesse zu modellieren, bedarf es vielmehr der Erarbeitung der Prozessmodelle im Team.

Nur durch das Zusammenführen des Know-hows der Mitarbeiter aus den Kernbereichen der Organisation, für die die Prozesse „designed" werden sollen, können die Grundlagen dafür geschaffen werden, dass Prozesse eine spürbare Effizienzsteigerung mit sich bringen und dadurch einen entsprechenden Mehrwert für die Organisation.

Der entscheidende Faktor hierbei ist eine methodische und strukturierte Vorgehensweise, die im Rahmen der Prozessmodellierung das Augenmerk vor allem auf die Erarbeitung der Prozessmodelle richtet und das Wissenspotential der jeweiligen Mitarbeiter in den Fokus stellt.

Bei der Prozesseinführung sollte folgende Vorgehensweise eingehalten werden:

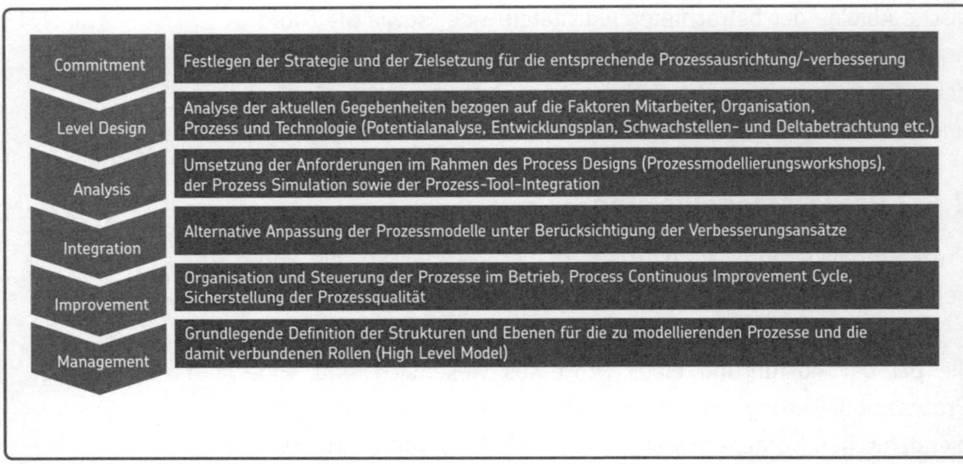

Abb. ^ Vorgehensmodell zu Prozesseinführung und Optimierung

Es ist in diesem Zusammenhang sehr wichtig, dass gerade in der Integrationsphase – das ist die Phase, in der die Prozesse erarbeitet werden und die Umsetzung der Prozesse in Prozessmodelle mittels geeigneter Werkzeuge erfolgt – die „Key Player" der Organisation eingebunden werden und mit ihrem Know-how zu den Ergebnissen beitragen. Der zentrale Baustein sind hier Prozessmodellierungs-Workshops, die auf Basis eines moderierten Ansatzes erfolgen und in iterativen Schritten zu den gewünschten Prozessmodellierungsergebnissen führen.

Dabei darf das Augenmerk nicht auf einer 100%-Lösung liegen, sondern vielmehr auf einer soliden Grundlage als Einstieg in die Implementierung. Eine weitere Verfeinerung sowie der weitere Ausbau kann dann im Rahmen der kontinuierlichen Prozessverbesserung angestrebt werden.

Die folgende Abbildung gibt Einblicke in die zu berücksichtigenden Rahmenbedingungen der Planung und Durchführung von Prozessmodellierungs-Workshops:

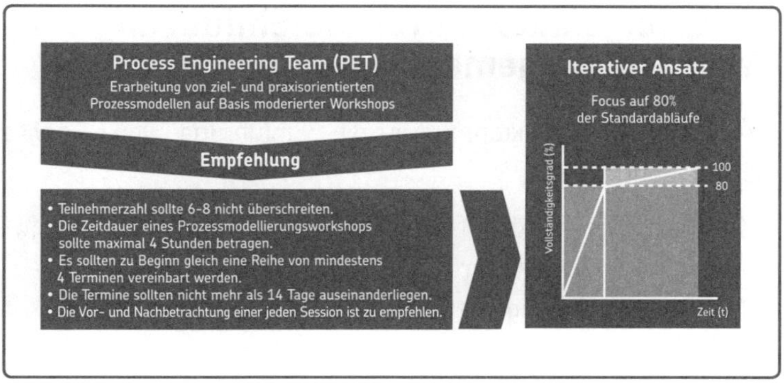

Zusammenfassung:

Tipps für eine erfolgreiche Prozessmodellierung:

- Frühzeitiges Einbinden des Managements in die Vorgehensweise (Steuerung der Erwartungshaltung, der Ressourcen, des Budgets etc.) – Suchen eines Sponsors
- Bildung von Prozessmodellierungs-Teams – denn Prozesse müssen von Menschen gelebt werden
- Bildung von Teams mit angemessener Teamstärke
- Moderation der Workshops zur Prozessmodellierung durch eine neutrale Person
- Vorherige übergreifende Festlegung des Umfangs und des Detaillierungsgrades
- Festlegung von Standards und Rahmenbedingungen (z. B. zu verwendende Prozess-Symbole etc.)
- Nicht zu viele verschiedene Objekttypen (Symbole) verwenden
- Iterativer Ansatz – kleine regelmäßige Schritte
- Bereits zum Start den Ansatz des Process Continuous Improvement verfolgen
- Nicht direkt mit einem Prozessmodellierungs-Tool anfangen

2.7 Erfolgsfaktoren für die Einführung von Service Management

Die sechs Erfolgsfaktoren für die Einführung von Service Management mit ITIL:

1. Geschäftsprozesse der IT-Kunden
2. Kunden & Anwender der IT
3. Mitarbeiter & Management der IT
4. ITSM Toolset
5. Kultur- & Organisation
6. IT-Prozessmodell

Abb. › Die sechs Erfolgsfaktoren für die Einführung von Service Management mit ITIL®

ITIL hat zum Ziel, die Kerngeschäftsprozesse (1) der Kunden (2) durch entsprechend ausgerichtete Services zu unterstützen. Im Gegensatz zum Anwender, der die Services zur Erfüllung seiner Arbeit nutzt, ist der Kunde derjenige, der die Services definiert und auch bezahlt. Für diese beiden Gruppen von Kontakten gibt es bei ITIL dedizierte Schnittstellen. Für den Kunden ist dies das Service Level Management. Für die Anwender steht der Service Desk als „Single Point of Contact" zur Verfügung.

Wichtig bei Beginn einer Implementierung ist das Ausformulieren des „Anstoßes des Handelns", der eine ehrliche Aussage über die derzeitige Situation und die kommenden Veränderungen für die Mitarbeiter (3) und den Verantwortlichen beinhaltet sowie auch die Folgen (z. B. Kosten) des Nichtstuns darstellt. Gerade bei der Einführung von „neuen" Service Management Prozessen steht der Mitarbeiter (3) im Mittelpunkt des Interesses. Hierbei geht es darum, Ängste und Unsicherheiten durch klare Botschaften zu nehmen. Durch ein SM-konformes Tool (4), welches die SM-Terminologie und dessen Workflows sauber abbildet (siehe SERVIEW CERTIFIEDTOOL) und den Ansatz der Einführung in kleinen Schritten, steigt die Akzeptanz der beteiligten Mitarbeiter ebenfalls.

Zusätzlich ist eine auf die Dauer der Implementierung angelegte SM-Awareness-Kampagne durch einen glaubwürdigen Vermittler unverzichtbar. Bezüglich der künftigen Prozessorganisation (6) ist ebenfalls die Herangehensweise unter Berücksichtigung der vorhandenen Kulturen bei der Implementierung von Service Management mit ITIL (5) von entscheidender Bedeutung.

Nur wenn diese sechs Erfolgsfaktoren gleichermaßen berücksichtigt werden, wird sich ein messbarer und nachhaltiger Nutzen von Service Management einstellen.

Das Vorgehensmodell zur Implementierung von IT Service Management auf Basis von ITIL finden Sie im Kapitel 1.1.5.

2.8 Das Rollenmodell im Service Management

Die Aufgabenverteilung im ITIL-Prozessmodell basiert auf der Definition von Rollen, die durch im Prozess dokumentierte Aufgaben, Kompetenzen und Verantwortlichkeiten gekennzeichnet sind.
Die Linienorganisation im Unternehmen ist häufig hierarchisch-funktional aufgestellt.
Es existieren in den einzelnen Unternehmensbereichen Abteilungen – hier wiederum Gruppen, Teams etc. – deren Aufbau sich an den funktionalen Schwerpunkten oder fachlichen Aufgaben orientiert. Innerhalb dieser Organisationsstruktur sind auch die fachlichen Führungsfunktionen definiert. Dieses klassische Modell einer Aufbauorganisation stößt in der Organisation an seine Grenzen, da im Service Management die Service-End-to-End-Sicht häufig nicht entsprechend abgebildet werden kann. Ein Service erfordert das Interagieren mehrerer Bereiche (zum Beispiel Serverteam, Netzwerkteam, Application Development, Service Desk etc.), die reibungslos über die Bereichsgrenzen hinweg miteinander kooperieren müssen. In der Praxis hat es sich im Rahmen der Einführung von ITIL-Prozessen bewährt, parallel zur Linienorganisation eine Ebene im Organisationsmodell einzuführen, die diese Anforderungen erfüllt – gewissermaßen horizontal zu den bestehenden hierarchischen Strukturen. Ein solches, auf Rollen basierendes Schema sorgt für eindeutig definierte Verantwortlichkeiten, Kompetenzen und Aufgaben im Arbeitsablauf und ermöglicht das Schaffen von Schnittstellen über die Bereichsgrenzen hinweg. ITIL definiert grundsätzlich folgende Rollen im Prozessmodell:

Prozess-Sponsor (Förderer)

Die Einführung, der Betrieb und die Weiterentwicklung eines Prozesses erfordern finanzielle Mittel. Die Rolle des Prozess-Sponsors ist als Instanz zur Bereitstellung der benötigten Mittel und Autorisierung erforderlicher Investitionen definiert. Er sorgt für die kontinuierliche „Management Attention" und fungiert häufig als Auftraggeber und Förderer der Implementierung von Service Management.

Prozess-Owner (Ergebnisverantwortlicher)

Der Prozess-Owner ist verantwortlich für das Design und die Weiterentwicklung seines Prozesses. Er schafft die Rahmenbedingungen und sorgt für die Qualitätssicherung der Arbeitsabläufe. Sein Fokus liegt auf der kontinuierlichen Verbesserung der Workflows. Er ist gewissermaßen der Stratege seines Prozesses und legt Messpunkte zur Ermittlung von Leistungsindikatoren (Key Performance Indicators) fest.

Prozess-Manager (Durchführungsverantwortlicher)

Der Prozess-Manager ist verantwortlich für den täglichen Betrieb seines Prozesses. Er sorgt für die Einhaltung der definierten Arbeitsabläufe. Der Prozess-Manager ist außerdem verantwortlich für die Erhebung und das Reporting der Leistungskennzahlen. Er fungiert in der Prozessorganisation als Ansprechpartner und Eskalationsinstanz für die Prozess-Practitioner (Prozessteam). Darüber hinaus übernimmt er je nach Prozess weitere Schlüsselaufgaben im Prozessablauf, die er gegebenenfalls delegieren kann.

Prozess-Practitioner (Mitwirkende)

Die Prozess-Practitioner repräsentieren Mitarbeiter, die bestimmte Aktivitäten im Rahmen des Prozessablaufes übernehmen. Sie berichten an den Prozess-Manager im Rahmen der definierten Prozessabläufe.

Service Owner

Der Service Owner ist für das Management eines oder mehrerer Services über den gesamten Lebenszyklus verantwortlich. Service Owner unterstützen die Entwicklung der Servicestrategie und sind für den Inhalt des Serviceportfolios verantwortlich.

Prozess-Coach (Beratender)

Der Prozess-Coach steht den anderen Prozessrollen als aktiver Gesprächspartner zur Seite und leitet diese mit seinen Erfahrungen zu den gesetzten Zielen. Den Prozess-Coach sollte es auf strategischer (für den C-Level), auf taktischer (für das Management und die Projektleiter) und auf operativer Ebene (für die Projektmitarbeiter) geben.

Ergänzende Rollen

Darüber hinaus ist dieses Modell durch die Einführung weiterer Rollen wie z. B. Prozesskoordinatoren, Prozess Controller und Chief Process Officer (CPO) erweiterbar. Aufgrund der Entkoppelung der Linienfunktionen von den definierten Rollen im Prozessmodell und indem quasi ein zusätzlicher Layer eingeführt wird, ergibt sich eine hohe Flexibilität der Prozessorganisation, die auf nahezu jede bestehende Organisationsform und -größe anwendbar ist und auch Veränderungen in der Aufbauorganisation mittragen kann. Voraussetzung für die Besetzung der Rollen ist ein klares Verständnis der durchzuführenden Aktivitäten und die daraus resultierenden Anforderungen an die Fähigkeiten der jeweiligen Personen. Hierfür müssen Rollenbilder definiert werden, anhand derer die Besetzung jeder Rolle vorgenommen werden kann. Die Zuordnung von Rollen zu den Personen in der Linienorganisation muss keinesfalls eins zu eins erfolgen. Es ist durchaus möglich, einer Person mehrere Rollen zuzuordnen (z. B. bei kleineren Organisationen) oder auch eine Rolle auf mehrere Personen zu verteilen (in großen Organisationen). In der Praxis ist beispielsweise häufig bei kleinen bis mittleren Organisationen die Abbildung der Rollen von Prozess-Owner und Prozess-Manager in einer Person anzutreffen. Mitarbeiter können zu verschiedenen Zeiten unterschiedliche Rollen von verschiedenen Prozessen ausfüllen. Eine Person kann z. B. zu einem Zeitpunkt Aktivitäten im Rahmen des Incident Management-Prozesses übernehmen, zu einem anderen Zeitpunkt übernimmt derselbe Mitarbeiter Aktivitäten aus dem Problem Management. Dieser Mitarbeiter hat folglich die Rolle des Prozess Practitioner in zwei Prozessen. Es muss klar definiert werden, zu welchem Zeitpunkt der Mitarbeiter welche Rolle ausübt. Zu einem bestimmten Zeitpunkt nimmt der Mitarbeiter nur eine Rolle wahr. Der Vorteil der hohen Flexibilität einer auf Rollen basierenden Prozessorganisation parallel zur bestehenden Linienorganisation setzt jedoch voraus, dass das Thema Verantwortlichkeiten klar geregelt und kommuniziert wird, um Reibungspunkte durch Kompetenzunklarheiten zu vermeiden. Dies bedeutet auch, dass ITIL im Kontext der Einführung einer Prozessorganisation über den Fokus eines Fach-Projektes hinausgeht. ITIL ist weit mehr als ein Fach-Thema: ITIL ist ein Organisationsthema.

2.9 Was ist eine Funktion?

Eine Funktion in der Organisation stellt einen eigenständigen Aufgaben- und Verantwortungsbereich innerhalb einer Organisationsstruktur dar. Im Organigramm findet sich die Funktion als Element der Aufbauorganisation wieder. Man spricht auch von einem Team oder einer Gruppe von Personen, die eingesetzt werden, um einen oder mehrere Prozesse oder fachliche sowie prozessuale Aktivitäten durchzuführen. Ein Beispiel hierfür ist der Service Desk oder die Abteilung Mainframe.

Eine Funktion ist charakterisiert durch folgende Schlüsselkriterien:

- Funktionen geben Organisationen Struktur und Stabilität
- Funktionen sind eigenständige Einheiten mit eigenen Ressourcen und Fähigkeiten
- Funktionen sind für ihre Zusammenarbeit auf Prozesse angewiesen

2.10 Die fünf Phasen des Service Lifecycle von ITIL®

Die Architektur der Kernpublikationen in ITIL basiert auf dem Service Lifecycle. Im Rahmen des Service Lifecycle wird eine Phase pro Buch abgebildet. Die verwandten Prozesse werden im Detail in dem Buch beschrieben, in dem die Schlüsselanwendung behandelt wird.

Die Struktur kann als ein „organisiertes" Framework verstanden werden. Denn Prozesse beschreiben, wie Dinge durchgeführt werden. Der Service Lifecycle beschreibt die Beziehungen zwischen den einzelnen Phasen und den Prozessen sowie Aktivitäten.

Der Service Lifecycle-Ansatz unterstützt die Struktur des „systembezogenen" Service Management und schafft damit die notwendige Flexibilität und Dynamik, die Voraussetzung für eine schnelle Reaktion auf geforderte Änderungen des Business sind. Innerhalb jeder einzelnen Phase des Service Lifecycle befinden sich Serviceprozesse und die Verbindung zu den notwendigen Funktionen.

Die fünf Phasen (Kernpublikationen/Core Books) sind:

1. Service Strategy
2. Service Design
3. Service Transition
4. Service Operation
5. Continual Service Improvement

Die Ausrichtung der Serviceprozesse und -funktionen am Service Lifecycle ist eine unabdingbare Voraussetzung, um den Kunden der Service Organisation die entsprechenden Werte und Wertschöpfungsanteile der Services bereitstellen und nachweisen zu können.

Durch diese Ausrichtung lässt sich eine größere Dynamik und Flexibilität in der Definition von Märkten und Services erzielen, um schliesslich – entlang des Lebenszyklus eines Services – den Kunden stets den benötigten Mehrwert liefern zu können.

Man spricht bei dem Service Lifecycle-Ansatz auch von dem Fünf-Phasen-Modell oder „five stages model", wobei man unter grundlegenden strukturellen Gesichtspunkten Service Strategy und Continual Service Improvement (CSI) nicht als eine Phase bezeichnen kann. Diese beiden Aspekte sind vielmehr begleitende und iterativ wiederkehrende Themengebiete, die innerhalb der Phasen Service Design, Service Transition und Service Operation relevant werden.

2.11 Die Prozesse und Funktionen von ITIL® im Überblick

Abb. >
Prozesse und Funktionen von ITIL®
Reproduced under licence from AXELOS

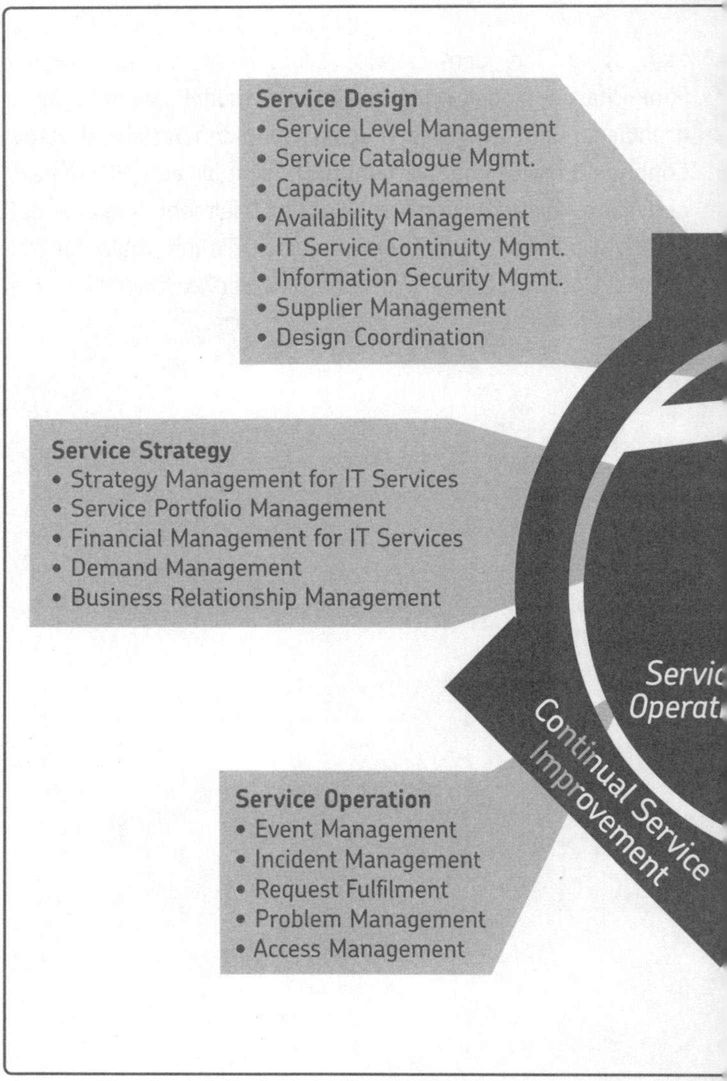

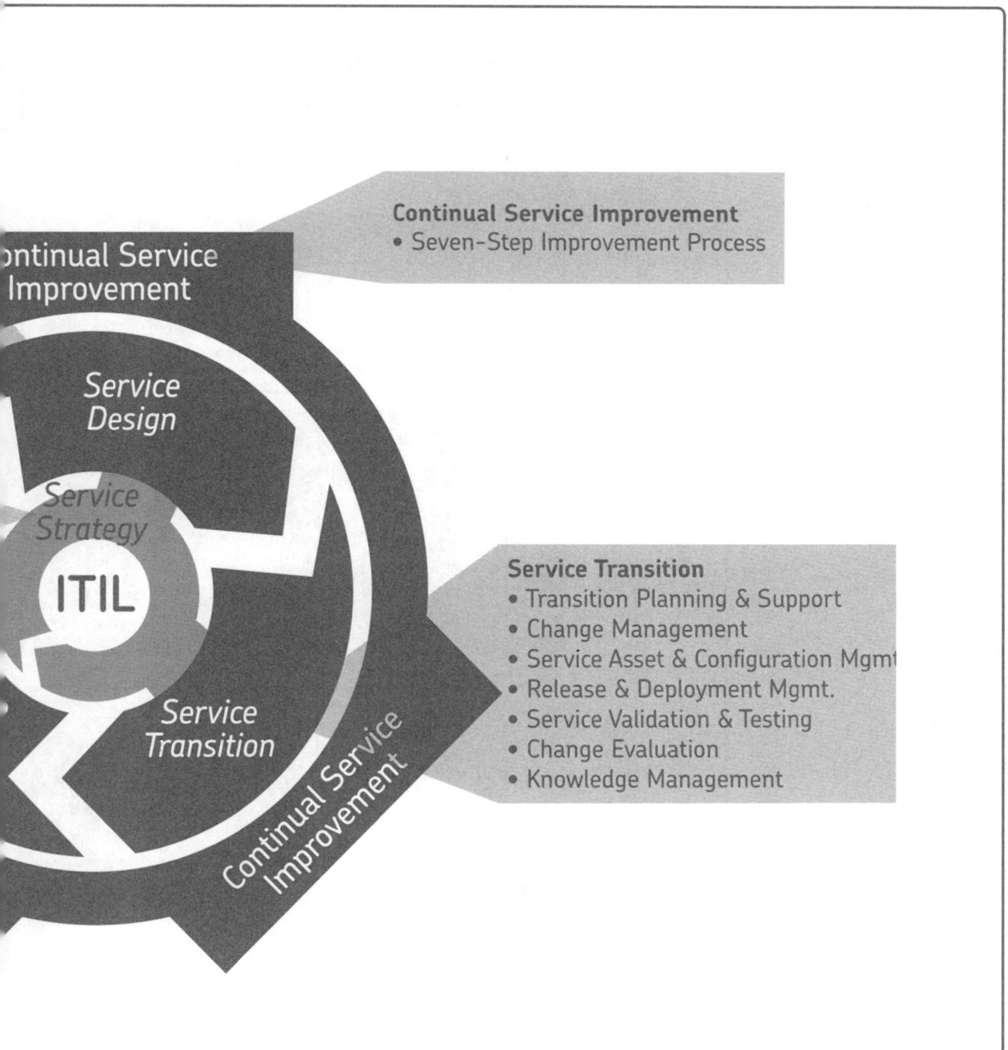

Continual Service Improvement
• Seven-Step Improvement Process
ontinual Service Improvement
Service Design
Service Strategy
ITIL
Service Transition
Continual Service Improvement
Service Transition
• Transition Planning & Support
• Change Management
• Service Asset & Configuration Mgm
• Release & Deployment Mgmt.
• Service Validation & Testing
• Change Evaluation
• Knowledge Management

Abb. >
Die ITIL®-Prozesse und ihre Zusammenhänge
Reproduced under licence from AXELOS

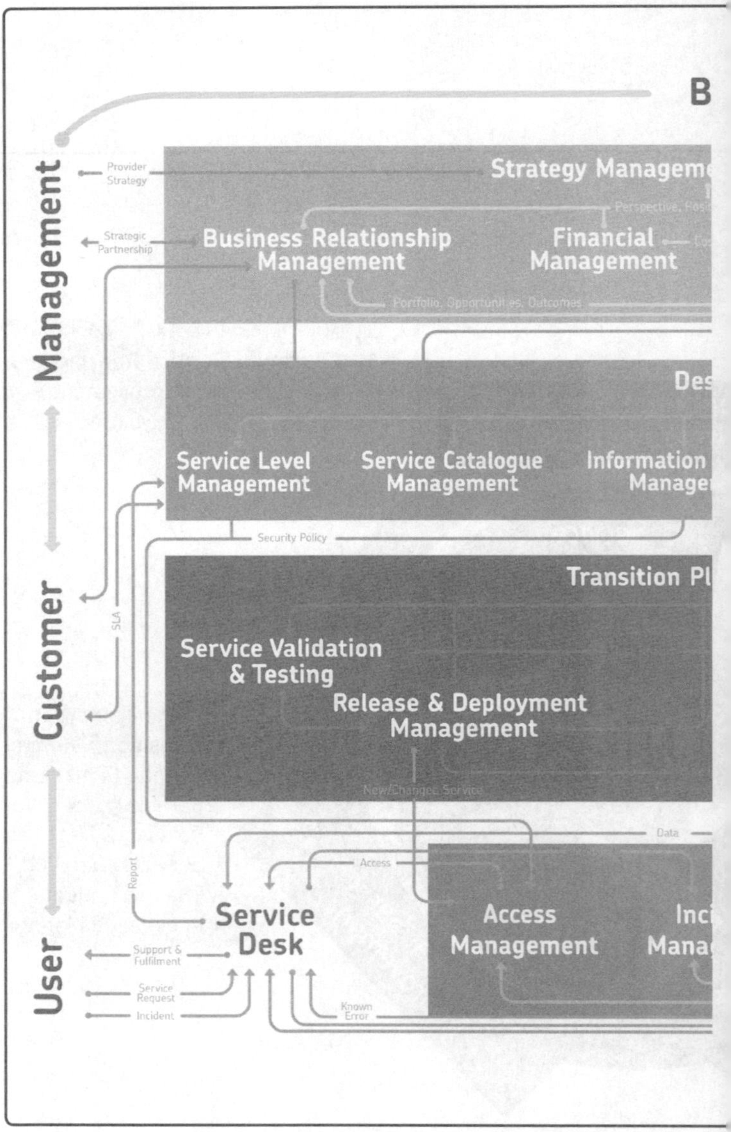

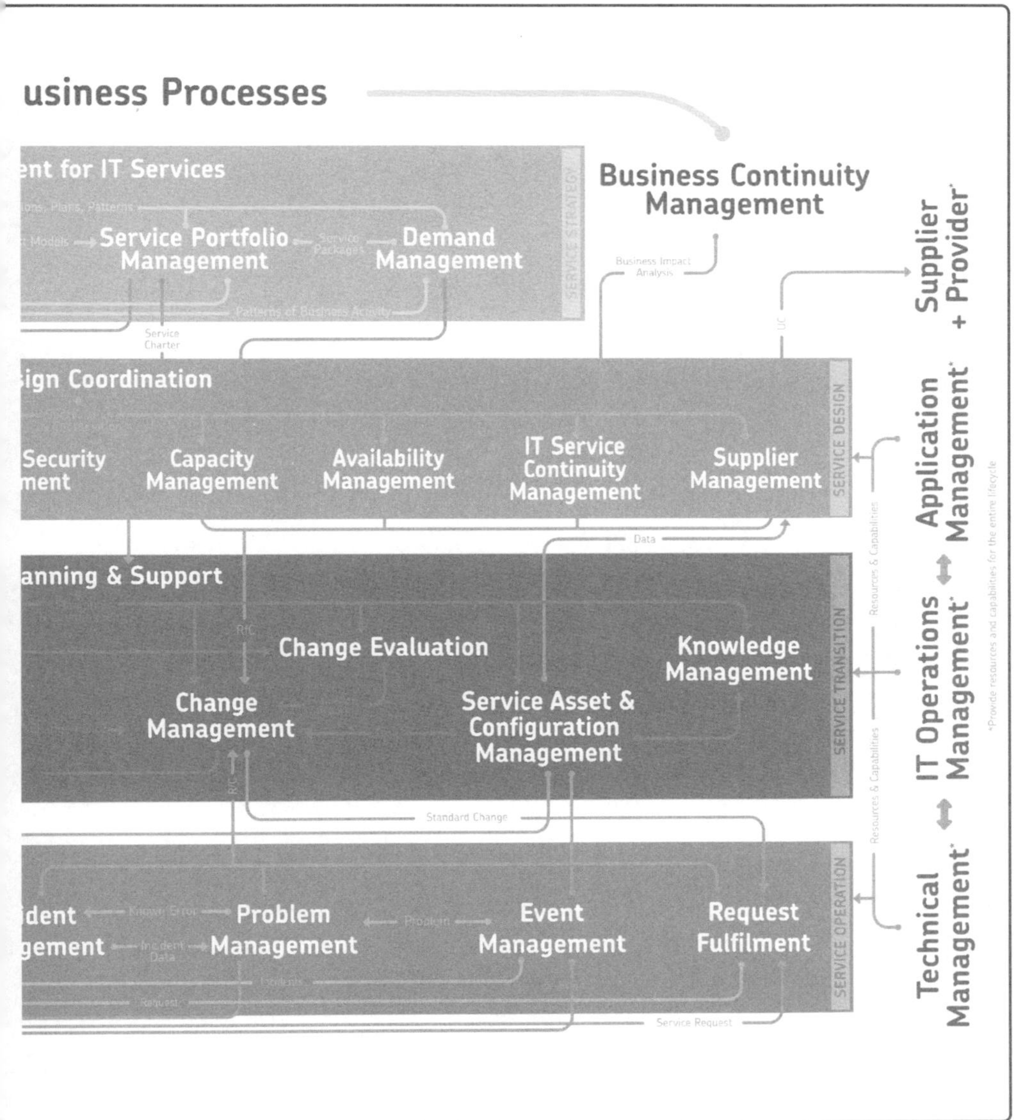
usiness Processes
ent for IT Services
Service Portfolio Management
Demand Management
Service Packages
Patterns of Business Activity
Service Charter
SERVICE STRATEGY
Business Continuity Management
Business Impact Analysis
UC
ign Coordination
Security ment
Capacity Management
Availability Management
IT Service Continuity Management
Supplier Management
SERVICE DESIGN
Data
anning & Support
RfC
Change Evaluation
Change Management
Service Asset & Configuration Management
Knowledge Management
SERVICE TRANSITION
Standard Change
ident gement
Known Error
Incident Data
Problem Management
Problem
Event Management
Request Fulfilment
Incidents
Request
Service Request
SERVICE OPERATION
Resources & Capabilities
Supplier + Provider*
Application Management*
IT Operations Management*
Technical Management*
*Provide resources and capabilities for the entire lifecycle

03

SERVICE STRATEGY

3.1 Einführung in Service Strategy

Die Phase Service Strategy gibt eine kompakte und konkrete Basis für die strategische Bewertung und Grundausrichtung von Service Providern und deren Services zur Unterstützung des Business. Die IT (als Beispiel für eine Service-Organisation) hat sich von einer operativen hin zu einer strategischen Organisation entwickelt, u. a. mit dem Ziel, einen wirtschaftlichen und qualitativen Mehrwert für das Business zu erreichen. Gefordert ist das Denken in strategischen Service Assets als Basis für eine wettbewerbsfähige Serviceorganisation, die Mehrwerte für das Business ihrer Kunden und Stakeholder erzeugt.

Service Strategy stellt Richtlinien und Grundlagenstrukturen für das Design, die Entwicklung, die Implementierung, den operativen Betrieb sowie die kontinuierliche Verbesserung von Service Management zur Verfügung. Dies geschieht nicht nur aus Sicht der organisatorischen Möglichkeiten und Fähigkeiten, sondern es werden auch die übergreifenden Konzepte für die Entwicklung von strategischen Assets betrachtet.

Die Handlungsanleitungen von Service Strategy zeigen auf, wie Service Management in ein strategisches Asset überführt werden kann. Somit stellt die Service-Organisation (z. B. die IT) einen strategischen Wert für das Business dar. Mit Service Strategy wird das Service Management in den erforderlichen strategischen Zusammenhang gestellt. Service Strategy vertritt einen Best-Practice-Ansatz für die Strategieentwicklung und -umsetzung. Durch den geschlossenen Kreislauf (Lifecycle-Ansatz) muss Service Management ganzheitlich betrachtet und behandelt werden. Der geschäftliche Mehrwert von Service Management ergibt sich aus den übergreifenden strategischen und wirtschaftlichen Betrachtungen bezüglich Service Management und den strategischen Assets.

Zielsetzung

- Fokussierung auf praktische und übergreifende Ansätze des Service Management
- Definieren und Implementieren von Strategien
- Definieren und Überwachen der wirtschaftlichen Aspekte von Services und Service Management
- Definition von Standards und Richtlinien für Design, Entwicklung, Implementierung, den operativen Servicebetrieb und die kontinuierliche Verbesserung von Service Management
- Organisatorische Möglichkeiten
- Strategische Assets

Den zentralen Anstoß für die Service Strategy stellt die Business-Strategie dar. Durch die Analyse von Kunden- und Marktgruppen werden entsprechende Bedürfnisse und Chancen identifiziert sowie das Portfolio und die daraus resultierenden Services abgeleitet.

Die Fragestellungen in dieser Phase konzentrieren sich auf die übergreifenden, strategischen Grundbetrachtungen von Kunden, Märkten, der Wertschöpfung, von Investitionsgrundlagen, des Portfolios etc. und verdichten sich in der konkreten Umsetzung in den darauf folgenden Phasen des Lifecycle.

Folgende zentrale Fragestellungen sind relevant für eine erste Einschätzung und Bewertung:

- Welche Services sollen wem angeboten werden?
- Wie kann sich ein Service Provider von seinen Konkurrenten differenzieren?
- Wie kann ein tatsächlicher Mehrwert für die Kunden generiert werden?
- Wie kann der Mehrwert für die Stakeholder der Services gesichert werden?
- Wie können strategische Investitionen im Service Management begründet werden?
- Wie kann mit Financial Management die Kontrolle über den Wertschöpfungsprozess gesichert werden?
- Wie ist Servicequalität zu definieren?

Daraus resultiert, dass ein Business Case das zentrale Entscheidungs- und Steuerungsinstrument im Rahmen der Phase Service Strategy ist. Er beinhaltet Informationen über Kosten, Nutzen, Optionen, Gefahren und mögliche Risiken und wird als ein grundlegender Einstieg in die notwendige Entscheidungsfindung, aber auch als konzeptioneller Startpunkt verwendet.

Der Business Case ist somit die geschäftliche Rechtfertigung bzw. der Anstoß des Handelns für Erweiterungen im Rahmen der Strategie sowie des Service-Portfolios und im konkreten Ergebnis dann des Servicekatalogs.
Service Strategy gibt übergreifende Handlungsanleitungen für alle Arten von Service Providern.

Es sind aus Sicht von ITIL folgende Grundkonzepte zur Service-Erbringung („Service Provider-Typen") beschrieben:

- Typ I: Internal Service Provider (interner Service Provider)
- Typ II: Shared Service Unit (Shared Service Provider, gemeinsam genutzte Service Einheit)
- Typ III: External Service Provider (Externer Service Provider)

3.2 Wichtige Grundbegriffe der Service Strategy

Die folgenden Begrifflichkeiten und Konzepte unterstützen den Kern der Betrachtung aus strategischer Sicht:

Value Composition (Das Werteangebot)
Value Composition bedeutet im strategischen Zusammenhang die ziel- und bedarfsgerechte Zusammenstellung der benötigten Service Assets oder auch der Komponenten für eine Unterstützung des Business, basierend auf klar definierten Service Modellen.

Value Proposition (Zusammensetzung des Werts)
Value Proposition stellt den entsprechenden Wertbeitrag an der Wertschöpfung des durch den Service unterstützten Geschäftsprozesses dar. Den Anstieg der Wertschöpfung (Ausschnitt) stellt die „Anlaufphase" dar. Bis zum Abschluss einer Transition-Phase bewegt sich die Wertschöpfung ansteigend und bleibt anschließend in Bezug auf die Gesamtwertschöpfung für den Business-Prozess konstant (Ausschnitt fokussiert auf die Steigerungsphase).

Die folgende Abbildung stellt den Gesamtzusammenhang zwischen den beiden Betrachtungsweisen dar:

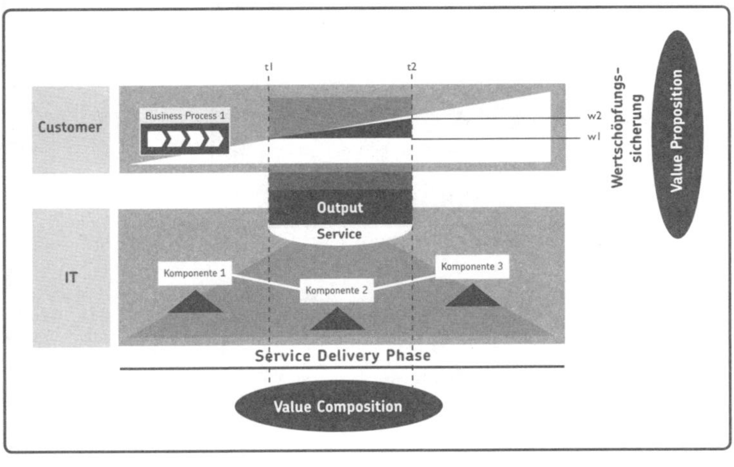

‹ **Abb.**
Value Proposition und Composition
Reproduced under licence from AXELOS

Der Wert eines Services kann immer nur vom Kunden beurteilt werden – d. h., dass die Kunden Services nach deren Brauchbarkeit/Nützlichkeit (Utility) und deren Einsatzfähigkeit (Warranty) beurteilen. Aus Sicht des Kunden stellen die „Utility“ und „Warranty“ die Eckpfeiler der Wertschöpfung eines Services dar.

Fit for purpose – Utility (zweckmäßig)
Der Service reflektiert die Anforderungen des Kunden so, dass ein positiver Effekt bezüglich des Outputs entsteht. Ein positiver Output ist dann gegeben, wenn durch den Service die Performance des Geschäftsprozesses unterstützt wird oder Beschränkungen beseitigt werden.

Fit for use – Warranty (einsatzfähig)
Die Servicestrukturen aus Sicht des Betriebs sind so ausgeprägt, dass der Service stabil und sicher bereitgestellt werden kann, d. h. der Service verfügt über das richtige Maß an Verfügbarkeit, Kapazität, K-Fall-Vorsorge (Kontinuität) und Sicherheit.

Abb. › Kundensicht auf einen Service

(Abb. 3.13 ITIL® Service Strategy, Ausgabe 2011)

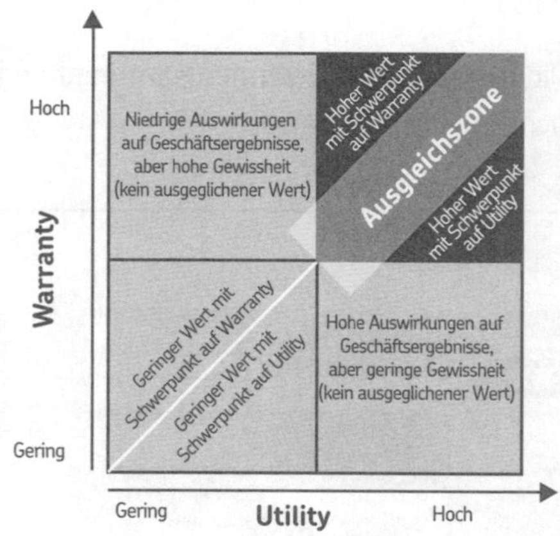

Utility

Fit for Purpose - Elemente / Attribute reflektieren die Anforderungen des Kunden so, dass ein positiver Effekt bezüglich des Outputs entsteht.

Warranty

Fit for Use – Die Servicestrukturen aus Sicht des Betriebs sind so ausgeprägt, dass der Service auch stabil und sicher bereitgestellt werden kann.

Nur wenn die Utility UND die Warranty gleichzeitig in dem vereinbarten Maß bereitgestellt werden, wird durch den Service aus Sicht des Kunden ein Mehrwert generiert.

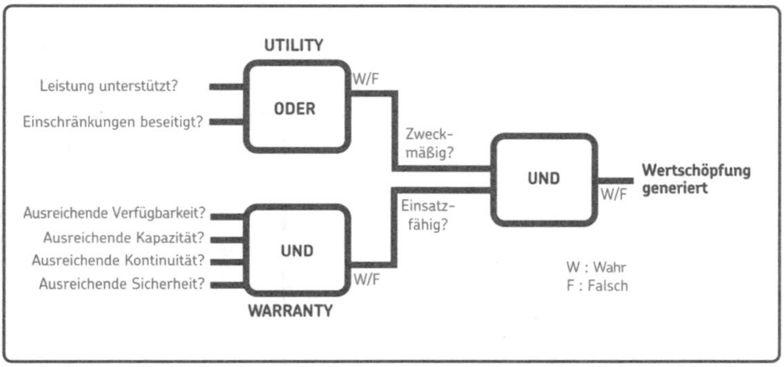

< Abb.
Zusammenspiel Utility und Warranty
Reproduced under licence from AXELOS

Assets, Ressourcen und Fähigkeiten

Damit ein Service überhaupt eine Wertschöpfung erreichen kann, ist das Zusammenspiel der richtigen Ressourcen (z. B. finanzielles Kapital, Infrastruktur, Applikationen, Informationen und die Anzahl der Mitarbeiter) und die dazu passenden Fähigkeiten (z. B. Management, Organisation, Prozesse, Wissen und Erfahrung der Menschen) unabdingbar. Die Fähigkeiten einer Organisation werden dazu verwendet, die zur Verfügung stehenden Ressourcen möglichst wertschöpfend einzusetzen. Defizite in den Betriebsmitteln oder den Fähigkeiten führen dazu, dass der Service nicht wie vereinbart erbracht werden kann und nicht oder nur eingeschränkt zur Wertschöpfung des Kunden beiträgt.

In einer Business Unit werden Assets in Form von Ressourcen und Fähigkeiten gebündelt, um einen Wertbeitrag für das Geschäft des Kunden zu liefern. Hier spricht man von Customer Assets (Kunden-Assets). Dies geschieht durch die Lieferung von Gütern und Services.

Service Units sind spezialisierte Organisationseinheiten (Service Provider), die einen Verbund aus Service Assets darstellen, um einen Wertbeitrag in Form eines Services für ihre Kunden zu liefern. Jede Ressource oder Fähigkeit, die durch einen Service Provider verwendet wird, um einen Service für einen Kunden zu liefern, wird als Service Asset bezeichnet.

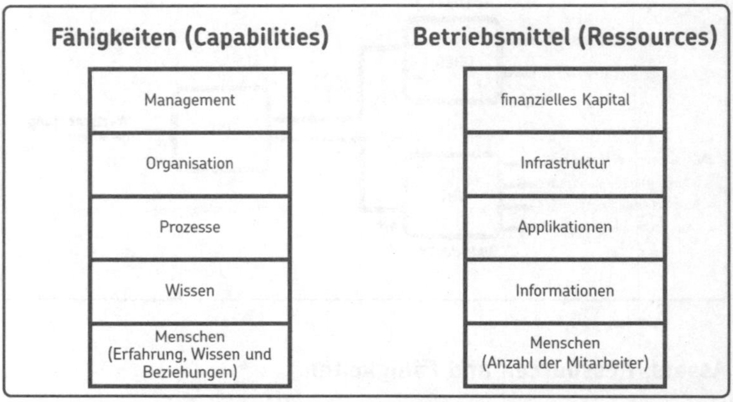

Abb. › Service Assets
 (Abb. 2.4 ITIL® Service Strategy. Ausgabe 2011)

Business Units und Service Units können Bestandteile von ein und derselben Organisation sein. Es kann sich aber auch um separate, eigenständige Rechtsformen handeln.

Market Space (Marktraum)

Market Space bezeichnet die Möglichkeiten, die ein Service Provider nutzen könnte, um den Business-Anforderungen der Kunden gerecht zu werden und repräsentiert die möglichen Services, deren Bereitstellung sich der Service Provider vorstellen könnte.

Wenn Services sich denselben Marktraum teilen, werden sie auch die Fähigkeiten und Ressourcen, Kosten, Risiken und Herausforderungen für die Umsetzung und den Betrieb teilen und sollten somit einer gemeinsamen Betriebsverantwortung unterstehen.

Serviceportfolio

Das Serviceportfolio spiegelt die Gesamtheit aller Services, die von einem Service Provider gemanaged werden, wider. Es wird für das Management des gesamten Lebenszyklus aller Services genutzt.

Das Serviceportfolio kann in Schwerpunkte unterteilt werden:

- Servicepipeline (Services, die beantragt oder sich in der Entwicklung befinden)
- Servicekatalog (Services, die live oder bereit zum „Deployment“ sind)
- stillgelegte Services (Services, die von dem aktiven Set an Serviceangeboten entkoppelt wurden und nicht mehr zum operativen Servicekatalog gehören)

Die Betrachtung und Zuordnung von Markträumen und des Serviceportfolios auf strategischem Level fördern die Effektivität durch den ganzen Service Lifecycle hindurch.
Sie erbringen u. a. den Mehrwert für die nachgelagerten Entscheidungen und Betrachtungen hinsichtlich der Planung im Service Design und in der Service Transition.

Servicemodelle
Servicemodelle zeigen, wie die Service-Assets mit den Kunden-Assets interagieren, um einen Mehrwert zu generieren. Servicemodelle beschreiben die Struktur eines Services (wie die „Configuration Items“ zusammenpassen) und die Dynamik des Services (Aktivitäten, Ressourcenfluss und Interaktionen). Ein Servicemodell kann als Vorlage oder Blueprint (Blaupause) für viele Services genutzt werden.

Constraints (Beschränkungen)
Constraints sind Restriktionen bzw. Rahmenbedingungen, die den Gestaltungsspielraum zur Umsetzung von Business-Anforderungen beeinflussen. Diese Constraints können allgemeingültig, aber auch kundenspezifisch sein. Die innerhalb dieser Restriktionen möglichen Ausrichtungen ergeben den „Lösungsraum“ (Solution Space), also den Bereich, in dem man sich mit einer umsetzbaren Lösung bewegen kann.

Business Case (Anstoß des Handelns)

Der Business Case ist ein zentrales Instrument im Rahmen der Phase Service Strategy. Er stellt die Rechtfertigung für einen umfassenden Ausgabenposten dar und beinhaltet Informationen zu Kosten, Nutzen, Optionen, offenen Punkten, Risiken und möglichen Problemen.

Risk (Risiko)

Ein mögliches Ereignis, das zu einem Schaden oder Verlust führen oder das Erreichen von Zielen beeinträchtigen könnte. Ein Risiko wird anhand der Wahrscheinlichkeit einer Bedrohung, der Verwundbarkeit des Assets durch die Bedrohung und der potenziellen Auswirkungen der Bedrohung bewertet. Risiko kann auch als Unsicherheit eines Ergebnisses definiert werden und im Kontext der Wahrscheinlichkeitsmessung eines positiven als auch eines negativen Ergebnisses genutzt werden.

Die 4 P's der Strategie

Der kanadische Professor für Betriebswirtschaftslehre, Henry Mintzberg, hat vier Aspekte definiert, die in jeder Strategie enthalten sein sollten. Demzufolge besteht jede Strategie aus entsprechenden Perspektiven, Positionen, Plänen und Mustern (Perspective, Position, Plan, Pattern). ITIL hat diese Definition als die 4 P's der Service Strategie übernommen. Die typischen Inhalte der P's sind in den Folgenden Stichpunkten dargestellt.

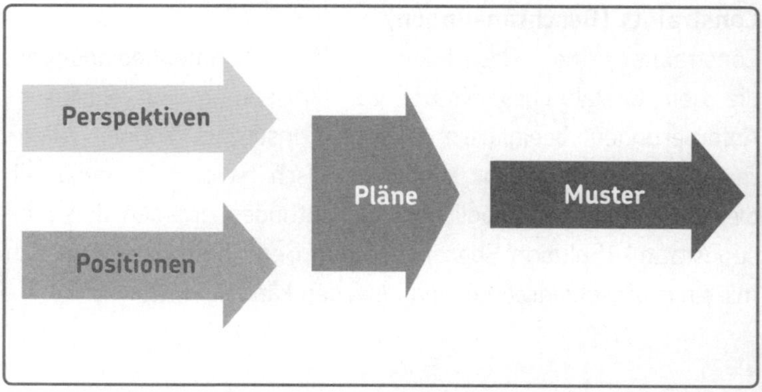

Abb. > Die 4 Ps der Service Strategie

 (Abb. 3.2 ITIL® Service Strategy. Ausgabe 2011)

1. Perspektiven:

- Vision, Mission, Strategie
- Definieren die übergeordneten Werte und Überzeugungen und vermitteln ein Gefühl für den Zweck, um die Richtung festzulegen
- Bestimmen die Art und Weise der Servicebereitstellung

2. Positionen / Positionierungen:

- Definieren die Herangehensweise und Differenzierungen in Markträumen und im Wettbewerb
- Legen die strategischen Positionen fest: z. B. Kostenführer, Innovator, Segmentierung, Differenzierung

3. Plan:

- Basiert auf Perspektiven und Positionen
- Langfristige Pläne zur Erreichung der strategischen Ziele

4. Muster / Pattern:

- Master-Framework für die gesamte Organisation, z. B. Budget, Prozessmodell
- Konsequenz aus Perspektiven, Positionen und Plänen
- Bildet die strategischen Verhaltens- und Entscheidungsmuster

3.3 Die Prozesse der Service Strategy

Im Rahmen der Phase Service Strategy, im ITIL Lifecycle-Modell, sind die folgenden Prozesse definiert:

- Strategy Management for IT Services
- Service Portfolio Management
- Financial Management for IT Services
- Demand Management
- Business Relationship Management

3.3.1 Strategy Management for IT Services

Der Prozess Strategy Management for IT Services ist verantwortlich für die Entwicklung und Aufrechterhaltung der Geschäfts- und der IT-Strategien. Die meisten Organisationen nutzen diesen Prozess, um eine Service Strategie als Bestandteil einer übergreifenden Unternehmensstrategie zu gestalten und zu managen. Damit ist die Service Strategie ein Teil der übergreifenden Unternehmensstrategie. Im Fall einer IT Organisation wird die IT Strategie die IT Service Strategie mit beinhalten.

Das Ziel des Prozesses ist die Definition und Pflege der Perspektiven, Positionen, Pläne und Muster (4 P's der Service Strategie) einer Organisation im Zusammenhang mit ihren Services und dem dazugehörigen Service Management. Somit wird im Rahmen dieses Prozesses die Service Strategie entwickelt und gesteuert. Der Zweck einer Service Strategie ist es festzuhalten, wie ein Service Provider dazu beiträgt, seinen Kundenorganisationen das Erreichen der angestrebten Businessergebnisse zu ermöglichen. Strategy Management for IT Services ist der Prozess, der sicherstellt, dass eine Strategie definiert und gepflegt wird und ihre Ziele erreicht.

3.3.2 Service Portfolio Management

Das Serviceportfolio eines Providers spiegelt den Bedarf des Business/Kunden wider und die damit verbundene Reaktion des Service Providers. Bei der Definition des Serviceportfolios muss sich der Provider folgender Fragestellungen bewusst sein:

- Warum sollte der Kunde diese Services in Anspruch nehmen?
- Warum sollte der Kunde diese Services bei mir beziehen?
- Wie sehen die Preisfindungs- oder Verrechnungsmodelle aus?
- Was sind die Stärken, Schwächen, Prioritäten und Risiken?
- Wie sollten unsere Ressourcen und Fähigkeiten zugewiesen werden?

Durch das fortwährende Hinterfragen dieses Portfolios ist ein Provider in der Lage, sein Angebot vorausschauend an die Bedürfnisse der Kunden anzupassen, unter Berücksichtigung der Strategie und Planung. Hierdurch wird sichergestellt, dass Investitionen im Service Management (z. B. für das Design neuer Services) auf validen finanziellen und geschäftlichen Informationen basieren und somit abgesichert sind.

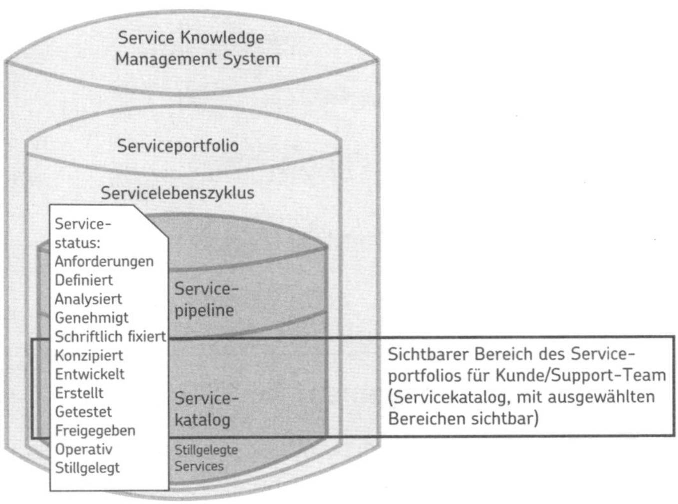

‹ Abb.
Serviceportfolio und sein Inhalt
Reproduced under licence from AXELOS

Die Statusparameter bei der Erstellung eines Services für das Service-Portfolio werden wie folgt bezeichnet:

- Anforderungen
- Analysiert
- Schriftlich fixiert
- Entwickelt
- Getestet
- Operativ
- Definiert
- Genehmigt
- Konzipiert
- Erstellt
- Freigegeben
- Stillgelegt

Eine besondere Rolle spielt hierbei die sogenannte Servicepipeline. Sie stellt eine Informationsbasis für die Erstellung von Services bereit, indem sie die Anforderungen des Business abdeckt. Sie stellt außerdem eine Basis für die Erstellung neuer Services bereit, in der die strategischen Business-Ziele zentral und für die dauerhafte Anwendung hinterlegt sind.

Die wesentlichen Kernaktivitäten spiegeln sich im folgenden Prozessschaubild wider:

Abb.› Serviceportfolioprozess
Reproduced under licence from AXELOS

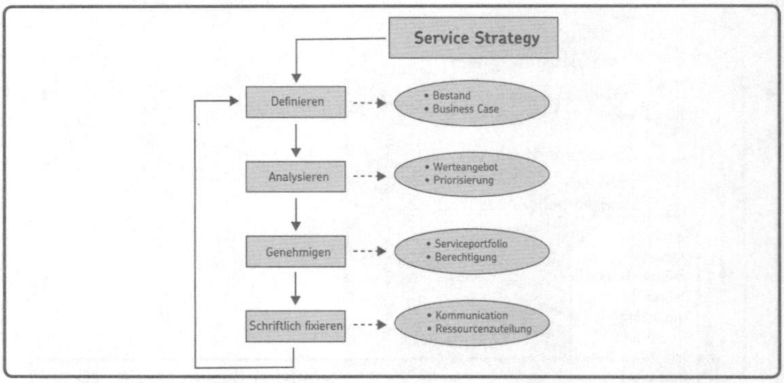

3.3.3 Financial Management for IT Services

Dies umfasst die Funktion und die Prozesse, die für das Management der Anforderungen an die Budgetplanung, Kostenrechnung und Leistungsverrechnung eines Service Providers verantwortlich sind. Financial Management for IT Services sichert eine ausreichende Finanzierung, um Services zu konzipieren, zu entwickeln und zu liefern, die die Strategie der Organisation in wirtschaftlicher Weise erfüllen. Im Wesentlichen besteht das Financial Management for IT

Services aus den folgenden drei Aktivitäten:

- **Budgeting**: Die Aktivität, bei der die Ausgabe von Geldmitteln prognostiziert und gesteuert wird. Sie umfasst einen periodischen Verhandlungszyklus, um zukünftige Budgets festzulegen (in der Regel jährlich) sowie das aktuelle Budget zu überwachen und anzupassen.

- **Accounting**: Die Aktivität, bei der die Ist-Kosten für die Bereitstellung von Services identifiziert und mit den Kosten aus der Finanzplanung verglichen werden, um Budget-Abweichungen zu handhaben.

- **Charging**: Charging bedeutet die Bezahlung für Services in Form von Berechnungen (externe Kunden-Lieferanten-Beziehung) oder Verrechnungen (interne Kunden-Lieferanten-Beziehung). Für Services ist eine Leistungsverrechnung optional; viele Organisationen führen z. B. ihren Service Provider als Cost Center.

3.3.4 Demand Management

Das Demand Management steht in engem Zusammenhang mit den Kapazitäten einzelner Servicebausteine als Grundlage für die Bereitstellung von Service Assets.

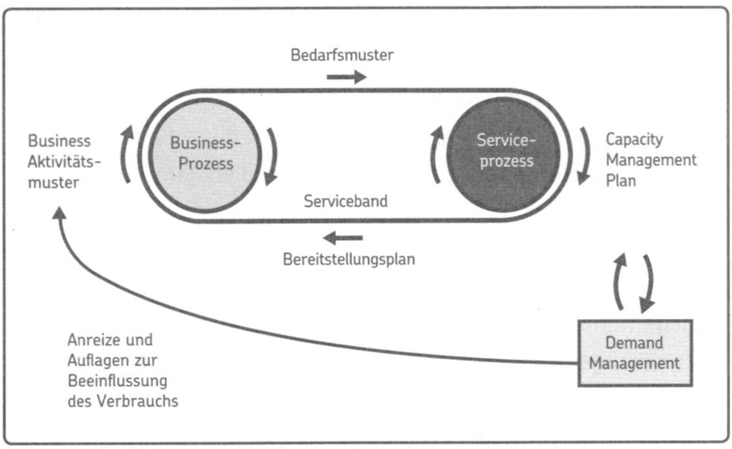

‹ Abb. Demand Management

(Abb. 4.41 ITIL® Service Strategy. Ausgabe 2011)

Zielsetzung

Reaktion auf die dynamischen Anforderungen der Geschäftsprozesse aus Sicht des Service Provider unter dem Gesichtspunkt der Ausbalancierung zwischen Businessanforderungen und den bereitzustellenden Kapazitäten. Für eine fundierte Prognose der Kapazitätsanforderungen sind Informationen aus verschiedenen Ebenen erforderlich. Entscheidungen auf strategischer Ebene haben Auswirkungen auf den Kapazitätsbedarf.

Ein funktionierendes Demand Management stellt sicher, dass keine Kosten durch überschüssige und nicht genutzte Kapazitäten entstehen. Ungenügende Kapazitäten wiederum wirken sich negativ auf die Qualität der Services aus. Das Service Management stellt sich dieser Herausforderung in Form eines Pull-Systems, in dem ein Verbrauchszyklus einen Produktionszyklus antreibt.

Verschiedene Techniken im Demand Management, wie „Off-Peak Pricing", „Volume Discounts" oder gestaffelte Service Level können den Bedarf im Rahmen von spezifischen Modellen beeinflussen. Kapazitäten und Ressourcen, die einem Service zur Verfügung gestellt werden, sollten an Bedarfsprognosen und -modellen ausgerichtet sein.

3.3.5 Business Relationship Management

Der Prozess Business Relationship Management ist für die Pflege von guten Beziehungen zwischen Service Provider und Kunden verantwortlich. Hier werden die Kundenbedürfnisse identifiziert und sichergestellt, dass der Service Provider diese Bedürfnisse mit einem geeigneten Katalog von Services erfüllen kann.

Bei internen Service Providern wird Business Relationship Management üblicherweise direkt zwischen dem Vertreter des Senior Managements und den Senior Managern der betroffenen Business Units durchgeführt. Bei externen Service Providern wird das Business Relationship Management in der Regel in dedizierten Funktionen oder durch Account Manager durchgeführt.

Der Zweck des Business Relationship Management Prozesses ist zweigeteilt:

- Die Etablierung und Pflege einer Business-Beziehung zwischen dem Service Provider und dem Kunden, basierend auf dem Verständnis des Kunden und seiner Business-Anforderungen
- Identifikation der Kunden-Anforderungen und Sicherstellung, dass der Service Provider auch unter sich veränderten Rahmenbedingungen in der Lage ist, diese Anforderungen zu erfüllen. Des Weiteren unterstützt das Business Relationship Management das Business dabei, den Wert eines Services zu artikulieren. Zusätzlich sorgt es dafür, dass Business-Anforderungen nicht über das Maß hinausgehen, dass das Business bereit ist zu bezahlen, sowie dass der Service Provider in der Lage ist, bestimmte Business-Anforderungen zu erfüllen, bevor er entsprechende Zusagen macht.

Der Erfolg des Business Relationship Managements ist von vielen anderen Service Management Prozessen und Funktionen abhängig. So bestehen z. B. enge Verbindungen zum Service Level Management, das im Gegensatz zum strategischen Ansatz des Business Relationship Management eher eine taktisch/operative Ausrichtung hat.

3.4 Die Rollen in der Service Strategy

Prozessrollen sind wesentliche Bestandteile einer erfolgreichen Umsetzung und Implementierung einer Service-Management-Organisation. Der Großteil der ausgestalteten Rollen, aber auch Funktionen, sind in den Phasen Service Design, Service Transition und Service Operation zu finden und dort definiert. Aus strategischer Sicht gibt es wenige konkret gefasste Rollen, die jedoch als sogenannte Schlüsselrollen anzusehen sind. Darüber hinaus sind noch weiterführende Prozessrollen im strategischen Umfeld für Aufgaben und Verantwortlichkeiten auf Sublevel-Basis zu empfehlen (z. B. Detaillierung auf Basis von Sourcing-Strategien etc.).

Rolle	
Chief Sourcing Officer	Eine Schlüsselrolle, um die Sourcing-Strategien festzulegen und entsprechende Fähigkeiten (Capabilities) zuzuordnen. • Festlegung der Sourcing-Strategie bezogen auf bestimmte Service Assets und das Business • Enge Zusammenarbeit mit dem C-Level Management im Fall der internen Sourcing-Strategie hinsichtlich Personalbereitstellung etc. • Identifikation der Bereiche, in denen externe Ressourcen benötigt werden • Festlegen von Guidelines und Prinzipien für Governance • Koordinierung und Zusammenführung der internen und externen Ressourcen bezüglich einer definierten Zielsetzung auf Basis eines vorhandenen „Empowerments" Der Chief Sourcing Officer ist ein Integrator, Koordinator, Kommunikator, Leader und Coach, teilt eine gleichberechtigte Identität zwischen internem und externem Personal und hat die Kompetenz, auf Executive Level zu agieren.

Rolle	Kurzbeschreibung
Service Owner	Der Service Owner ist eine Rolle, die für das Management eines oder mehrerer Services über ihren gesamten Lebenszyklus verantwortlich ist. • Service Owner unterstützen die Entwicklung der Servicestrategie und sind für den Inhalt des Serviceportfolios verantwortlich. • Er ist bei allen servicebezogenen Anfragen und Schwierigkeiten primärer Ansprechpartner für den Kunden. • Er stellt sicher, dass die fortlaufende Bereitstellung und Unterstützung des Service den Anforderungen des Kunden entsprechen. • Er sucht nach Möglichkeiten zur Verbesserung des Service, bespricht dies mit dem Kunden und reicht ggf. einen RFC zur Bewertung ein. • Er arbeitet während des gesamten Service Management Lebenszyklus mit den zuständigen Process Ownern zusammen. • Er stellt die erforderlichen Daten, Statistiken und Berichte zur Analyse bereit und schafft die Grundlagen für die effektive Überwachung und Performance des Service. • Die Leiter der Funktionen zeichnen sich gegenüber des Service Owner für die Bereitstellung der Servicekomponenten verantwortlich.

3.5 Chancen und Risiken von Service Strategy

Die Chance von Service Strategy besteht darin, die heutzutage in den Organisationen vorzufindende technische/fachliche, aber auch ablauforientierte Komplexität zu erfassen und dafür aus strategischer Sicht sinnvolle und gezielte Strukturen aufzusetzen.
Indem das komplexe Gesamtsystem in kleine auf Services und Service Management bezogene Einheiten heruntergebrochen wird und dazu spezifische Serviceprozesse zur Steuerung eingeführt werden, wird eine langfristige Betrachtung von erforderlichen Entscheidungen und den damit verbundenen Konsequenzen ermöglicht. Dies befähigt den Service Provider, sich mit den aufgesetzten spezifischen Serviceprozessen zu einer „lernenden Organisation" zu entwickeln.

Die Möglichkeit, auch im Rahmen der Verantwortlichkeiten zwischen Koordinierung und Steuerung (Control) zu unterscheiden, erlaubt es dem Management, zielorientiert einzuwirken und benötigte Entscheidungen zu treffen. Die Spezialisierung von Aufgaben und Verantwortlichkeiten, in Bezug auf Prozesse, ermöglicht die Entwicklung des benötigten Know-hows, der Skills und der Erfahrungen.

Service Strategy kann klare Weichen für die Bereitstellung von Services bzw. Service Assets bezüglich der Parameter, Effizienz und Effektivität stellen. Im Zusammenspiel mit dem Continual Service Improvement (CSI) wird dadurch für eine anforderungsgerechte und qualitativ hoch-wertige Servicebereitstellung gesorgt.

Ein Risiko ist normalerweise definiert als etwas, was vermieden werden muss, da es stark mit Bedrohungen in Beziehung gesetzt wird. Das gilt auch für Herausforderungen. Die falsche bzw. unpräzise Betrachtung und Einschätzung von Herausforderungen kann im konkreten Fall zu einem Risiko führen. Aus diesem Grund sind zahlreiche Basiskonzepte und Schlüsselaktivitäten der Service Strategy darauf ausgelegt,

Aspekte der Risikobetrachtung und -bewertung zu berücksichtigen. Dazu gehören u. a.:

- Markträume
- Serviceportfolio
- Demand Management

Wenn Unternehmen bzw. Organisationen im Rahmen des Kunden-Lieferanten-Verhältnisses sowohl die Chancen als auch die möglichen Risiken zielgerichtet und strukturiert betrachten, bewerten und in Business Value umsetzen können, hat dies eine positive Gesamtauswirkung auf den Service Lifecycle und die Service-Management-Strukturen im Allgemeinen.

3.6 Zusammenfassung Service Strategy

Ziele und Inhalte

- Bietet einen Leitfaden, wie Service Management als ein strategisches Asset designed, entwickelt, implementiert und betrieben werden kann
- Die Handlungsanleitungen von Service Strategy zeigen auf, wie Service Management in ein „Strategic Asset" überführt werden kann
- Mit Service Strategy wird das Service Management in den erforderlichen strategischen Zusammenhang gestellt

Basiskonzepte & Grundprinzipien

- Marktraum
- Servicekatalog
- Servicemodelle
- Fähigkeiten
- Service Assets
- Serviceportfolio
- Servicepipeline
- Wertschöpfung
- Utility und Warranty
- Value Proposition
- Value Composition
- Beschränkungen
- Business Case

Prozesse

Service Strategie
- Strategy Management for IT Services
- Service Portfolio Management
- Financial Management for IT Services
- Demand Management
- Business Relationship Management

Zentrale Rollen

- Chief Sourcing Officer
- Service Owner

Funktionen

Keine Funktionen vorhanden

Benefits

- Erzeugung von Wertschöpfung durch die übergreifende, strategische und wirtschaftliche Betrachtung bezüglich Service Management und strategische Assets
- Erfassung der technischen sowie auch ablauforientierten Komplexität und Aufsetzen der dafür aus strategischer Sicht sinnvollen und gezielten Strukturen
- Klare Weichenstellung für die Bereitstellung von Services bzw. Service Assets bezüglich der Parameter Effizienz und Effektivität

04

SERVICE DESIGN

4.1 Einführung in Service Design

Zielsetzung des Service Design: Ermittlung der Kundenanforderung und Überführung in Service- und Service- Management-Lösungen.

Das Entwickeln neuer oder geänderter Services zur späteren Überführung in die Produktivumgebung steht im Mittelpunkt des Service Design. Es betrachtet alle Designaspekte bei der Planung von neuen Services sowie Änderungen oder die Anpassung der Services und des Service Management.

Insbesondere in der Phase Service Design spielt die ausgewogene Betrachtung der 4 P's (Processes, Products, Partners/Provider, People) eine wichtige Rolle für eine spätere erfolgreiche Umsetzung von Designplänen und -projekten in einen wertschöpfenden Servicebetrieb (Service Operation).

Das jeweilige Design für eine neue Business-Anforderung ist ein schwieriger Balanceakt. Es muss dafür gesorgt werden, dass neben den funktionalen Anforderungen ebenso die Performance-Anforderungen erfüllt werden. Mit anderen Worten: es muss sicher gestellt werden, dass die benötigte Utility und Warranty durch den „designed" Service geliefert werden kann. Das Ganze muss zusätzlich in dem geforderten zeitlichen Rahmen ablaufen und die entsprechenden finanziellen Anforderungen erfüllen. Man spricht auch von einem „Balanced Design", wenn die folgenden drei Aspekte betrachtet werden:

- Funktionalität (Functionality)
- Ressourcen (Ressources)
- Planung (Schedule)

4.2 Wichtige Grundbegriffe des Service Design

Die Anforderungen an einen neuen Service ergeben sich im Wesentlichen aus dem Service Portfolio sowie den spezifischen Kundenanforderungen. Sämtliche Serviceanforderungen werden analysiert, abgestimmt und dokumentiert. Daraus folgt eine Lösungsarchitektur, die den Anforderungen und den Rahmenbedingungen aus der Service Strategie entsprechen muss. Um dies sicherzustellen, werden für jeden neuen Service die Hauptaspekte des Service Design berücksichtigt:

Service Design Package (SDP)

Das Service Design Package besteht aus einer Sammlung an Dokumenten, in denen alle Aspekte eines Service einschließlich dessen Anforderungen innerhalb jeder Phase des Lebenszyklus des Service definiert sind. Ein Service Design Package wird für neue Services, umfassende Changes sowie die Stilllegung von Services erstellt.

Service-Lösungen für neue oder veränderte Services

Es ist sicherzustellen, dass neue oder geänderte Services in das bestehende Serviceportfolio passen und sich in die bestehenden Supportstrukturen einbinden lassen. Gegebenenfalls ist es erforderlich, das Design des neuen Services oder anderer, bereits bestehender Services anzupassen. Hierfür werden die abgestimmten Businessanforderungen analysiert und in konkrete Serviceanforderungen überführt, um abschließend das Design der Service-Lösung zu erhalten.

Management Information Systems und Tools

Auch das Service Management System und die zugehörigen Tools müssen einer Betrachtung unterzogen werden, um sicherzustellen, dass diese in der Lage sind, den entsprechenden Support zu gewährleisten. Ein wichtiger Erfolgsfaktor für ein effizientes Service Management ist der Einsatz der richtigen Management-Systeme, Tools und ein hohes Maß an Automatisierung. Im Besonderen ist das Serviceportfolio ein System zur Unterstützung der Services. Es beschreibt die Serviceerbringung aus der Sicht der Wertschöpfung für den Kunden und muss alle Serviceinformationen und den Status des Services beinhalten.

Technologie- und Management-Architekturen

Es ist sicherzustellen, dass die eingesetzten Technologien, die Infrastruktur und die Applikationen mit dem neuen oder geänderten Service vereinbar sind, so dass der Betrieb und die Wartung des neuen Services wertschöpfend möglich sind. Gegebenenfalls ist es erforderlich, bestehende Systeme und Architekturen anzupassen oder das Service Design zu überprüfen. Man spricht in diesem Zusammenhang auch von „Enterprise Architecture". Es existieren einige Frameworks für die Entwicklung einer „Enterprise-Architektur". Sie muss die folgenden Aspekte beinhalten:

- Servicearchitektur
- Anwendungsarchitektur
- Informations-/Datenarchitektur
- IT-Infrastruktur Architektur
- Umgebungsarchitektur

Benötigte Prozesse

Es ist sicherzustellen, dass das Prozessdesign sowie die damit verbundenen Rollen und Verantwortlichkeiten sowie Prozessfähigkeiten geeignet sind, den neuen oder geänderten Service zu betreiben, zu unterstützen und zu warten. Gegebenenfalls ist es erforderlich, den Service oder auch die Prozesse anzupassen. Davon betroffen sind nicht nur die Service-Design-Prozesse, sondern sowohl die Betriebs-Prozesse als auch die Service-Management-Prozesse insgesamt.

Messmethoden und -metriken

Es ist sicherzustellen, dass bestehende Messmethoden den neuen oder geänderten Service unterstützen und es erlauben, die erforderlichen Kennzahlen und Metriken zu liefern. Gegebenenfalls müssen bestehende Systeme und Messmethoden erweitert oder angepasst werden.

4.3 Die Prozesse im Service Design

Im Rahmen der Phase Service Design, im ITIL Lifecycle-Modell, sind folgende Prozesse zu finden:

- Design Coordination
- Service Catalogue Management
- Service Level Management
- Capacity Management
- Availability Management
- IT Service Continuity Management
- Information Security Management
- Supplier Management

4.3.1 Design Coordination

Design Coordination ist der Prozess, der für die Koordination aller Design Aktivitäten, Prozesse und Ressourcen verantwortlich ist. Design Coordination stellt das konsistente und effektive Design neuer oder geänderter Services, Service Management Informationssysteme, Architekturen, Technologie, Prozesse, Informationen und Messgrößen sicher.

Zielsetzung
Durch den Design Coordination Prozess soll sichergestellt werden, dass die Ziele des Service Design erreicht werden, indem ein „Single Point of Contact" für die Koordination aller Aktivitäten und Prozesse im Rahmen der Service Design Phase im Service Lifecycle zur Verfügung steht.

Dies bedeutet der Design Coordination Prozess:

- Stellt das Design von angemessenen Services, Service Management Informationssystemen, Architekturen, Technologien, Prozessen, Informationen und Metriken sicher, um jetzige und zukünftige Businessanforderungen und –ergebnisse zu erfüllen.
- Koordiniert alle Designaktivitäten zwischen Projekten, Changes, Lieferanten und Supportteams und managed Planungen, Ressourcen und Konflikte falls notwendig. Er verbessert die Effektivität aller Designaktivitäten und Prozesse.

Hinweis

Die Ausrichtung der Prozesse nach ITIL, verbunden mit professionellem Training der Mitarbeiter ist die Voraussetzung für reibungslose IT-Abläufe. Die Basis für die gelungene Einführung der Prozesse in der Praxis wird bei der Auswahl eines leistungsfähigen Werkzeugs gelegt. **OMNITRACKER** ist eine in vielen hundert Installationen erprobte Prozessplattform für IT- und non-IT-Prozesse. Durch die modulare Architektur von **OMNITRACKER** können neben dem zertifizierten IT Service Management Center weitere „out-of-the-box"-Geschäftsprozessmodule vollständig integriert zum Einsatz kommen. Die offenen Schnittstellen erlauben die Anbindung an Drittsysteme. Ebenso können beliebige individuelle Prozesse erstellt und mit den bestehenden Prozessen funktio-nal verbunden werden.

- Plant und Koordiniert die notwendigen Ressourcen und Fähigkeiten, die für das Design neuer oder geänderter Services notwendig sind
- Produziert das Service Design Package basierend auf Servicebeschreibungen und Änderungsanfragen und stellt die abgestimmte Übergabe an das Service Transition sicher
- Managed die Qualitätskriterien, Anforderungen und Übergabepunkte zwischen Service Design, Service Strategy und Service Transition
- Stellt sicher, dass alle beteiligten Parteien ein gemeinsames Framework als Standardvorgehensweise verwenden
- Gewährleistet eine kontinuierliche Beobachtung und Verbesserung der Performance der Service Design Phase

Basiskonzepte

ITIL empfiehlt einen strukturierten und ganzheitlichen Ansatz für alle Design Aktivitäten. Somit ist sichergestellt, dass alle verfügbaren Informationen vorhanden sind, sowie Konsistenz und Integration für alle Designaktivitäten über die komplette Organisation erreicht werden. Der Design Coordination Prozess bietet Richtlinien, die diesen ganzheitlichen Ansatz erlauben.

Die Design Coordination Policy sollte Folgendes beinhalten:

- Verknüpfungen zu Unternehmensstandards und Corporate Governance sowie eine explizite Ausrichtung auf die regulierende Steuerung aller Service Design Aktivitäten
- Standards für Dokumentenvorlagen, Dokumentationspläne, Trainingspläne, Kommunikations- und Marketingpläne, Mess- und Metrikpläne, Testpläne und Entwicklungspläne
- Kriterien, nach denen Service Design Ressourcenkonflikte gelöst werden können
- Standard-Kostenmodelle

Design Prinzip – Balance und Priorisierung

Die vielleicht wichtigste Empfehlung, die im Rahmen der Design Coordination zu befolgen ist, ist die Balance. Ein umfassendes

Design adressiert alle Aspekte der Utility und Warranty sowie die Anforderungen des Services durch den kompletten Service Lifecycle hindurch. Es muss unbedingt darauf geachtet werden, keine Standards oder Dokumentationsanforderungen aufzusetzen, die einen unnötigen Bürokratismus fordern, ohne einen besseren Service für das Business und/oder die Kunden zu liefern. Das Ziel ist, gerade so viel an Definitionen, Messungen und Kontrollen der Designaktivitäten zu etablieren, wie für eine erfolgreiche Koordination der Arbeit und Verbesserung der Ergebnisse notwendig ist.

Design Prinzip – Integration mit dem Projektmanagement
In den meisten Organisationen werden viele Designaktivitäten im Rahmen von Projekten unter Zuhilfenahme von formalen Projektmanagementmethoden durchgeführt. Historisch leiden diese Organisationen unter einer starken Abhängigkeit von erfahrenen Projektmanagern, um ein erfolgreiches Design sicher zu stellen. Aber nicht jeder Projektmanager verfügt über das notwendige Wissen, welche Aspekte ein erfolgreiches Design ausmachen. Zusätzlich neigen viele Projektmanager unter dem Druck der Projekt-Deadlines und anderer Rahmenbedingungen dazu, Kundenerwartungen nicht konstant zu managen und verhindern weitreichende notwendige Veränderungen am Projektumfang.

Als Teil der Design Coordination ist es wichtig, dass Vorgehensweisen, Dokumente, Prozeduren oder „Deliverables", die notwendig sind, um ein erfolgreiches Design zu erstellen, in die jeweils existenten Projektmanagementmethoden integriert werden und die Projektleiter entsprechend geschult sind. Die konsequente übergreifende Anwendung dieser Verbesserungen nimmt den Druck von den einzelnen Projekten. Wenn alle Projektleiter nach den gleichen Vorgaben arbeiten, wird jedes einzelne Projekt von diesen Verbesserungen profitieren.

Abb. ›
Design Coordination Aktivitäten

(Abb. 4.2 ITIL® Service Design, Ausgabe 2011)

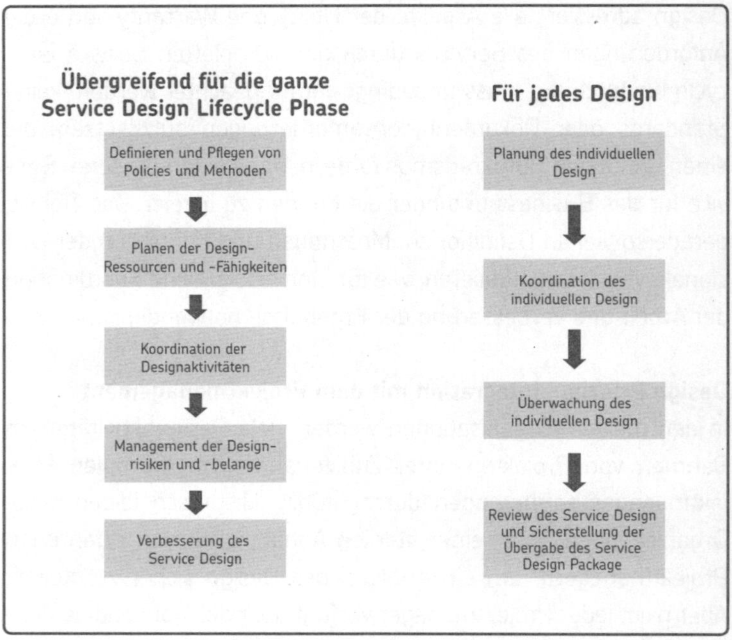

4.3.2 Service Catalogue Management

Häufig fehlt in den Service-Organisationen ein klares Bild darüber, welche Services zur Zeit angeboten werden und welche Kunden und Anwender welche Services nutzen. Um diese Transparenz zu schaffen, ist es notwendig, ein Service Portfolio zu erstellen, das einen Servicekatalog beinhaltet. Dies ist ein wichtiger Schritt in der Entwicklung der Organisation in Richtung einer deutlichen Serviceorientierung.

Zielsetzung

Das Ziel des Service Catalogue Management ist die Definition, Erstellung und Pflege eines Servicekatalogs. Es muss sichergestellt werden, dass diese Informationen korrekt abgebildet sind und dem aktuellen Stand der bereitgestellten und im Einsatz befindlichen Services entsprechen. Darüber hinaus müssen die Schnittstellen und Abhängigkeiten aller Services auf dem aktuellen Stand sein.

Basiskonzepte

Servicekatalog: Der Servicekatalog ist eine Datenbank oder ein strukturiertes Dokument mit Informationen zu allen live geschalteten Services einschließlich der Services, die für das „Deployment" verfügbar sind. Der Servicekatalog ist Teil des Serviceportfolios und enthält Angaben zu zwei Arten von Services Kundengerichtete Services, die für das Business sichtbar sind und unterstützende Services, die für den Service Provider notwendig sind, um kundengerichtete Services bereitzustellen.

Der Servicekatalog beinhaltet zwei Perspektiven:

Kundengerichtete Services: Hierbei handelt es sich um Services, die für den Kunden sichtbar sind. Diese sind typischerweise Services, die die Geschäftsprozesse des Kunden oder der Business Unit direkt unterstützen oder direkt einen durch den Kunden gewünschten Output produzieren.

Unterstützende Services: Hierbei handelt es sich um Services, die die kundengerichteten Services unterstützen. Diese sind üblicherweise für den Kunden unsichtbar, aber essentiell, um die kundengerichteten Services liefern zu können.

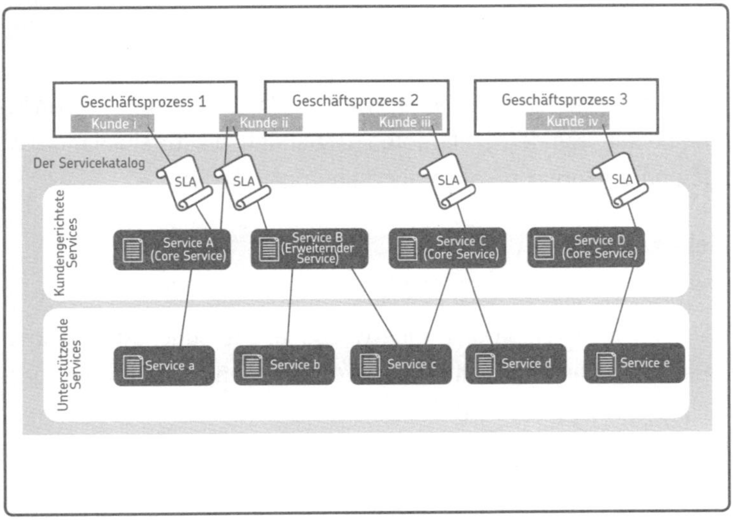

< Abb.
Servicearten in einem Servicekatalog

(Abb. 4.3 ITIL® Service Design, Ausgabe 2011)

4.3.3 Service Level Management

Unternehmen unterliegen heute einem steten Wandel, um den Bedürfnissen der Kunden gerecht zu werden. Die daraus entstehenden neuen Anforderungen aus den Geschäftsprozessen müssen durch die Service-Organisation in Form von Services unterstützt und ermöglicht werden. Um Business Alignment zu erreichen und sicherzustellen, dass die Service-Organisation die Kundenorganisation optimal unterstützt, müssen Rahmenbedingungen geschaffen werden, die dazu führen, dass zwischen den beteiligten Parteien entsprechende Vereinbarungen getroffen und eingehalten werden.

Der Service Level Management Prozess hält das Gleichgewicht zwischen den Anforderungen des Kunden und den Möglichkeiten der Organisation. Durch eine kontinuierliche Abstimmung und Überwachung der Vereinbarungen sorgt das SLM für die Erhaltung und sukzessive Verbesserung der vereinbarten Servicequalität. Es ist der Prozess, der für das qualitative und quantitative Management der Services zuständig ist, die die Service-Organisation für die Kunden erbringt.

Aufgrund der organisatorischen und kulturellen Auswirkungen ist der SLM-Prozess einer der wichtigsten, aber auch komplexesten Prozesse im ITIL-Framework. Er formalisiert die Beziehungen zwischen der Kundenorganisation und der Service-Organisation und stellt damit sicher, dass sich beide Parteien gemeinsam für die Ausprägung der Services verantwortlich fühlen. Dies ist die Basis für eine faire Kunden-Lieferanten-Beziehung, die für eine langfristige und erfolgreiche Kooperation unumgänglich ist.

Zielsetzung

Das Service Level Management verfolgt die folgenden Ziele:

- Definition, Vereinbarung, Überwachung, Messung, Review und Report der bereitgestellten Services zwischen der Service-Organisation und den Kunden
- Sicherstellung, dass messbare Ziele für alle Services entwickelt werden

- Überwachung und Verbesserung der Kundenzufriedenheit durch die Services
- Sicherstellung, dass die Kunden und die Service-Organisation ein klares und eindeutiges Verständnis von den bereitgestellten Services haben
- Sicherstellung, dass durch proaktive Maßnahmen die Servicequalität verbessert wird
- Erfassen, Vereinbaren und Dokumentieren von Kundenanforderungen (Service Level Requirements, SLR)
- Verfassen von Service Level Agreements (SLA) mit Kunden sowie deren periodische Überprüfung
- Konzipieren und Dokumentieren von internen Vereinbarungen im Rahmen der Serviceerstellung sowie Integration von externen Partnern (siehe auch Supplier Management)

Basiskonzepte

Service Level Requirements (SLR): In den Service Level Requirements (Serviceanforderungen) werden die Anforderungen des Kunden hinsichtlich seiner benötigten Services beschrieben.

Service Level Agreement (SLA): In einem SLA sind die qualitativen und quantitativen Vereinbarungen zwischen dem Kunden und der Service-Organisation hinsichtlich der zu leistenden Services festgelegt. Es beschreibt die Services in einer kundenbezogenen Formulierung mit Sicht auf die dadurch unterstützten Geschäftsprozesse. Für den Vereinbarungszeitraum gilt das SLA als Vereinbarung in Bezug auf die Leistungserbringung und Steuerung der Services. Ein SLA lässt sich grundsätzlich in einen Leistungsbereich (Inhalt und Leistungsparameter) und in einen kaufmännischen und juristischen Bereich unterteilen. SLAs weisen meist eine servicebasierte (ein SLA für einen Service) oder eine kundenbasierte (ein SLA für alle Services eines Kunden) Struktur auf. Eine weitere mögliche Struktur ist die Multi-Level-Struktur. Dabei werden in der Praxis oftmals übergeordnete Rahmenverträge verhandelt, die die grundlegenden Strukturen (kaufmännisch/juristisch) beschreiben (Corporate Level). Die darauf basierenden Serviceleistungen werden als „Leistungsscheine" beigelegt und ergänzen somit den Vertrag.

Folgende Strukturen von SLAs definiert ITIL:

Servicebasiertes SLA: Ein Service-based SLA deckt einen Service ab, der für jeden Kunden in identischer Form erbracht wird.

Kundenbasiertes SLA: Ein Costumer-based SLA deckt alle Anforderungen eines Kunden oder einer Kundengruppe ab.

SLAs mehrerer Ebenen: Ziel eines Multi-Level-SLA ist die bestmögliche Abdeckung von verschiedenen Anforderungen aus Unternehmenssicht kombiniert mit den verschiedenen bereitgestellten Services.

Operational Level Agreement (OLA)

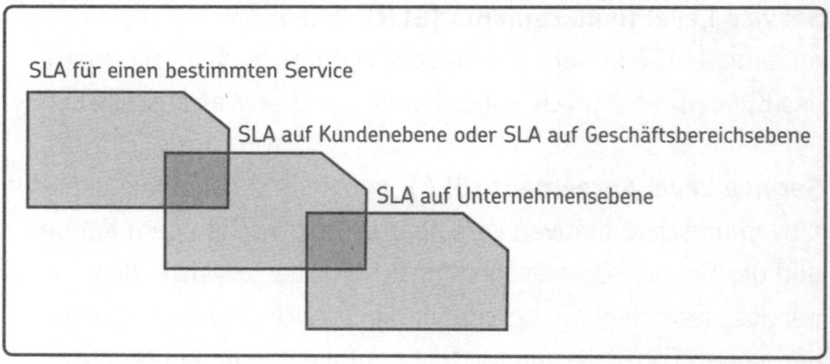

Abb. › SLA Strukturen

(Abb. 4.7 ITIL® Service Design, Ausgabe 2011)

Ein Operational Level Agreement ist eine nach innen gerichtete Vereinbarung zwischen den internen Fachbereichen der Service-Organisation über die Erstellung und Erbringung eines Teilservices zur Erfüllung eines SLA. Interne Vereinbarungen in Form eines Operational Level Agreement enthalten keinen juristischen Anteil.

Underpinning Contract (UC)

Ein Underpinning Contract ist eine extern gerichtete Vereinbarung mit einer dritten Partei (externer Dienstleister) über die Lieferung von definierten Services als Teilerbringung eines SLA gegenüber dem Kunden. Vergleichbar ist ein solcher Vertrag mit der externen

Ausführung eines OLA. Als externe Kunden-Lieferanten-Vereinbarung handelt es sich bei einem UC immer um ein Vertragswerk mit einem rechtswirksamen Anteil.

4.3.4 Capacity Management

Capacity Management ist der Prozess, der sicherstellt, dass die richtige und in Bezug auf Kosten vertretbare Service-Kapazität und -Performance zeitgerecht bereitgestellt wird, um die geschäftlichen Anforderungen abzudecken. Capacity Management ermittelt die geschäftlichen Anforderungen (an Ressourcen), prognostiziert die Workloads und führt die Planung der Ressourcen durch. Einer der wichtigsten Outputs des Capacity Management ist ein dokumentierter Kapazitätsplan.

Zielsetzung

Ziel des Capacity Management ist die Ermittlung der benötigten, kosteneffizienten Kapazität und Performance von Ressourcen, sodass die mit dem Kunden vereinbarten Service Level zeitgerecht erfüllt werden.

Das Capacity Management hat folgende Schwerpunkte:

- Erstellung und Pflege eines angemessenen und aktuellen Kapazitätsplanes, der die momentanen und zukünftigen Bedürfnisse des Business widerspiegelt
- Bereitstellung von Informationen und Erstellung von Richtlinien für alle Bereiche des Business – die in Zusammenhang mit der Service-Organisation stehen – zu leistungs- und kapazitätsabhängigen Fragen
- Bereitstellung von Informationen und Richtlinien für sämtliche Kapazitäts- und Performance-Belange

Basiskonzepte

Um seiner Zielsetzung gerecht zu werden, bedient sich das Capacity Management dreier Subprozesse:

Business Capacity Management (BCM): Trend, Prognose, Modell, Prototyp, Größe und Dokumentation der zukünftigen Geschäftsanforderungen an die Services

Service Capacity Management (SCM): Monitoring, Analyse, Tuning und Bericht über die aktuelle Service Performance, Erstellung von Mindestanforderungen und Profilen für den Gebrauch von Services und die Regelung des Servicebedarfs

Component Capacity Management (CCM): Monitoring, Analyse und Bericht über die Auslastung der verschiedenen technologischen IT-Komponenten, Erstellung von Mindestanforderungen und Profilen für den Gebrauch von Komponenten

Die Aktivitäten im Capacity Management im Überblick:

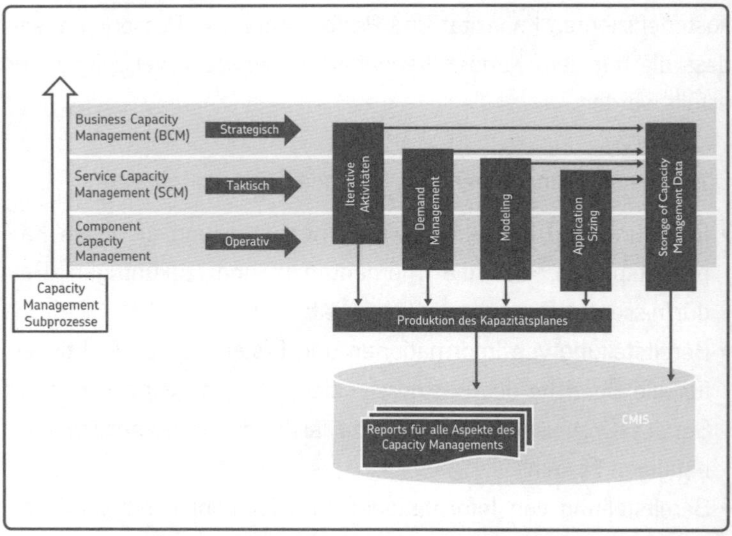

Abb. › Capacity Management Subprozesse

(Abb. 4.16 ITIL® Service Design, Ausgabe 2011)

4.3.5 Availability Management

Für die Erbringung qualitativ hochwertiger Services ist die kosteneffektive Bereitstellung des in den Service Level Agreements festgelegten Verfügbarkeitsniveaus eine der Grundvoraussetzungen. Es gilt, die richtige Balance zwischen den aufzuwendenden Kosten und dem für das Business notwendigen Verfügbarkeitsniveau zu erreichen. Ein effektives Availability Management hat direkten Einfluss auf die Zufriedenheit der Kunden der Service-Organisation.

Das Availability Management betrachtet hierbei zwei Schlüsselelemente:

- Reaktive Aktivitäten: Monitoring, Messung, Analyse und Management aller Ereignisse, Störungen und Probleme, bei denen das Thema Verfügbarkeit betrachtet wird
- Proaktive Aktivitäten: Planung, Design und Verbesserung der Verfügbarkeit im Rahmen des Designs von Services

Zielsetzung

- Bereitstellung von Richtlinien und Anleitungen für alle Bereiche des Business sowie der Service-Organisation, bei denen das Thema Verfügbarkeit eine Rolle spielt (z.B. Konzepte zur Sicherstellung bzw. Verbesserung von Verfügbarkeiten von IT-Systemen)
- Erstellung eines angemessenen und aktuellen Verfügbarkeitsplans, der die momentanen und zukünftigen Anforderungen des Business an die Serviceverfügbarkeit abdeckt
- Sicherstellung, dass die erreichte Serviceverfügbarkeit den vereinbarten Zielen entspricht oder über diese hinausgeht
- Unterstützung bei der Diagnose und Lösung von Störungen und Problemen in Bezug auf die Verfügbarkeit
- Untersuchung der Auswirkungen von Changes auf den Verfügbarkeitsplan sowie auf die Performance und Verfügbarkeit aller Ressourcen in den Services

Abb. › Input - Output des Availability Management

Reproduced under licence from AXELOS

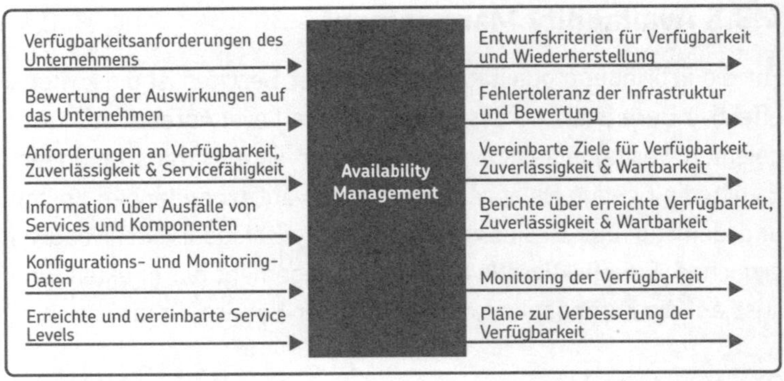

Basiskonzepte im Rahmen des Availability Management sind:

Availability (Verfügbarkeit)
Die Verfügbarkeit trifft eine Aussage über die Fähigkeit eines Services, einer Komponente oder eines Configuration Item, im Rahmen der vereinbarten Funktionalität zu arbeiten. In den meisten Fällen wird die Verfügbarkeit in Prozent ausgedrückt.

Serviceability (Servicefähigkeit)
Die Fähigkeit eines Drittanbieters, die Bedingungen eines Vertrags einzuhalten. Dieser Vertrag umfasst den vereinbarten Umfang der Zuverlässigkeit und die Wartbarkeit oder Verfügbarkeit eines Services oder Configuration Items.

Reliability (Zuverlässigkeit)
Die Zuverlässigkeit beschreibt die Kontinuität, mit der ein Service angeboten werden kann. Die Zeit zwischen zwei Ausfällen eines Services sagt etwas über die Zuverlässigkeit dieses Services aus.

Maintainability (Wartbarkeit)
Die Wartbarkeit trifft eine Aussage über die Aufwendungen, die notwendig sind, um den operativen Betrieb eines Services sicherzustellen.

Diese Punkte werden im Availability Management aus der Sicht einzelner Komponenten (Component Availability), eines Services (Service Availability) und aus der übergreifenden Businesssicht betrachtet.

Ein Service gilt für einen Kunden als nicht verfügbar, wenn die vor Ort benötigten Funktionen nicht oder nur eingeschränkt genutzt werden können. ITIL kennt nur, dass ein Service verfügbar oder nicht verfügbar ist. Er ist nicht verfügbar, sobald der vereinbarte Service Level nicht erreicht wird.

4.3.6 IT Service Continuity Management (ITSCM)

Unternehmen sind in der heutigen wettbewerbs- und serviceorientierten Situation davon abhängig, dass ihre Services ununterbrochen zur Verfügung stehen. Da die entscheidenden Geschäftsprozesse in immer höherer Abhängigkeit von der IT stehen, ist eine Planung für den Katastrophenfall unerlässlich. ITSCM stellt sicher, dass ein Unternehmen in der Lage ist, im Katastrophenfall die wesentlichen Services planvoll wiederherzustellen und den Zugriff hierauf zu ermöglichen. Mit ITSCM wird ein reduzierter Kosten- und Zeitaufwand für die Wiederherstellung erreicht. Studien zeigen, dass viele Unternehmen das erste Jahr nach einem Katastrophenfall nicht überleben, weil sie nicht ausreichende Vorbereitungen getroffen haben!

Zielsetzung

- Erstellen von IT Service Continuity-Plänen, die den Business Continuity-Plan unterstützen
- Vervollständigung regelmäßiger Business Impact-Analysen, um sicherzustellen, dass alle Continuity-Pläne mit den sich ändernden Businessanforderungen übereinstimmen
- Kommunikation und Aufrechterhaltung des Bewusstseins der ITSCM-Ziele innerhalb der unterstützten Geschäftsbereiche und IT Service Bereiche
- Sicherstellung, dass entsprechende Continuity- und Recovery-Mechanismen umgesetzt werden, um die vereinbarten Business Continuity-Ziele zu erreichen
- Verhandlung und Vereinbarung von Verträgen mit Zulieferern für die notwendige Erbringung von Leistungen zur Wiederherstellung, um alle Continuity-Pläne im Zusammenhang mit dem Supplier Management zu unterstützen

Unterschiede zwischen Business Continuity Management und ITSCM

Business Continuity Management (BCM):

- beschäftigt sich mit dem Management von Risiken
- konzentriert sich auf die Kontinuität des allgemeinen Geschäftsbetriebes
- reduziert das Risiko auf ein akzeptables Niveau
- plant die Wiederherstellung der notwendigen Geschäftsprozesse und unterstützenden Funktionen im Schadensfall

IT Service Continuity Management (ITSCM):

- ist ein Bestandteil des BCM-Prozesses
- legt den Fokus auf die Wiederherstellung der IT Services

Nicht die technischen Wünsche und Machbarkeiten, sondern die Geschäftsanforderungen sind für das ITSCM maßgeblich. Es muss sichergestellt werden, dass ein Unternehmen zu jeder Zeit mit einem vorher festgelegten Minimum an IT Services arbeiten kann.

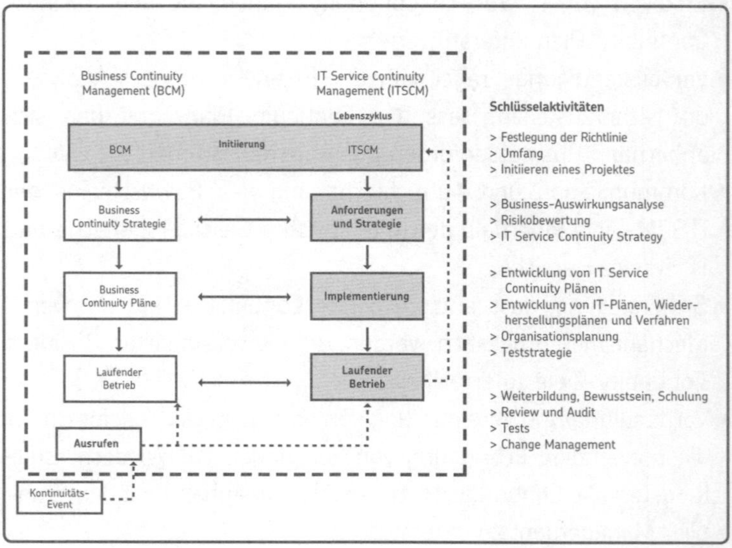

Abb. > Lebenszyklus des Service Continuity Management

 (Abb. 4.21 ITIL® Service Design, Ausgabe 2011)

4.3.7 Supplier Management

Als eigenständiger Prozess im Rahmen des Service Design hat das Supplier Management die Aufgabe, Partner (Zulieferer) mit ihren gelieferten Services zu verwalten, um eine dauerhafte Qualität der gelieferten Services zu erreichen.

Die Zielsetzung des Supplier Management wird wie folgt definiert:

- Sicherstellen, dass Absicherungsverträge und Vereinbarungen mit Zulieferern den Anforderungen des Business entsprechen und dass diese mit den im SLM vereinbarten Zielen bezüglich SLR und SLA übereinstimmen
- Aushandeln und Vereinbaren von Verträgen mit Zulieferern und Verwaltung dieser über deren Lebensyzyklus
- Verwaltung von Lieferantenbeziehungen
- Bewerten der Performance von Zulieferern
- Verwalten von Richtlinien für Zulieferer sowie Aufbau und Pflege des Supplier and Contract Management Information System (SCMIS)

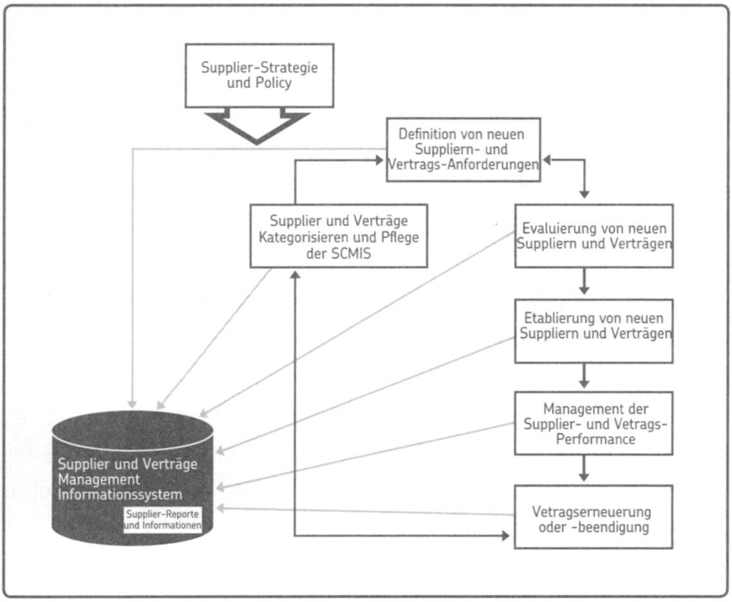

< Abb.
Aktivitäten des Supplier Management

(Abb. 4.27 ITIL® Service Design, Ausgabe 2011)

Basiskonzepte

Zentrale Aufgabe ist die Erstellung eines Supplier and Contract Management Information System (SCMIS) (Partner und Vertrags-Datenhaltung) mit der Definition von Rollen und Verantwortungen sowohl auf Seiten der Service-Organisation als auch auf Seiten der Partner. Idealerweise sollte die SCMIS ein Teil des globalen Configuration Management Systems (CMS) und Service Knowledge Management System (SKMS) sein, welches jegliche Daten und Informationen zu allen Partner sowie den erbrachten Leistungen bezüglich der Services beinhaltet.

4.3.8 Information Security Management

Information Security Management ist der Prozess, mit dem ein angemessener, definierter Grad an Sicherheit für die Informationen und Services erreicht wird. Im Service Management nach ITIL wird dieser Grad von den Kunden des Services sowie von gesetzlichen Anforderungen definiert und vom Anbieter zugesichert. Damit wird dieser Grad an Sicherheit zum vereinbarten Bestandteil des Service Level Agreement.

Der dadurch angestoßene Information Security Management Prozess hat die Aufgabe, durch kontinuierliche Planung, Implementierung und Bewertung von Sicherheitsmaßnahmen das definierte Niveau an Informations-Sicherheit zu gewährleisten. Sicherheitsmaßnahmen betreffen das Personal, die Organisation, die Infrastruktur und die Technologie.

Eine weitere Aufgabe ist, die angemessene Reaktion auf Sicherheitsverletzungen (Security Incidents) sicherzustellen.

Im Rahmen des Information Security Managements ist es sowohl eine Pflicht des Seniormanagements als auch jedes Mitarbeiters, das Geschäft mit entsprechender Sensibilität bezüglich der Sicherheit zu betreiben.

Zielsetzung

Die Ziele des Information Security Management sind:

- Vermeidung von Sicherheitsverletzungen durch ein klares und ganzheitliches Information Security Management
- angemessene und planvolle Reaktion auf Sicherheitsverletzungen
- Zusammenführung der Sicherheitsanforderungen und geschäftlichen Anforderungen
- Erstellung des Security-Plans u. a. zur Dokumentation der Anforderungen
- Festlegung von Toleranzen zur Abgrenzung eines vertretbaren Risikos
- Berücksichtigung von strategischen, taktischen und operativen Rahmenbedingungen

Der Prozess Information Security Management ist als ein Zyklus entsprechender Aktivitäten zu sehen:

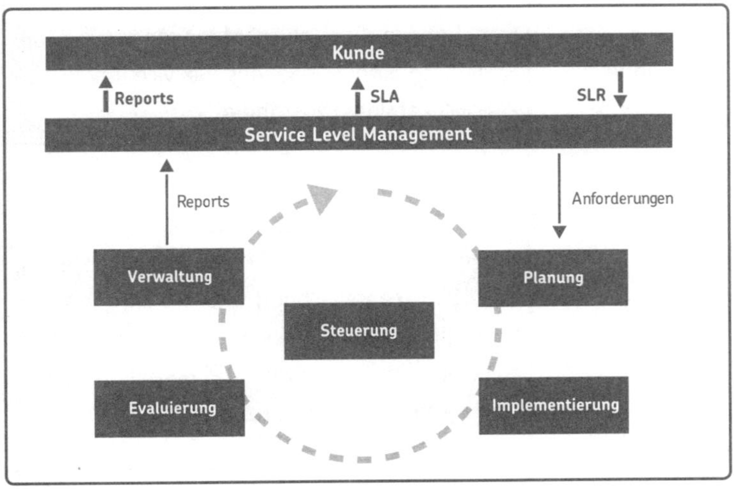

‹ **Abb.**
Der Prozess Security Management

(Abb. 4.23 ITIL® Service Design, Ausgabe 2011)

Prinzipien des Information Security Management:

- Confidentiality (Vertraulichkeit von Daten)
- Integrity (Integrität, Vollständigkeit und Richtigkeit von Daten)
- Availability (ständige Verfügbarkeit von Daten)

4.4 Die Rollen im Service Design

Um schnelle und genaue Entscheidungen zu treffen und erfolgreich umzusetzen, ist es wichtig, dass die Rollen klar definiert sind. Das Service Design sieht folgende Schlüsselrollen vor:

Rolle	Kurzbeschreibung
Service Design Manager / Design Coordination Manager	Der Service Design Manager ist für die Koordination und Entwicklung von Qualitätslösungen für Services über alle Prozesse verantwortlich. Er setzt den Umfang und die Richtlinien für die Phase Service Design fest und hat übergreifend alle Designaktivitäten im Blick. In dieser Rolle werden in vielen Organisationen die Rolle des Owner und Manager des Prozesses Design Coordination zusammengeführt.
Service Catalogue Manager	Der Service Catalogue Manager ist für die Erstellung und Pflege des Service Catalogue (Servicekatalogs) zuständig.
Service Level Manager	Der Service Level Manager ist für die Einhaltung der Ziele des Service Level Management Prozesses zuständig. Er muss sicherstellen, dass die gegenwärtigen und zukünftigen Anforderungen des Kunden für einen bestimmten Service identifiziert, verstanden, dokumentiert und nachhaltig umgesetzt werden.
Availability Manager	Der Availability Manager ist dafür verantwortlich, dass die Ziele des Availability Management erreicht werden. Er muss ein Availability Management Information System (AMIS) als Basis für den Verfügbarkeitsplan pflegen.

Rolle	Kurzbeschreibung
IT Service Continuity Manager	Der IT Service Continuity Manager hat das Ziel, die Business Continuity zu unterstützen. Er stellt sicher, dass alle benötigten IT Services innerhalb der vereinbarten Zeiten wiederhergestellt werden können.
Capacity Manager	Der Capacity Manager ist dafür verantwortlich, ausreichend Kapazität und Performance für existierende und zukünftige Anforderungen des Kunden zur Verfügung zu stellen. Er ist für das Erstellen des Kapazitätsplans zuständig.

Des Weiteren werden folgende Rollen im Service Design beschrieben, auf die hier nicht näher eingegangen wird:

- Supplier Manager
- IT Planner
- IT Designer/Architect
- Security Manager

4.5 Zusammenfassung Service Design

Ziele und Inhalte

- Design von neuen oder geänderten Services für ihre Einführung in den operativen Betrieb
- Service Design definiert und designed Services und Service Assets (Policies, Architekturen und Portfolio) auf Basis der strategischen Ziele und Business-Anforderungen
- Ermittlung der Kundenanforderung und Übersetzung in Service und Service Management Lösungen

Basiskonzepte & Grundprinzipien

- Service Design Package
- Service Portfolio Design
- Identifizierung von SLRs
- Business Service Management
- Business Impaktanalyse
- Risikoanalyse von Services und Prozessen
- Sourcing-Modelle

Prozesse

- Design Coordination
- Service Level Management
- Service Catalogue Management
- Capacity Management
- Availability Management
- Service Continuity Management
- Information Security Management
- Supplier Management

Zentrale Rollen

- Service Design Manager
- Sevice Catalogue Manager
- Service Level Manager
- Availability Manager
- Security Manager
- ITSCM Manager
- Capacity Manager
- Supplier Manager

Funktionen

Keine Funktionen beschrieben

Benefits

- Reduzierung der Total Cost of Ownership (TCO)
- Verbesserung der „Service Konsistenz“
- Einfachere Implementierung von neuen oder geänderten Services
- Optimierung des „Service Alignments“
- Gesteigerte Effektivität in der Leistungsfähigkeit (Anforderungserfüllung)
- Verbesserung im Zusammenspiel mit Governance
- Kürzere Time-to-Market Zeiten

Hinweis

Die IT als Erfolgsfaktor: FNT ServicePlanet für die Definition und Bereitstellung standardisierter Produkte und Services

Der Wert der IT eines Unternehmens lässt sich nicht an der Anzahl der bearbeiteten Tickets, behobener Störungen oder eingesparter Kosten messen, sondern daran, mit welcher Flexibilität und Geschwindigkeit die wesentlichen Services für das Business zur Verfügung gestellt werden. Hierfür benötigen ITIL Verantwortliche ein ausgereiftes Produkt- und Service Design.

Zahlreiche Probleme im IT Service Management ergeben sich aus der Intransparenz aller mit einem Service verbundenen Informationen, Dokumente und Ressourcen. In der Regel verfügen viele IT Service Provider nicht über alle notwendigen Informationen, um:

- Services und deren Infrastrukturbestandteile über den gesamten Service-Lifecycle abzubilden.
- Business-relevante Services erfolgreich zu überwachen.
- eine marktgerechte Kosten- und Preiskalkulation durchzuführen.
- bei der Erbringung eines Services alle möglichen Konfigurationsvarianten klar einzugrenzen.
- Transparenz bezüglich Qualität und Kosten der erbrachten Services zu schaffen.

Hier setzt FNT ServicePlanet an. Bereits in der Designphase werden technische Leistungsmerkmale, Angaben zu Preisen, Kunden, Verträgen und Lieferanten miteinander verknüpft. Dies ermöglicht in allen Phasen des Servicelebenszyklus den Überblick zu behalten, von der Definition des Produkt- und Service-Portfolios über die Dokumentation bis hin zur Bereitstellung der Business Services.

- Das zentrale Repository verfügt über alle Informationen und ist integriert mit anderen Service Management Werkzeugen. Dies beschleunigt die ITIL Prozesse und reduziert die Kosten.
- Die methodengestützte Definition standardisierter Produkte und deren Bereitstellung als Services reduziert die Komplexität und erhöht die Transparenz.
- Klarheit im Kunden-Lieferanten-Verhältnis.
- Alle Service Assets werden über den gesamten Lebenszyklus verwaltet und verrechnet.

www.fntsoftware.com/serviceplanet

05

SERVICE TRANSITION

5.1 Einführung in Service Transition

Service Transition stellt Empfehlungen für die Entwicklung, Verbesserung und qualifizierte Übergabe von neuen oder geänderten Services in den operativen Betrieb zur Verfügung. Die Ausrichtung der Phase Service Transition gibt klare Anhaltspunkte dafür, wie die Anforderungen aus Service Strategy und Service Design in den operativen Betrieb, der in der Phase Service Operation beschrieben wird, zu überführen sind. Service Transition verbindet Best Practices aus den Gebieten Change/Release Management, Projekt Management und Risiko Management und platziert diese in einen praktischen Gesamtzusammenhang im Umfeld des Service Management. Es werden Standards und Vorgehensweisen für die effektive Behandlung und das Managen von neuen oder zu ändernden Services und deren Einführung in den Betrieb definiert.

Durch die Anwendung der Best Practice Ansätze aus der Phase Service Transition können grundlegende Verbesserungen für Services, aber auch für das Service Management in seiner organisatorischen Ausgestaltung, erzielt werden.

Service Transition ist zwar eine eigenständige Phase des Service Lifecycle, dies heißt jedoch nicht, dass sie unabhängig im Gesamtkontext der Servicebetrachtung funktioniert. Es gibt zentrale Prozess-Inputs aus vorgelagerten Phasen wie Service Design, aber auch strategische Grundausrichtungen und Definitionen der Service Strategy, ohne die die Phase Service Transition ihren Beitrag zur Wertschöpfung für den Kunden nicht effektiv leisten könnte.

Die wesentlichen Zielsetzungen der Phase Service Transition sind:

- Geordnete Überführung neuer oder geänderter Services in den operativen Betrieb ohne negative Auswirkungen auf die Geschäftsprozesse
- Planung und Managen der Ressourcen, die notwendig sind, um die neuen oder geänderten Services erfolgreich zu implementieren

- Definition und Bereitstellung der Release- und Kommunikationspläne
- Vorbereitung und Durchführung entsprechender Tests
- Durchführung der Betriebsübergabe und Bereitstellung eines „Early Life Supports“
- Definition und Anwendung grundlegender Qualitätssicherungs- und Validierungsmaßnahmen
- Bereitstellung notwendiger Informationen über die Services bzw. Servicestrukturen für den operativen Betrieb
- Management der Organisation und des kulturellen Wandels während des Übergangs
- Bereitstellung des Service Knowledge Management Systems im Rahmen der Unterstützung der lernenden Organisation zur Verfügung zu stellen
- Integration des Projektmanagements in den Betriebsübergang auf Basis ganzheitlicher Prozesse
- Steigerung der Kunden- und Mitarbeiterzufriedenheit durch die Einführung und konsequente Nutzung der Service Transition Vorgehensweisen

Im Rahmen der Service Transition geht das Management von Changes, Risiken und Qualitätssicherung sowie die übergreifende Anwendung von neu entwickelten Change-, Configuration-, Release- und Deployment-Prozessen mit der Sicherstellung einer zielgerichteten Betriebsüberführung zusammen. Des Weiteren werden die Bewertung und Risikoeinschätzung des Designs auf Basis des Service Design Packages, die validierte Betriebsübergabe sowie die Bewertung der ersten Betriebsphase und der Anlauf-Support (Early Life Support) durchgeführt.

Die Phase Service Transition beinhaltet neben den Management- und Koordinationsaufgaben für die Prozesse entsprechende Systeme und Funktionen, um Aktivitäten wie Package, Build, Test und Deployment eines Release auf Basis der Kunden- und Stakeholderanforderungen überhaupt möglich zu machen.

Aus Sicht der Kunden ergeben sich zentrale Vorteile durch den Einsatz der Phase Service Transition in den Bereichen Flexibilität, Qualität, Wirtschaftlichkeit und Effizienz des Service Providers, was in Summe für eine schnellere Betriebsüberführung und zu einer damit verbundenen verbesserten Betriebsstabilität sorgt.

Service Transition ist eine der drei Hauptphasen im Tagesbetrieb von Services und bildet die zentrale Schnittstelle zwischen Service Design und Service Operation.

Aus Sicht der Businessvorteile ergeben sich folgende positive Effekte, wenn diese Service Lifecycle-Phase mit ihren Prozessen implementiert wird:

- Möglichkeit, sich schneller auf neue Anforderungen und Marktentwicklungen einzustellen und damit kürzere Time-to-Market-Zeiten für neue Produkte und Geschäftsprozesse
- Besseres „Übergangsmanagement" bei Mergers, Acquisitions und Service-Transfer
- Steigerung der Erfolgsrate bei Änderungen und Releases für das Business
- Bessere Vorhersage von Service Levels und „Warranties" für neue oder geänderte Services
- Einhaltung der Compliance bezüglich der Anforderungen der Governance und des Business
- Flexibles Reagieren auf Modifikationen bei den Ressourcen und Budgetplänen
- Produktivitätssteigerung des eingebundenen Personals des Business bzw. der Kunden (bessere Planung)
- Flexibles Reagieren auf sich ändernde Rahmenbedingungen
- Besseres Verständnis und Managen von Transferrisiken

Im Folgenden sind die einzelnen Prozesse sowie weitere wichtige Grundbegriffe der Phase Service Transition näher beschrieben.

5.2 Wichtige Grundbegriffe der Service Transition

Dieser Abschnitt erläutert einige der Schlüsselprinzipien der Service Transition. Die hier beschrieben Grundprinzipien können als grundlegende Maßnahmen verstanden werden, die zwingend einzuhalten sind, damit Service Provider die Best Practices der Service Transition erfolgreich planen und implementieren können. Diese Prinzipien gelten unabhängig von der Organisation, müssen aber an die jeweiligen Gegebenheiten, wie Größe, Verteilung, Kultur und Ressourcen angepasst werden.

Im Wesentlichen umfassen die Schlüsselprinzipien der Service Transition fünf Punkte.

- **Auf vorhandene Systeme und Verfahren aufsetzen**
  Bei der Implementierung von Service Transition sollte auf funktionierende und vorhandene Systeme sowie Verfahren aufgesetzt werden. Veränderungen und Rollouts werden seit jeher in der IT mehr oder weniger erfolgreich umgesetzt. Einen Change zu planen und auszurollen ist auch ohne ITIL eine Kernkompetenz. Die Praxis zeigt, dass es häufig unterschiedliche Vorgehensweisen in den verschiedenen betroffenen Abteilungen gibt. Auch die Verbindlichkeit der Prozesse lässt häufig zu wünschen übrig. So ist der Erfolg einer Veränderung stark von der durchführenden Person abhängig. Sind aber gut funktionierende Verfahren oder Systeme im Einsatz, sollte die ITIL Umsetzung unbedingt darauf aufbauen. Denn ein bekanntes System vergrößert die Akzeptanz der zukünftigen Maßnahmen bei den Betroffenen.

- **Nutzung von öffentlichen Standards, Frameworks und Best Practices**
  Sind öffentliche Standards, Frameworks und Best Practices bereits verfügbar, müssen diese nicht neu erfunden werden. Der gezielte Einsatz solcher Best Practices spart Zeit und Geld. Zudem versetzt es die Organisation in die Lage, von den Erfahrungen anderer Organisationen zu profitieren, ohne selbst die entsprechenden Lernzyklen durchlaufen zu müssen.

- **Wiederverwendbarkeit sichern**
  Die Etablierung von ITIL in einer Organisation zielt darauf ab, sich wiederholende Aktivitäten zu strukturieren und effizienter zu gestalten. Es ist wenig zielführend, bei jeder anstehenden Veränderung neu zu überlegen, welche Schritte, durch welche Rollen, mit welchen Kompetenzen, in welcher Reihenfolge durchgeführt werden müssen. Diese Punkte gehören vielmehr in einen dokumentierten und in der Organisation verankerten Prozess. Wichtig ist, dass die Wiederholbarkeit der Aktivitäten und der dadurch angestrebten Ziele sicher gestellt wird.

- **Kommunikation und Beziehungsmanagement**
  Viele Organisationen zeigen nach wie vor einen sehr starken Technologie- oder Fachfokus in ihren Aktivitäten. Natürlich muss eine „Transition“ aus dieser Perspektive umfassend vorbereitet und durchgeführt werden. Aber der nachhaltige Erfolg hängt zu gleichen Teilen von den organisatorischen und menschlichen Aspekten dieser Veränderungen ab. Daher spielt neben den technischen Aspekten auch das Kommunikations- und Beziehungsmanagement zu den direkt und indirekt Betroffenen eine entscheidende Rolle. Nur die Organisationen, die es verstehen, die Beziehungen zu ihren Benutzern und Kunden über eine gezielte Kommunikation zu managen, werden nachhaltig erfolgreich sein. Denn Wertschöpfung (auch in der Service Transition) wird ausschließlich im Zusammenspiel mit den Kunden und Benutzern generiert.

- **Verstöße nicht unsanktioniert lassen!**
  Sind Abläufe, Verfahren und Systeme definiert und eingeführt, ist es dringend notwendig, darauf zu achten, dass diese auch in der täglichen Arbeit Anwendung finden. Gerade kurz nach der Etablierung liegt der wesentliche Betrachtungsfokus der Prozessmanager in der Einhaltung der definierten Prozeduren sowie der Verwendung der definierten Tools. Liegen hier Verstöße vor, die auf bewusstes Ignorieren zurückzuführen sind, dürfen diese nicht unsanktioniert bleiben. Die Signalwirkung auf die Menschen in

der Organisation bei bewusstem bzw. vorsätzlichem Ignorieren der definierten Prozesse und Policies durch Schlüsselpersonen ist fatal für den nachhaltigen Erfolg.

5.3 Die Prozesse der Service Transition

Die unten aufgeführten Prozesse sind in der Phase Service Transition angesiedelt. Man unterscheidet hierbei zwischen Prozessen, die den gesamten Service Lifecycle übergreifend betreffen und unterstützen sowie Prozessen, die ausschließlich im Rahmen der Service Transition Phase Anwendung finden.

Prozesse, die den gesamten Service Lifecycle unterstützen, sind:

- Change Management
- Service Asset and Configuration Management
- Knowledge Management

Prozesse, die die Service Transition Phasen stark unterstützen, sind:

- Transition Planning and Support
- Release and Deployment Management
- Service Validation und Testing
- Change Evaluation

5.3.1 Transition Planning and Support

Wo die Häufigkeit und Komplexität von Änderungen zunimmt, ist eine übergreifende Planung und ein übergreifender Support für ein strukturiertes Änderungs- und Release Management notwendig. Die geordnete Vorbereitung und Durchführung einer Betriebsübergabe, muss zur Steigerung der Durchführungsqualität von Changes für die Organisation sichergestellt werden. Der Prozess Transition Planning and Support stellt die übergreifende Planung und Koordination für die Bündelung von Changes und deren ordnungsgemäße Realisierung in der Infrastruktur sicher. Er erstreckt sich von der Release-Planung über die Steuerung der Test- und Abnahmeverfahren bis hin zur Backout- und Rollout-Planung auf organisatorischer und technischer Ebene. Dafür notwendig sind die Kenntnis der Lifecycle-Prozesse für Applikationen, Software- und Hardwarekomponenten, das nötige Integrations-Know-how und die Kenntnis der Qualitätssicherungsstandards für die Übernahme und Inbetriebnahme von Release Packages bzw.

Changes. Die Release Policy (als zentrales Dokument des Prozesses Transition Planning and Support) muss einerseits der Dynamik produktspezifischer Anwenderanforderungen gerecht werden und andererseits den Aufwand für die Release-Wechsel berücksichtigen. Kürzere Produktlebenszyklen werden hier immer mehr zur Herausforderung für den Betrieb.

Zielsetzung

- Planung und Koordinierung der benötigten Ressourcen, um sicherzustellen, dass der neue oder geänderte Service, der auf Basis der Kundenanforderungen im Service Design aufgebaut wurde, effektiv ausgerollt wird und die entsprechenden Grundlagen für den wertschöpfenden Betrieb in der Service Operation gelegt werden.
- Identifizierung, Managen und Steuerung der Risiken und Fehlerquellen bzw. Unterbrechungen der übergreifenden Aktivitäten in der Service Transition.

Dies bedeutet:

- Planung und Koordinierung sämtlicher Ressourcen, die für die erfolgreiche Bereitstellung und Überführung von Änderungen an Services in die Produktivumgebung benötigt werden. Dies geschieht unter den Rahmenbedingungen zuvor festgelegter Kosten sowie Qualitäts- und Zeitkriterien.
- Sicherstellung, dass alle involvierten und mit der Durchführung beauftragten Bereiche den übergreifenden Standards und wieder anwendbaren Prozessen folgen, um die Effektivität und die Effizienz einer integrierten Planung und Koordination zu verbessern.
- Bereitstellung klarer und übergreifender Pläne, die es dem Kunden und dem Business ermöglichen, ihre Projekte mit den Aktivitäten der Service Transition Phase abzugleichen und sie daran auszurichten.

Hauptaktivitäten im Prozess Transition Planning and Support

Die Hauptaufgaben von Transition Planning and Support bestehen darin, vorbereitende und übergreifende Grundvoraussetzungen (z. B. Policies, Frameworks, Umfang etc.) für die Phase Service Transition zu schaffen und Basisinformationen sowie Durchführungsstandards (z. B. Delivery Requirements, Acceptance Criteria, Configuration Baselines, Transition-Pläne etc.) bereitzustellen. Im Rahmen der weiterführenden Operational Execution, d. h. der Ausführung der operativen Aktivitäten innerhalb der anderen Prozesse der Phase Service Transition, erfolgt die Übernahme von unterstützenden und übergreifend aufgesetzten administrativen Aufgaben.

Folgende Darstellung soll die Hauptaktivitäten innerhalb des Prozesses Transition Planning and Support auf Basis einer High-Level-Darstellung verdeutlichen:

Abb. ›
Transition Planning & Support
Reproduced under licence from AXELOS

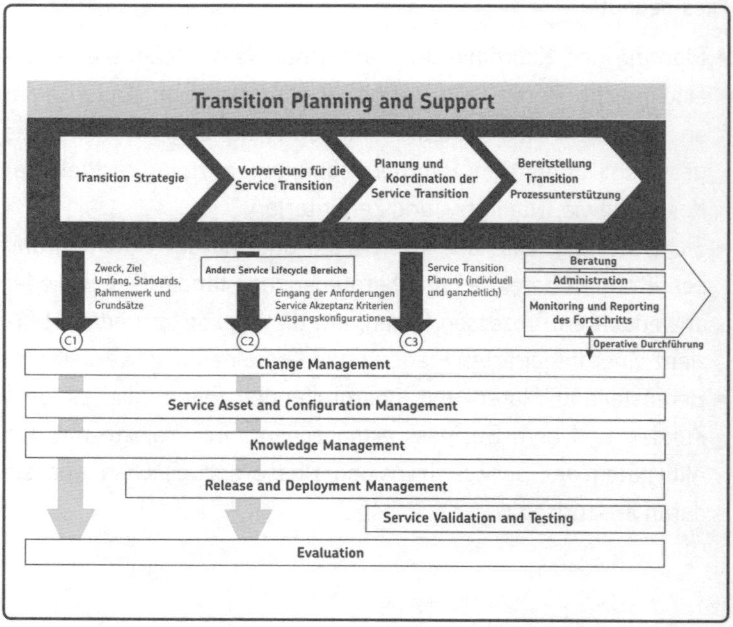

Integration von Transition Planning and Support in den Gesamtkontext des Service Lifecycle
Dieser Prozess und seine Aktivitäten sind als ein übergreifender Baustein innerhalb der Phase Service Transition zu verstehen. Er übernimmt übergreifende Planungs und Koordinierungsaufgaben sowie die Definition von Standards im Zusammenspiel sämtlicher Service Transition Prozesse (z. B. Change Management, Service Asset and Configuration Management, Release and Deployment Management, Service Validation and Testing etc.). Dies sorgt für eine Effizienzsteigerung der gesamten Service Lifecycle Phase. Eine detaillierte und eindeutige Abgrenzung zu den Planungsaufgaben der einzelnen Prozesse innerhalb der Service Transition ist hierbei jedoch nicht gegeben. Diese konkrete Abgrenzung hängt stark von der individuellen Umsetzung der Service Transition Prozesse in der Praxis ab.

Des Weiteren ist in der Praxisumstzung auf eine ganzheitliche Verzahnung mit dem Projektmanagement zu achten, denn viele Änderungen werden über Projekte in die Organisation getragen.

Benefits

- Ein effektiver Prozess und die damit verbundenen übergreifenden Vorgehensweisen im Bereich Transition Planning and Support werden zu signifikanten Verbesserungen für einen Service Provider, bezogen auf die Abwicklung steigender Change- und Release-Volumen entlang der entsprechenden Kundenbasis, führen.
- Ein integrierter Ansatz zur Verbesserung der Service Transition Planungen und zur Ausrichtung dieser auf die Pläne der Kunden, der Supplier und auch auf die Business-Projektpläne führt zu einer gesamtheitlichen Effizienzsteigerung mit spürbar positiven Effekten auf die kritischen Erfolgsfaktoren wie Zeit, Qualität und Kosten.

5.3.2 Change Management

Einleitung

Die IT ist ein kritischer Erfolgsfaktor für das Kerngeschäft der Unternehmen. Studien zeigen, dass ein großer Anteil der im Betrieb auftretenden Störungen durch nicht autorisierte Änderungen verursacht werden. Durch sich ständig ändernde Geschäftsanforderungen, verbunden mit dem Anspruch höchster Zuverlässigkeit und Qualität bezüglich der Services, bedarf es einer genauen Regelung und genauer Verfahren, die die Beurteilung und Einführung von Changes in den operativen Betrieb umfänglich und mit minimalem Risiko sicherstellen. Change Management beinhaltet die Betrachtung und Durchführung von Änderungen an Service Assets und Configuration Items über den gesamten Service Lifecycle.

Zielsetzung

Das Ziel des Change Management ist sicherzustellen, dass Änderungen in einer kontrollierten Weise registriert, bewertet, autorisiert, priorisiert, geplant, geprüft, durchgeführt, dokumentiert und nachgeprüft werden.

Dies muss durch die Verwendung standardisierter Methoden und Verfahren umgesetzt werden, um Änderungen schnell, effizient und autorisiert umzusetzen. Alle Änderungen zu Service Assets oder Configuration Items müssen dokumentiert werden. Die Reduzierung von Störungen und Nacharbeiten sind wesentliche Benefits, die durch ein strukturiertes Change Management erreicht werden.

Basiskonzepte

Service Change: Unter Service Change versteht man das Hinzufügen, Verändern oder Entfernen von autorisierten, geplanten oder unterstützenden Services oder Servicekomponenten und der dazugehörigen Dokumentationen mit dem Fokus auf Service Assets und Configuration Items.

Die sieben R's des Change Assessment: Auf den nachfolgenden Kriterien baut das Change Assessment innerhalb des Change Management Prozesses auf. Es ist wichtig, dass diese Punkte bei der prozessualen Abarbeitung von Changes berücksichtigt werden.

- RAISE (Einbringen)?: Wer hat den Change eingebracht?
- REASON (Grund)?: Was ist der Grund für den Change?
- RETURN (Ertrag)?: Welchen Ertrag soll der Change bringen?
- RISK (Risiko)?: Welche Risiken birgt der Change?
- RESOURCES (Ressourcen)?: Welche Ressourcen sind für die Durchführung des Change erforderlich?
- RESPONSIBLE (Verantvortlich)?: Wer ist für Build, Testen und Implementierung des Change verantwortlich?
- RELATIONSHIP (Beziehung)?: Welche Beziehung besteht zwischen diesem Change und anderen Changes?

Change-Kategorien und -Risikoanalyse: Für die zielgerichtete Bewertung und Analyse von Request for Changes (RfC) werden Change-Kategorien und -Risikostufen gebildet, die in Form von Tabellen und Klassifizierungsmetriken als Unterstützungsinstrumente im Change Management-Prozess Anwendung finden. Diese Kategorisierung von Changes soll dabei helfen, das richtige Maß an Bürokratie auf das Risiko-Management von Changes anzuwenden. Bei kleinen Changes bedarf es nur kurzen Schritten der Risikoanalyse und des Risiko-Managements. Bei großen Changes ist ein höherer Aufwand zur Absicherung angebracht.

Die Priorität eines Change wird anhand der Kombination von Auswirkung (Impact) und Dringlichkeit (Urgency) bestimmt und liefert ein Indiz dafür, mit welcher Geschwindigkeit und Gewichtung ein bestimmter Change durchzuführen ist.

Risikostufen oder Risikoklassen ermöglichen es, eine weiterführende Bewertung und Beurteilung von Changes hinsichtlich der Auswirkung auf den Service vorzunehmen.

Der Prozess des Change Management

Der Change Management Prozess aus Sicht eines High-Level-Ansatzes beinhaltet die in der Grafik dargestellten Hauptaktivitäten, die je nach Change-Typ (Standard Change, Normaler Change oder Notfall Change) in unterschiedlicher Ausprägung durchzuführen sind.

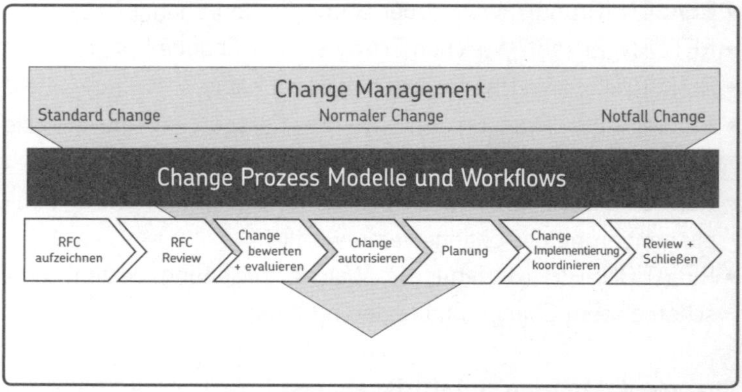

Abb. › Prozess Change Management
Reproduced under licence from AXELOS

Als zentraler Prozess-Input ist der Request for Change (RfC) zu sehen. Der RfC wird von einem Change Requester verfasst und im Rahmen des Change Management dokumentiert und auf Vollständigkeit überprüft. Auf Basis weiterführender Evaluierungs- und Verifikationsaktivitäten erfolgt die Genehmigung bzw. Autorisierung des Change, gemäß Freigaberichtlinien, als eine Hauptaufgabe des Prozesses. Je nach Change-Klassifizierung bzw. -Kategorisierung und der damit verbundenen Priorität erfolgt die Genehmigung im Change Advisory Board (CAB) oder in Notfällen durch das ECAB (Emergency CAB).

Ein zentrales Dokument im Rahmen des Change Management stellt der Change Schedule dar. Hierbei handelt es sich um einen Änderungskalender, in dem alle Changes zur besseren zeitlichen Koordination vermerkt werden.

Standard-Change (vorab autorisiert): Standardisierbare Änderungen, die häufig auftreten, ein geringes Risiko aufweisen und deren Auswirkungen definiert sind, können in einem vom Change Manager vorab freigegebenen Katalog beschrieben werden. Diese Änderungen werden nach einem vereinfachten Prozessablauf durchgeführt und weisen feste Rahmenbedingungen auf. Standard Changes sind praktisch vorab genehmigt, sofern sie in der vorgegebenen Prozedur durchgeführt werden.

Normaler Change: Hierbei handelt es sich um Änderungen, die in der Regel eine gewisse Dringlichkeit und eine entsprechende Komplexität aufweisen. Zur Durchführung solcher Changes bedarf es einer übergreifenden Koordination und einer damit verbundenen, auf Basis der Klassifizierung und Kategorisierung, entsprechenden Freigabeprozedur, mit eventueller Einbindung des CAB und des Senior-Management.

Notfall-Change: Sollten Änderungen kurzfristig und mit höchster Dringlichkeit notwendig werden, muss ein Notfall Change durchgeführt werden. Dies ist regelmäßig der Fall, wenn eine gravierende Störung aufgetreten ist, die sich auf einen Service-Verlust oder schwerwiegende Nutzbarkeitsprobleme für eine große Anzahl von Nutzern bezieht. Die Durchführung dieses Change-Types erfolgt auf Basis klarer und kurzer Prozessstufen, verbunden mit hoher Managementbeachtung.

Auf Basis der Change-Implementierung, bei der die Verantwortung des Change Management vorrangig in der Koordinierung liegt, erfolgt abschließend der Post Implementation Review (PIR).

Im Rahmen des Change Management spricht man von einer Change Authority für die Genehmigung und Freigabe der Changes, die folgende Bedeutung hat:

- ist eine formelle Autorität, die Changes genehmigt
- kann einer Person oder einer Gruppe von Personen als Rolle zugewiesen werden
- Changes mit steigendem Risiko oder steigender Komplexität werden häufig auch einer „higher level authority“ zugewiesen

Abb. › Rollen im Change Management
Reproduced under licence from AXELOS

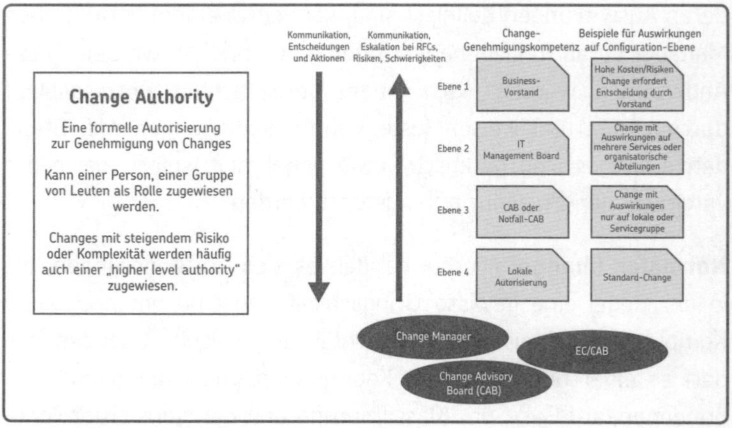

Die zentrale Schnittstelle zum Service Asset and Configuration Management

Das Change Management in seiner zentralen Verantwortung für alle Changes autorisiert, plant, steuert und kontrolliert die Durchführung von Change-Maßnahmen. Es bedient sich dazu einerseits intensiv des aktuellen Informationsgehalts des CMS (Configuration Management System), veranlasst andererseits aber auch die erforderlichen Änderungen, die durch das Service Asset and Configuration Management entsprechend nachgehalten werden müssen.

Folgende Abbildung zeigt das Zusammenspiel zwischen dem Change Management und dem Service Asset and Configuration Management:

Abb. › Zusammenspiel zwischen Change Mgmt. und Service Asset und Configuration Mgmt.

(Abb. 4.6 ITIL® Service Transition, Ausgabe 2011)

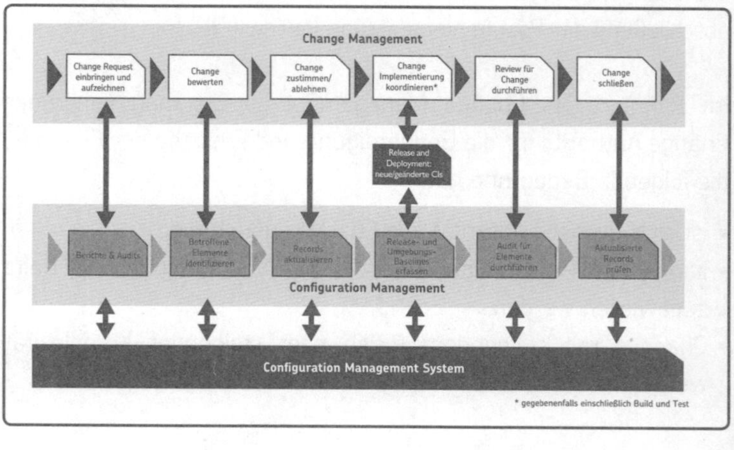

Die Zusammenarbeit zwischen dem Service Asset and Configuration Management und dem Change Management ist gemäß der Abbildung intensiv und ausgeprägt.

Integration des Change Management in den Gesamtkontext des Service Lifecycle

Change Management gehört zu den Prozessen, die den gesamten Service Lifecycle unterstützen. Die Aktivitäten finden somit nicht nur dediziert in einer Phase Anwendung, sondern haben ihre Relevanz und Informationsschnittstellen auch in anderen Service Lifecycle Phasen wie Service Design und Service Operation.

Da man in ITIL die Change-Aktivitäten auf strategischer, taktischer und operativer Ebene sieht und definiert, findet man diesbezüglich auch die Verbindungen, u. a. zum Serviceportfolio, aber auch zur Betrachtung der Supplier, wie folgende Abbildung zeigt:

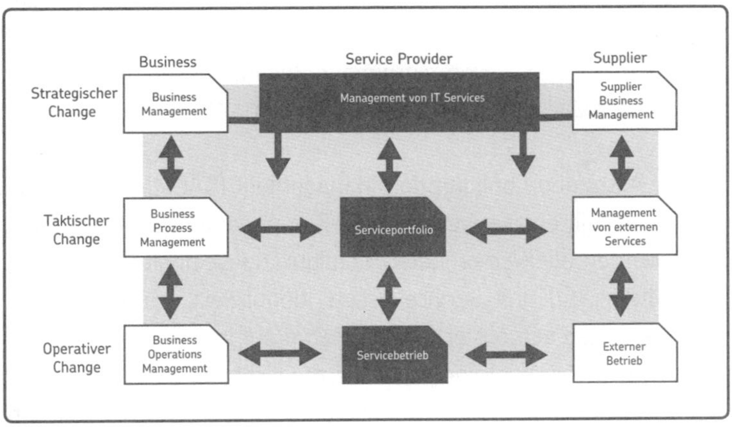

‹ Abb.
Umfang des Change Management
Copyright AXELOS Limited 2011. All rights is reserved. Material is reproduced under licence from AXELOS.
(Abb. 4.1 ITIL® Service Transition, Ausgabe 2011)

Benefits

Folgender Nutzen und damit verbundene Vorteile können für das Change Management im Gesamtkontext der Service- und Phasenorientierung genannt werden:

- geringere Zahl fehlerhafter Changes
- bessere Kommunikation mit Kunden
- weniger Betriebsunterbrechungen durch sinnvolle Zusammen-

fassung von Changes
- wertvolle Managementinformation und damit auch grundlegende hochwertige Informationen über die Servicequalität
- höhere Produktivität der Kunden und IT-Mitarbeiter

5.3.3 Service Asset and Configuration Management (SACM)

Einleitung

Die komplexe Abbildung der Geschäftsprozesse durch die IT macht es inzwischen zu einer Herausforderung, einen einheitlichen Überblick über die zentralen Komponenten (Hardware, Software und Dokumente) sowie Services zu erlangen. Das Wissen um die genaue Zusammensetzung und die Abhängigkeiten der Komponenten ist zu einem wichtigen Erfolgsfaktor für die zuverlässige Erbringung von Services geworden.

Insbesondere Informationen über funktionale Abhängigkeiten, um bei einem Ausfall Nebeneffekte und Kettenreaktionen schnell erkennen zu können, sowie die genaue Zusammensetzung der Assets müssen dargestellt werden.

Service Asset and Configuration Management (SACM) stellt ein logisches Modell der verwendeten IT-Komponenten zur Verfügung. Dazu werden alle verwendeten Konfigurationseinheiten (Configuration Items, CI) und Service Assets identifiziert, kontrolliert, bei Veränderungen aktualisiert und in Bezug auf ihre jeweilige Version überprüft. Dieses logische Modell ermöglicht es, die Zusammenhänge und wechselseitigen Abhängigkeiten von unterschiedlichen Konfigurationen zu erkennen und in Bezug auf Veränderungen zu bewerten. Das Service Asset and Configuration Management trägt damit zur Risikobeurteilung und Risikominimierung bei.

Zielsetzung

Das Ziel von SACM ist, ein logisches Modell der Infrastruktur, der damit zusammenhängenden Services und der unterschiedlichen Komponenten (physikalisch und logisch) bereitzustellen und zu

pflegen.
Aus dieser übergeordneten Zielsetzung lassen sich folgende Ziele ableiten:

- Definition und Steuerung der Bestandteile eines Services und der dazugehörigen Infrastruktur and Pflege der aktuellen Konfigurationsdaten
- Einhaltung der Anforderung der Corporate Governance, die Asset-Basis zu steuern, die Kosten zu optimieren und Änderungen bzw. Releases effektiv zu managen sowie Incidents und Probleme schneller zu lösen
- vollständiges „Lifecycle Management" der Komponenten und der Service Assets

Hiermit wird ein Configuration Management System bereitgestellt, das neben den Configuration Items und deren Beziehungen auch eine erweiterte Sicht auf Daten wie Incidents, Problems, Known Errors und Changes zur Verfügung stellt.

Im CMS (Configuration Management System) werden logische und physikalische Beziehungen zwischen Service Assets und Configuration Items dargestellt.

Folgende Grunddefinitionen lassen sich anhand des Service-Baums

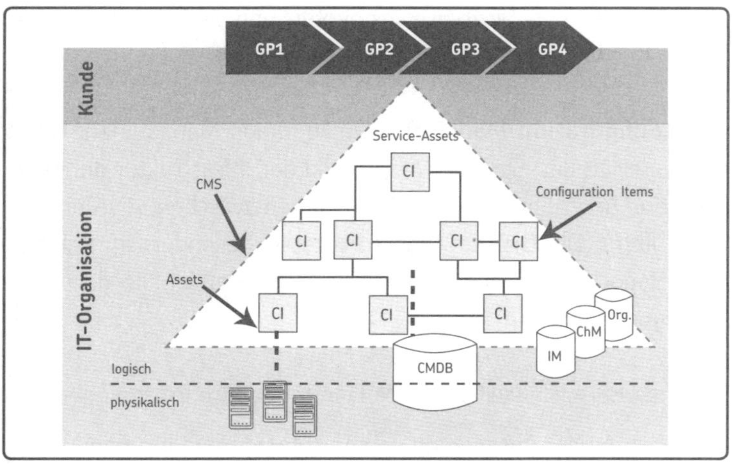

‹ Abb.
SACM - Begriffsabgrenzung
Reproduced under licence from AXELOS

verdeutlichen:

Basiskonzepte

Service Asset: Fähigkeiten und Ressourcen eines Dienstleisters, die direkten Einfluss auf die Wertschöpfung der Kunden Assets haben und damit die Performance der Kunden Assets und Organisation des Business wertbringend beeinflussen.

Configuration Item (CI): Ein CI ist eine in sich geschlossene logische Konfigurationseinheit, die einen signifikanten Bestandteil der Infrastruktur und Organisation abbildet und dem Managen und der Steuerung der Bereitstellung von Services dient. Darunter fallen Hardware- und Softwarekomponenten, aber auch Vertrags- und Betriebsdokumente sowie Service Lifecycle CI und Service CI.

Asset: (Materieller oder immaterieller) Vermögenswert im Unternehmen (z. B. PC, Drucker, Software, Daten etc.). Service Assets stellen einen besonderen Typ von Assets dar und können einer der folgenden Kategorien angehören: Management, Organisation, Prozesse, Wissen, Mitarbeiter, Informationen, Anwendungen, Infrastrukturen, finanzielles Kapital.

Configuration Management System (CMS): Das Configuration Management System beinhaltet alle Informationen über CI's bezüglich des definierten Umfangs. Im CMS werden die Beziehungen zwischen den Servicekomponenten und den Incidents, Problems, Known Errors oder Changes gepflegt.

Das Configuration Model: Das Configuration Management liefert ein Modell zu den Services, Assets und der Infrastruktur durch die Definition und Abbildung von Beziehungen zwischen den Configuration Items. Dies hat für andere Prozesse, besonders im Rahmen des Support, einen entsprechenden Mehrwert für die dort notwendigen Aktivitäten.

Folgende Beispiele stellen den Nutzen für andere Prozesse dar:

- Bewertung der Auswirkung von anstehenden Änderungen

- Planung und Design von neuen oder geänderten Services
- Planung von Erneuerungen/Austausch von Technologie
- Planung von Release- und Deployment-Paketen für unterschiedliche Standorte

Definitive Media Library (DML): Ein oder mehrere Standorte, an dem die endgültigen und genehmigten Versionen aller Software Configuration Items sicher gespeichert sind. Die DML kann darüber hinaus zugehörige CIs wie Lizenzen und Dokumentationen beinhalten. Die DML ist als einzelner logischer Speicherbereich definiert, auch wenn sie in verschiedenen Speicherorten aufgeteilt ist. Die gesamte Software in der DML untersteht der Steuerung des Change und Release Management und wird im Configuration Management System erfasst. Für ein Release ist ausschließlich der Einsatz von Software aus der DML akzeptabel.

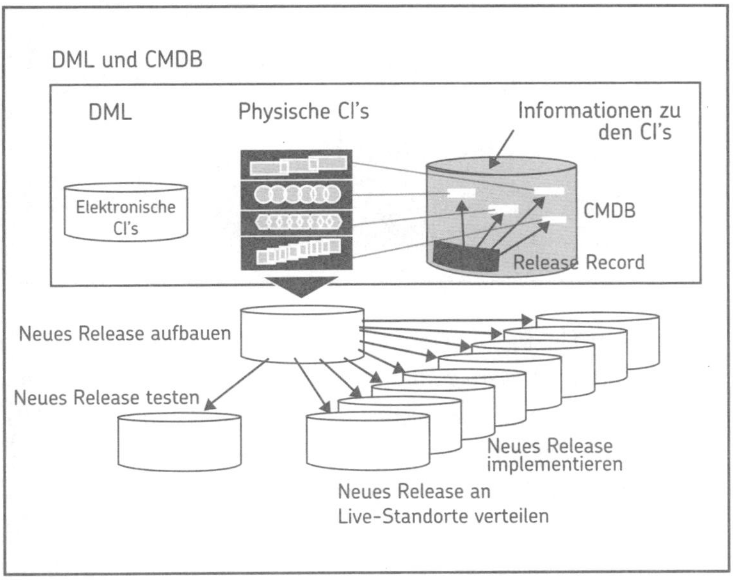

‹ Abb. Configuration Management Database und DML

(Abb. 4.10 ITIL® Service Transition, Ausgabe 2011)

Configuration Management System (CMS): CMS ist ein logisches Datenmodell, das die physikalische CMDB's und DML beinhaltet und eine weiterführende Sicht auf die Daten liefert, die

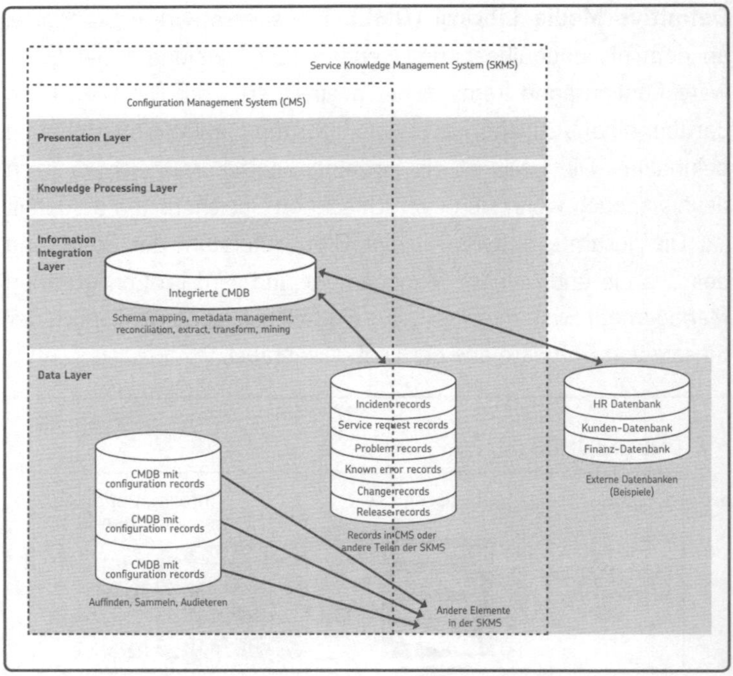

Abb. >
Beispiel für eine CMS

(Abb. 4.9 ITIL® Service Transition, Ausgabe 2011)

alle anderen SM-Prozesse benötigen.
Das Configuration Management System (CMS) beinhaltet alle Informationen für CI's bezüglich des definierten Scope. Das CMS wird für die Erfüllung vieler Zwecke genutzt, die u. a. auch im Bereich des Financial Asset Management, des Einkaufs liegen. Im CMS werden die Relationen zwischen den Servicekomponenten und den Incidents, Problems, Known Errors oder Changes gepflegt.

Prozess und Hauptaktivitäten von SACM

Der Configuration Management Prozess aus Sicht eines High-Level-Ansatzes beinhaltet die in der Grafik dargestellten Hauptaktivitäten, die sich auf die Bausteine Modification, Information and Reporting und Verification and Auditing fokussieren.

Die zuvor genannten drei Bausteine sind aus Sicht des operativen Betriebes die wesentlichen Prozesse, die eine qualitäts- und

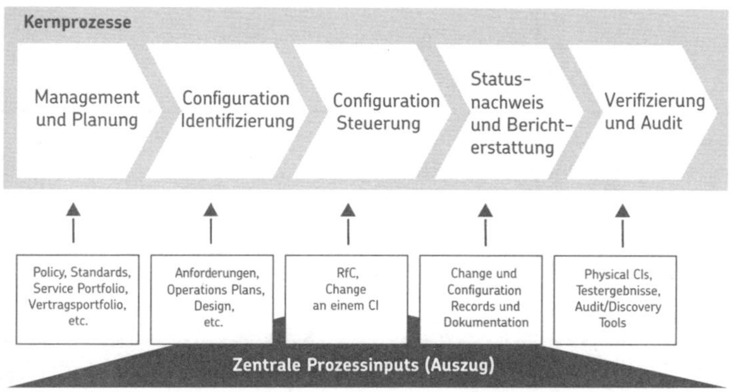

‹ Abb.
SACM – Prozesse und Kernaktivitäten
Reproduced under licence from AXELOS

aufwandsgerechte Pflege der CMS/CI-Daten ausmachen.

Ein Gesamtüberblick über den Prozess und dessen Hauptaktivitäten lässt sich der folgenden Tabelle entnehmen:

Prozess-aktivitäten	Kurzbeschreibung
Management und Planung	Festlegung der Strategie, von Grundsätzen (Policies) und Zielsetzungen für den Prozess. Analyse der bereits vorhandenen Informationen, Auswahl der Werkzeuge und Ressourcen, Einrichtung von Schnittpunkten mit anderen Prozessen, Projekten, Dienstleistern usw.

Prozess-aktivitäten	Kurzbeschreibung
Configuration Identifizierung, Configuration Steuerung	Identifizierung der Configuration Items und deren Beziehungen zueinander für die Datenintegration in das CMS. Speicherung aktueller und historischer Daten über den Status eines CI im Laufe seines Lebenszyklus. Sicherstellung, dass der Inhalt des CMS stets auf dem neuesten Stand ist, indem lediglich zugelassene und identifizierte CI's eingesetzt, erfasst und überwacht werden.
Statusnachweis und Berichterstattung	Für den Statusnachweis werden alle Veränderungen an den CI's festgehalten, automatisch eine entsprechende Historie gepflegt und Informationen darüber bereitgestellt.
Verifizierung und Audit	Die Verifizierung der Daten im CMS erfolgt mithilfe von Audits der IT-Infrastruktur. Dabei wird geprüft, ob die erfassten CI's (noch) existieren und ob die eingetragenen Daten korrekt sind.

Integration des SACM in den Gesamtkontext des Service Lifecycle

Service Asset and Configuration Management gehört zu den Prozessen, die den gesamten Service Lifecycle unterstützen. Die Aktivitäten finden somit nicht nur allein in der Phase Service Transition Anwendung, sondern haben ihre Relevanz und Informationsschnittstellen auch in anderen Service Lifecycle Phasen wie Service Design und Service Operation. Das Configuration Management mit seinem CMS dient sämtlichen Prozessen innerhalb der Service Lifecycle-Phasen als primäre Informationsquelle. Auch dieser Prozess ist für verschiedene Ebenen relevant und findet seinen Einsatz nicht nur auf operativer Ebene zur Verwaltung von Infrastrukturelementen, sondern hat auch eine Verlinkung zur strategischen Ebene sowie zum Service Design und unterstützt die Abbildung zentraler Elemente und Sichtweisen. Hier werden z. B. auch Service Lifecycle CI's (Business Case, Service Management Plan etc.) oder Service CI's (Service Model, Service Package etc.) unter Berücksichtigung des Service-Portfolios integriert.

Wichtig ist, dass das im Rahmen des Service Asset and Configuration Management aufgebaute CMS nicht die Ersatzquelle für sämtliche Dokumentationen in der Organisation ist. Die Daten im CMS konzentrieren sich auf die Informationen, die im Rahmen des Service Management benötigt werden.

Benefits von SACM

Folgender Nutzen und damit verbundene Vorteile können für das Service Asset and Configuration Management im Gesamtkontext der Service- und Phasenorientierung genannt werden:

- verbessertes Asset Management und ganzheitliche Betrachtung der Service Assets im Rahmen des Service Lifecycle Management
- geringeres Fehlerrisiko durch Changes, da auf eine klare und eindeutige Struktur der Services und der Infrastruktur zurückgegriffen werden kann
- effektivere Unterstützung der Anwender im Rahmen der Störungsbehandlung im Incident Management und bei der Ursachenanalyse im Bereich des Problem Management
- einfachere Erfüllung gesetzlicher Verpflichtungen und damit Erfüllung der Anforderungen der Corporate Governance
- Unterstützung des Budgetierungsprozesses
- Basis für Service Level Management und Service Catalogue Management für den Aufbau und die Verhandlung von Services, Service-Modulen etc.

5.3.4 Release and Deployment Management

Heutzutage werden Service-Organisationen von ihren Kunden u. a. daran gemessen, wie schnell und flexibel sie auf sich ändernde Anforderungen bezüglich Services reagieren und inwieweit sie deren Einführung in das betriebliche Umfeld zielgerichtet und störungsfrei umsetzen. Dazu bedarf es klarer Prozesse und Prozessschnittstellen, die genau diese Anforderungen auf Basis klarer Richtlinien und Vorgehensmodelle sicherstellen.

Das Release and Deployment Management bietet einen ganzheitlichen Blick auf Änderungen an den Services und stellt sicher, dass alle Aspekte eines neuen Release – sowohl in technischer als auch in organisatorischer Hinsicht – bereichsübergreifend betrachtet und beurteilt werden. Als ausführende Funktion übernimmt das Release and Deployment Management die praktische Umsetzung von freigegebenen Changes und sorgt nach erfolgreichem Rollout der Änderungen an der Infrastruktur für die Aktualisierung der Dokumentation für die betroffenen Configuration Items. Damit hat das Release and Deployment Management auch eine zentrale Bedeutung für die Qualitätssicherung und für die Pflege der Informationen im Configuration Management System (CMS). Sowohl die Freigabe neuer Hard- und Software, anhand der gültigen Release-Richtlinien, als auch die Planung und Bereitstellung des Rollout-Verfahrens für freigegebene Soft- und Hardware fällt in das Zuständigkeitsgebiet.

Zielsetzung

- Die Zielsetzung des Release and Deployment Management sind die Erstellung, das Testen und die Bereitstellung bzw. Übergabe der Releases gemäß den Service Design Packages für die Produktivumgebung.
- Sicherstellung eines zielgerichteten und effektiven Rollouts in der Produktivumgebung und einer damit verbundenen Mehrwerterzeugung für den Kunden.

Aus dieser übergeordneten Zielsetzung lassen sich folgende Aussagen ableiten:

- Es gibt klare und umfassende Release- und Deployment-Pläne, die es dem Kunden und Anwendern ermöglichen, ihre Tätigkeiten an diesen Plänen auszurichten.
- Ein Release Package kann gebaut, installiert, geprüft und effizient einer definierten Zielgruppe nach der Planung ausgerollt werden.
- Es gibt nur minimale unvorhersehbare Auswirkungen auf die produktiven Services durch den Rollout von Releases. Damit

werden negative Auswirkungen auf die Produktivität der durch die Services unterstützten Geschäftsprozesse weitgehend vermieden.

Basiskonzepte
Folgende Basiskonzepte werden hier näher erläutert:

Release Unit: Komponenten eines Services, die üblicherweise im selben Release veröffentlicht werden. Eine Release Unit umfasst in der Regel genügend Komponenten, um eine nützliche Funktion auszuführen. Eine Release Unit könnte z. B. ein Desktop-PC mit Hardware, Software, Lizenzen, einer Dokumentation usw. sein. Eine weitere Release Unit könnte die gesamte Anwendung für die Lohnbuchhaltung sein, einschließlich Betriebsverfahren und Anwendertrainings.

Release Package: Ein Release Package kann eine einzelne Release Unit, aber auch ein strukturiertes Set von Release Units sein, die nach standardisierten Richtlinien und Vorgaben in den produktiven Betrieb überführt werden sollen.

Release- und Deployment-Modelle: Release- und Deployment-Modelle definieren Mechanismen, Prozeduren und Richtlinien, die sich auf die Grundlagen und Vorgaben des Service Designs beziehen und Folgendes definieren:

- die Release-Struktur - übergreifende Struktur für das Build des Release Packages
- die Start- und Abbruchkriterien mit ihren Pflichtprodukten und optionalen Ergebnissen sowie der Zielumgebung
- die Rollen und Verantwortlichkeiten für jedes CI auf jedem Release-Level
- die Release-Ankündigung und Configuration Baseline
- Release-Templates und Deployment-Pläne, Tools und Prozeduren zur Dokumentation und Überwachung der Aktivitäten
- Übergabekriterien, Aktivitäten und Verantwortlichkeiten

Service-V-Modell: Das Service-V-Modell gilt als das grundlegende Basiskonzept (Key Principle) im Bereich der Service Transition-Phase.

Das Service-V-Modell ist eine umfassende Projektmanagement-Struktur für die IT Systementwicklung. Sein Name bezieht sich auf die V-förmige Darstellung der Projektelemente wie IT-Systemdefinitionen und Tests, gegliedert nach ihrer groben zeitlichen Position und ihrer Detailtiefe (siehe Abbildung).

Abb. › Das Service-V-Modell

(Abb. 4.14 ITIL® Service Transition, Ausgabe 2011)

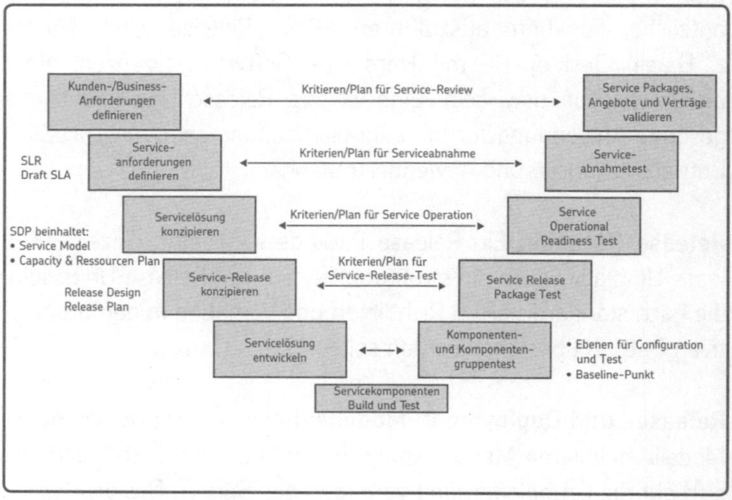

Die linke Seite zeigt die Spezifikation auf Basis der Service Requirements auf, die weiterführend im Rahmen des Service Design detaillierter aufgearbeitet werden. Die rechte Seite fokussiert sich auf die Validierungsmaßnahmen, die notwendig sind, um eine grundlegende Abnahme und damit eine Überführung in den Betrieb zu erlangen. Diese Maßnahmen müssen auf Basis der jeweiligen Stufe der linken Seite durchgeführt werden und damit müssen auch die entsprechenden Organisationen bzw. Mitarbeiter eingebunden werden. Es wird deutlich, dass der Startpunkt jeglicher Aktivitäten immer die Bedürfnisse und Anforderungen bezüglich eines Services sind.

Prozess und Hauptaktivitäten Release and Deployment Management: Ausgehend von den entsprechenden Freigaben im Rahmen des Change Management-Prozesses erfolgt die Autorisierung für die Release-Planung sowie die Build und Testaktivitäten. Basierend auf diesen Ergebnissen erfolgen in einer zweiten Stufe die Freigabe für das Deployment und die Einrichtung der Maßnahmen für den „Early Life Support“. Nach der Durchführung des Deployment werden im Rahmen eines spezifischen Deployment Post Implementation Review das Ergebnis und die Bewertung hinsichtlich der Zielerreichung, bezogen auf die gestellten Anforderungen, überprüft und ggf. Anpassungen eingeleitet und durchgeführt.

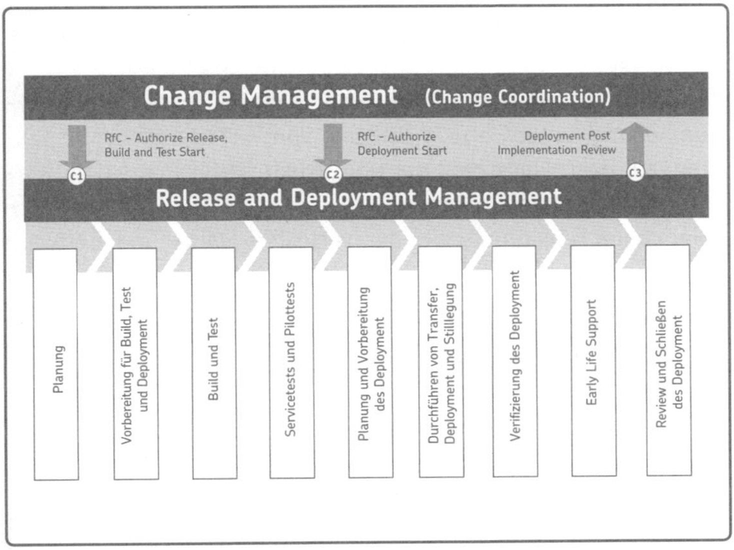

‹ **Abb.** Realease & Deployment Management
Reproduced under licence from AXELOS

Integration des Release and Deployment Management in den Gesamtkontext des Service Lifecycle: Dieser Prozess hat im Vergleich zu den Prozessen Change Management und Service Asset and Configuration Management keine übergreifende Bedeutung, die den ganzen Service Lifecycle betrifft. Release and Deployment Management ist ausschließlich auf die Phase Service Transition ausgerichtet und hat sicherzustellen, dass die Releases sowie der Rollout gemäß den Vorgaben aus dem Service Design, aber auch auf Basis der Stakeholder-Anforderungen umgesetzt und durchgeführt werden. Klare und zielgerichtete Abnahme- und Übergabekriterien bilden die Schnittstelle zu Service Operation durch weiterführende „Subprozesse" wie Service Validation and Testing sowie Change Evaluation.

Benefits

- Schnellere und effizientere Bereitstellung von Releases für die Kunden in der Produktivumgebung bei gleichzeitiger Kostenminimierung
- Sicherstellung, dass die Kunden und die User den neuen oder geänderten Service nutzen können und dass damit die Zielsetzung und die damit verbundenen Anforderungen umgesetzt werden
- Verbesserung der Vorgehensweise für übergreifende Implementierungen
- Einführung und Überführung von Releases in die Produktivumgebung, unter Berücksichtigung von wirtschaftlichen Aspekten, auf Basis klar definierter und strukturierter Pläne und Qualitätssicherungsmaßnahmen
- Geringere Fehlerquote bei der verteilten Hard- und Software wegen:
    - einheitlicher Testszenarien
    - höherer Effizienz im Testvorgang
    - gesicherter Qualität

5.3.5 Service Validation and Testing

Das grundlegende Konzept, das hinter Service Validation and Testing liegt, ist die Qualitätssicherung. Da das Service Design neue oder geänderte Services oder Serviceangebote an die Service Transition liefert, ist es eine entscheidende Maßnahme, grundlegende Tests zur Validierung und Qualitätssicherung, der auf Basis der Business Requirements erstellten Release Packages, durchzuführen. Die Testdurchführung ist ein wesentlicher Bestandteil des Service Management. Würden diese qualitätssichernden Maßnahmen nicht durchgeführt, hätte dies nach erfolgter Produktivsetzung weitreichende Auswirkungen im Service Support-Umfeld wie:

- Auftreten von Störungen durch unzureichende Betrachtung der Servicezusammenhänge, deren Funktionen nicht aufeinander abgestimmt sind.
- Verstärkte Anrufe beim Service Desk zwecks Fragen, Informationsbedarf und Störungsmeldungen
- Probleme und Fehler, die sehr schwierig in der operativen Umgebung zu diagnostizieren sind.
- Höhere Kosten zur Fehlerbeseitigung, wenn die Fehler in der Produktionsumgebung behoben werden müssen, statt bei einer zielgerichteten Überprüfung und Abnahme durch Business-Vertreter im Vorfeld der Produktivnahme.

Zielsetzung

Die Zielsetzung von Service Validation and Testing ist es sicherzustellen, dass der neue oder geänderte Service den geforderten Business Value liefert und das Release Package entsprechend der Designanforderungen aufgesetzt wurde. Dies wird mittels strukturierter Tests und Qualitätsvorgaben überprüft.

Daraus lassen sich folgende Teilziele ableiten:

- Validierung des Services zum Nachweis, dass der Service die geforderte Performance unter Berücksichtigung der gesetzten Rahmenbedingungen liefert (Fit for purpose).
- Sicherstellung, dass ein Service den definierten Leistungsparametern entspricht und auf Basis strukturierter Tests und damit verbundener Optimierungen die Stabilität in der Servicebereitstellung (Fit for use) gegeben ist.

Prozess und Hauptaktivitäten im Service Validation and Testing (Beispiel)

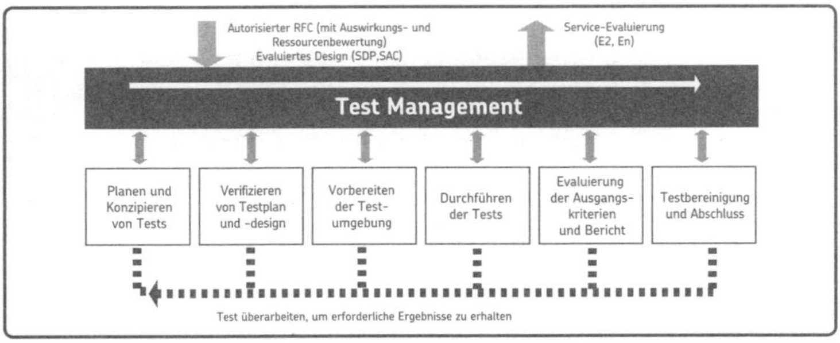

‹ Abb.
Service Validation und Testing

(Abb. 4.31 ITIL® Service Transition, Ausgabe 2011)

Die wesentlichen Aktivitäten im Service Validation and Testing sind in folgender Tabelle kurz beschrieben:

Prozess- (-aktivität)	Kurzbeschreibung
Planen und Konzipieren von Tests	Auf Basis der Freigabe zur Release-Erstellung erfolgt auch die Planung und Ausgestaltung der Testaufgaben. Dazu gehören u. a.: • Art und Umfang der Tests • Infrastrukturelle Rahmenbedingungen • Testgruppen und zeitliche Planung
Verifizieren von Testplan und -design	Der Testplan zeigt die wesentlichen Elemente zur Durchführung des Tests auf. Hier sind im Wesentlichen zu überprüfen: • ob die zeitliche Planung der Tests und der Ressourcen aufeinander abgestimmt ist • ob die Testszenarien die notwendigen Anforderungen zur Erreichung und zum Nachweis der Business-Anforderungen enthalten • ob die Grundlagen zur Report-Generierung geschaffen wurden
Vorbereiten der Testumgebung	Zur Vorbereitung der Tests muss noch die Infrastruktur für die Testdurchführung geschaffen werden. Dazu müssen die zu testenden Release Packages in einer die Produktivumgebung abbildenden Testumgebung aufgesetzt und die notwendigen Zugriffsrechte für Testanwender sichergestellt werden.

Prozess- (-aktivität)	Kurzbeschreibung
Durchführen der Tests	Die Tests werden aus verschiedenen Sichtweisen durchgeführt, wobei im Wesentlichen auf folgende Aspekte geachtet werden sollte: Es müssen zum einen inhaltliche funktionale Tests, aber auch Integrationstests (d. h. zum Datenaustausch per Schnittstelle, wenn erforderlich) und auch Infrastrukturtests (d. h. zur Einbindung und Einbettung der Release Packages in die Gesamtinfrastruktur des Services) durchgeführt werden.
Dokumentation der Ergebnisse und finaler Testreport	Alle durchgeführten Testszenarien und deren Ergebnisse müssen in standardisierten Test-Reports mit dem erzielten Ergebnis und Informationen über die Testperson(en) festgehalten werden.
Evaluierung der Ausgangs-kriterien und Bericht	Werden Tests mit negativem Ergebnis erzielt, so müssen die Ausstiegskriterien daraufhin überprüft werden, ob ein Testabbruch oder weiterführende Evaluierungsmaßnahmen eingeleitet werden müssen.
Testbereinigung und Abschluss	Nach der Testdurchführung muss die Umgebung wieder zurückgesetzt und der Test bezüglich der erforderlichen Dokumentation und Berichte abgeschlossen werden. Eine übergreifende Evaluierung der Testergebnisse bezüglich notwendiger Anpassungen vor der Freigabe zum Rollout muss eingeleitet werden.

Benefits

- Steigerung der Servicequalität durch gezielte Test- und Validierungsmaßnahmen
- Reduzierung der Wahrscheinlichkeit möglicher Serviceunterbrechungen nach Produktivnahme bestimmter Release Packages und/oder Services
- Einbindung der User durch deren Test und Abnahme auf Basis der Businessanforderungen schaffen die frühzeitige Akzeptanz und den notwendigen Unterbau zur Lieferung des Business Value
- Durchführung von strukturierten und detaillierten Test- und Validierungsmaßnahmen reduziert die Kosten der Nacharbeit und des Service Support

5.3.6 Change Evaluation

Change Evaluation ist ein Prozess, der die Leistungsfähigkeit eines Service betrachtet und Aussagen über die qualitativen Ergebnisse, in Bezug auf eine Referenzsicht, trifft. Des Weiteren liefert er die Grundlage für eine Freigabe der Weiterführung unter Berücksichtigung von Nutzen und Wirtschaftlichkeit.

Change Evaluation stellt eine konsistente und standardisierte Begründung bezüglich der Leistungsfähigkeit und der Funktionen (Utility und Warranty) für einen Service Change im Gesamtkontext eines existierenden oder vorgeschlagenen Services bereit.

Die aktuelle Leistungsfähigkeit eines Service wird im Vergleich zu einer sich einstellenden Leistungsfähigkeit bezüglich eines Change analysiert und bewertet. Alle Abweichungen zwischen den beiden Sichtweisen werden herausgestellt und gemanaged.

Basiskonzepte

PDCA-Modell: Der Evaluierungsprozess verwendet zur Durchführung seiner Aktivitäten die Grundstrukturen des Plan-Do-Check-Act (PDCA)-Modells, um die Qualität aller Evaluationen und Evaluierungsschritte sicherzustellen.

Evaluation Report: Der Evaluation Report ist das zentrale Dokument im Rahmen des Prozesses Evaluation, der die Ergebnisse und notwendigen Steuerungsmaßnahmen dokumentiert und die Ausgangsbasis für notwendige Änderungen/Anpassungen oder Verbesserungen darstellt.

Der Evaluation Report enthält die folgenden Abschnitte:

- **Risikoprofil:** Eine grundlegende Betrachtung des Restrisikos, nachdem eine Änderung implementiert wurde, ohne die relevanten Evaluierungsergebnisse in Betracht zu ziehen und nachdem ein entsprechender Maßnahmenkatalog bereitgestellt wurde.

- **Abweichungsreport:** Das Delta zwischen der vorhergesagten und der geforderten Leistung zur aktuell vorhandenen Leistungsfähigkeit bezogen auf die geplante Change-Implementierung.

- **Qualification Statement (wenn angebracht):** Ist ein Statement, das auf Basis der Analyse der Testergebnisse und des Qualification Plan eine Aussage darüber trifft, ob die betrachtete Änderung eines bestimmten Service den Fokus auf eine strukturierte und gesteuerte Qualitätssicherung verloren hat oder nicht.

- **Empfehlung:** Basierend auf den Faktoren und Inhalten des Evaluation Report sollte eine zusammengefasste Aussage bzw. Empfehlung an das Change Management zwecks Entscheidung zur Freigabe oder zum „Reject" des Changes und damit zum Stopp der weiteren Transition Schritte gegeben werden.

Prozess und Hauptaktivitäten in der Change Evaluation

Die Hauptaufgabe des Prozesses Change Evaluation besteht darin, dass die aktuelle Leistungsfähigkeit eines Service im Vergleich zu einer sich einstellenden Leistungsfähigkeit bei einem Change analysiert und bewertet wird und alle Abweichungen zwischen den beiden Sichtweisen herausgestellt und gesteuert werden. Aus diesem Grund soll hier ein High-Level-Evaluation Process Model als Beispiel aufgezeigt werden.

Abb. >
Evaluation
Reproduced under licence from AXELOS

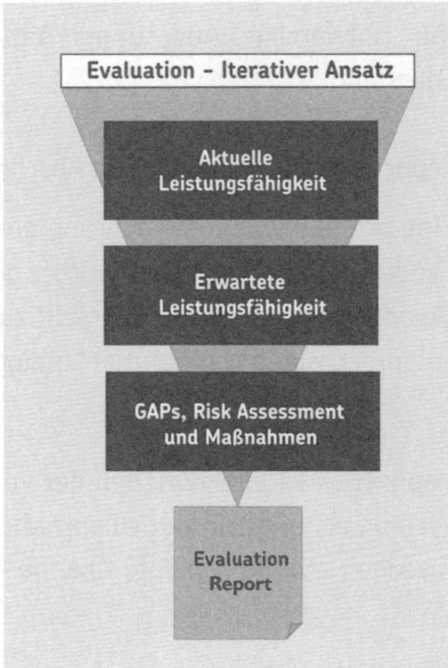

Darüber hinaus gibt die Abbildung Hinweise darauf, wie der Prozess Evaluation im Zusammenhang mit anderen Prozessen aus der Service Transition positioniert ist.

Evaluation ist ein übergreifender Prozess, der schon im Rahmen der Erstellung des Service Design Package zum Einsatz kommt und dessen Aktivitäten sich durch die gesamte Service Transition-Phase iterativ fortsetzen. Wichtige Meilensteine sind dabei die Review-Maßnahmen vor und nach der Testdurchführung sowie vor dem finalen Deployment.

Benefits

- Die zielgerichtete Überprüfung der erwarteten bzw. geforderten Leistungsfähigkeit gegenüber der aktuell erzielten Leistungsfähigkeit ermöglicht, frühzeitig Maßnahmen zur Gegensteuerung einzuleiten und damit die geforderte Servicequalität und -ausprägung sicherzustellen.
- Das Change Management baut seine Freigabe-Entscheidungen auf guten und verlässlichen Informationen auf.

- Reduzierung der Einführung von Änderungen, die die geforderten Qualitätssicherungs- und Validierungsmaßnahmen nicht erfüllen.
- Reduzierung von Störungen bei geänderten Services.
- Minimierung der Varianz der vom Business geforderten Serviceleistung im Vergleich zur gelieferten Serviceleistung.

5.3.7 Knowledge Management

Wissen ist das einzige Gut, das sich durch Teilen vermehrt. Doch viele Unternehmen ahnen nicht, was sie alles wissen. Eine Tatsache, die sich mitunter als schwerwiegender Fehler erweist.

Die Kenntnisse, Ideen und Fähigkeiten der eigenen Mitarbeiter sind Unternehmen oftmals nicht bekannt. So werden nicht selten Probleme und Aufgaben, die früher bereits an anderer Stelle im Unternehmen erfolgreich gelöst bzw. bearbeitet wurden, immer wieder aufs Neue angegangen. Kapazitäten werden dabei gedankenlos verschleudert. Darüber hinaus ist in vielen Unternehmen das Ausscheiden eines Mitarbeiters zumeist auch mit einem entsprechenden Know-how-Verlust verbunden. Hier versprechen Knowledge Management Systeme gerade auch im Bereich des Service Management Abhilfe. Mit ihnen wird Wissen gesammelt und archiviert, sodass anschließend allen Mitarbeitern ein dauerhafter und schneller Zugriff auf wichtige Informationen möglich ist.

Zielsetzung
Das Ziel von Knowledge Management ist, die Qualität der Managemententscheidungen durch die Bereitstellung verlässlicher und sicherer Informationen und Daten für durchzuführende Aktivitäten im Service Lifecycle zu verbessern.

Daraus lassen sich folgende Teilziele ableiten:

- Der Service Provider wird in die Lage versetzt, seine Servicequalität zu verbessern, die Zufriedenheit zu steigern und die Servicekosten zu senken.
- Sicherstellung, dass das Team ein klares und einheitliches Verständnis von dem Wert hat, den der Service den Kunden liefert und versteht, wie sich der Benefit aus dem Gebrauch solcher Services für den Kunden erzielen lässt.

- Sicherstellung, dass zu jeder Zeit und an jeder Lokation das Team des Service Providers die richtigen und aktuellen Informationen bezüglich zentraler Servicethemen verfügbar hat.

Basiskonzepte

DIKW-Strukturdiagramm: Knowledge Management wird typischerweise mithilfe des DIKW-Strukturdiagramms dargestellt.

Abb. > Der Fluß von Daten zu Wissen

(Abb. 4.35 ITIL® Service Transition, Ausgabe 2011)

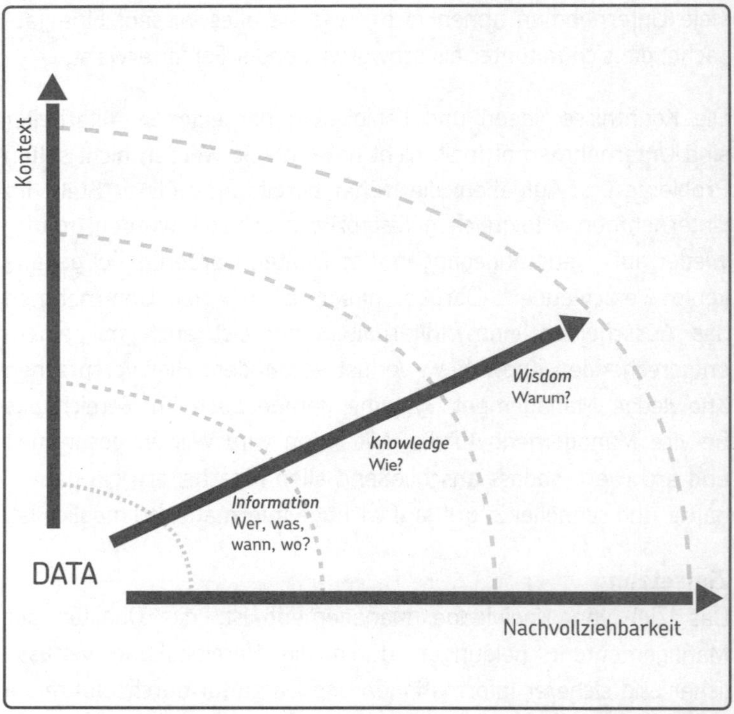

Die einzelnen Elemente haben dabei folgende Bedeutung:

DIKW Element	Bedeutung
Data	Ist ein Set von Fakten bezüglich Ereignissen. Viele Organisationen sammeln zahlreiche Daten in unterschiedlichen Ausprägungen in strukturierten Datenbanken wie Service Management und Configuration Management-Tools / -Systemen und -Datenbanken. Dabei stehen folgende wesentliche Aktivitäten im Vordergrund: • Datensammlung • Datenanalyse • Datentransformation zu Informationen • Datenidentifizierung und Ressourcenzuordnung zur weiterführenden Verarbeitung
Information	Informationen entstehen dadurch, dass den Daten der entsprechende Kontext hinzugefügt wird. Informationen sind im Allgemeinen in einem semistrukturierten Verbund (z. B. Dokumente, E-Mail und Multimedia) zu finden. Die damit verbundenen Knowledge Management-Aktivitäten sind: • Management der Informationen, um das Erfassen, Suchen und Finden zu erleichtern • Informationsaufbereitung, um aus den dort aufgezeigten Erfahrungen zu lernen und Fehler nicht noch einmal zu machen

DIKW Element	Bedeutung
Knowledge	Knowledge ist die Zusammenführung von Erfahrungen, Ideen, Werten und inhaltlichen Interpretationen von Individuen. Menschen profitieren vom eigenen, aber auch vom dokumentierten Wissen anderer und von der Analyse von Informationen und Daten. Auf dieser Basis und aus dem Zusammenspiel der einzelnen „Wissenselemente“ entsteht neues Wissen. Wissen ist sehr dynamisch und kontextbasiert. Wissen bietet die Möglichkeit, Informationen in einer „easy to use“-Form aufzubereiten. Dies führt somit zu einer Erleichterung im Entscheidungsfindungsprozess. In der Phase Service Transition bezieht sich „Knowledge“ nicht ausschließlich auf die Übergangsaktivitäten, sondern vielmehr auf die Sammlung von Erfahrungen und Erkenntnissen aus vorherigen Durchläufen, um das Bewusstsein für potentielle Probleme und notwendige Änderungen in angrenzenden Bereichen zu schärfen.
Wisdom	Wisdom gibt die ungeteilte Einsicht in das Informationsmaterial und das Wissen und hat alle Möglichkeiten der kontextbezogenen Bewusstseinsbildung, der Wahrnehmung und Urteilskraft.

Integration des Knowledge Management in den Gesamtkontext des Service Lifecycle

Das Knowledge Management hat, wie auch der Prozess Change Management und Service Asset and Configuration Management, eine übergeordnete und Service-Lifecycle-übergreifende Rolle, da in sämtlichen Service Lifecycle Phasen Daten, Informationen und Wissen aufgebaut und abgerufen werden. Viele Informationen aus anderen Prozessen laufen hier aus Sicht der Wissensspeicherung und der Wissensbereitstellung zentral zusammen. Wichtig ist in diesem Zusammenhang die zentrale Bereitstellung der Informationen auf einer anwenderfreundlichen Basis. Die Zusammenführung sämtlicher über die Service Lifecycle Phasen verstreuter Daten und Datenbanken wird hierbei über ein Service Knowledge Management System erreicht, wobei die oberste Ebene einen „Presentation und Processing Layer“ darstellt, über den die einzelnen Informationen und Wissenszusammenhänge abgerufen werden können. Das Service Knowledge Management System ist ein soziotechnisches System, in dem faktische Daten aus dem Configuration Management System mit weichen Faktoren wie die Erfahrung der Mitarbeiter zusammengeführt werden. Nur im Zusammenspiel dieser weichen Faktoren und der faktischen Daten kann eine gleichbleibende hohe Qualität in der Entscheidungsfin-dung erreicht werden. Das folgende Schaubild gibt einen schematischen Überblick über den grundlegenden Aufbau.

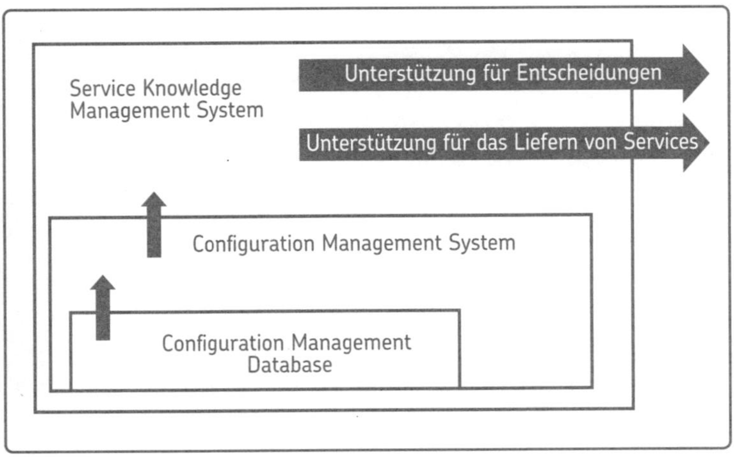

‹ Abb.
Beziehung zwischen CMDB, CMS und der SKMS

(Abb. 4.36 ITIL® Service Transition, Ausgabe 2011)

Benefits

- Knowledge Management steuert den Umgang mit dem Wissen und fördert den gezielten Einsatz im Umfeld der Service Management Organisation entlang des Service Lifecycle.
- Steigerung der Servicequalität durch die gezielte und situationsbezogene Integration von Informationen.
- Reduzierung der Übergangszeit und des Early-Life-Support durch die Bereitstellung von gezielten Informationen (u. a. Supportinformationen).
- Reduzierung von Fehlern bei dem Deployment von Services bzw. Changes und damit verbundenen Release-Paketen durch die Bereitstellung von „Lessons-Learned" aus ähnlichen Szenarien.
- Steigerung der Produktivität der Support-Teams durch die Bereitstellung von zentralen Informationen aus Sicht des Knowledge Management.

5.4 Rollen in der Service Transition

Change Manager: Der Change Manager ist für den täglichen Betrieb und die Einhaltung des Change Management Prozesses verantwortlich. Dazu zählt unter anderem die Sicherstellung, dass der Prozess und die Prozessaktivitäten überwacht werden und dass, falls dies zur Verbesserung des Services erforderlich ist, Verbesserungen/Aktualisierungen vorgenommen werden. Regelmäßige Reviews des Change Management Prozesses, regelmäßiges und präzises Reporting an das Management und den Vorsitz sowie die Zusammensetzung und Koordination der CAB- und ECAB-Meetings gehören ebenfalls zu seinem Aufgabenbereich. Im Rahmen der Change Authority kann er die Kompetenz erhalten, Changes zu autorisieren.

Change Advisory Board (CAB): Das Change Advisory Board ist das Gremium, das den Change Manager bei der Genehmigung der Changes einer hohen Kategorie (significant; major) unterstützt. Der Change Manager hat den Vorsitz des CAB, lädt ein und moderiert die Sitzung. Die Zusammensetzung des Boards kann sich von Sitzung zu Sitzung aufgrund der anliegenden Changes unterscheiden.

Emergency Change Advisory Board (ECAB): Das Emergency Change Advisory Board (ECAB) ist ein Änderungsbeirat, der sicherstellt, dass kurzfristig notwendige Entscheidungen (z. B. in einem Notfall) bezogen auf vorgeschlagene Änderungen getroffen und umgesetzt werden können. Ziel ist, die Kontrolle über Änderungen auch in Notfall- oder sonstigen nicht geplanten Situationen aufrechtzuerhalten und auch hier die negativen Auswirkungen von Notfalländerungen auf den produktiven Betrieb so gering wie möglich zu halten. Das ECAB wird z. B. in Form einer ad hoc einberufenen Telefonkonferenz abgehalten. Für die Initiierung und die richtige Zusammensetzung des ECAB ist der Change Manager verantwortlich.

Abb. ›
Beispiel für eine Zusammensetzung des Change Advisory Board
Reproduced under licence from AXELOS

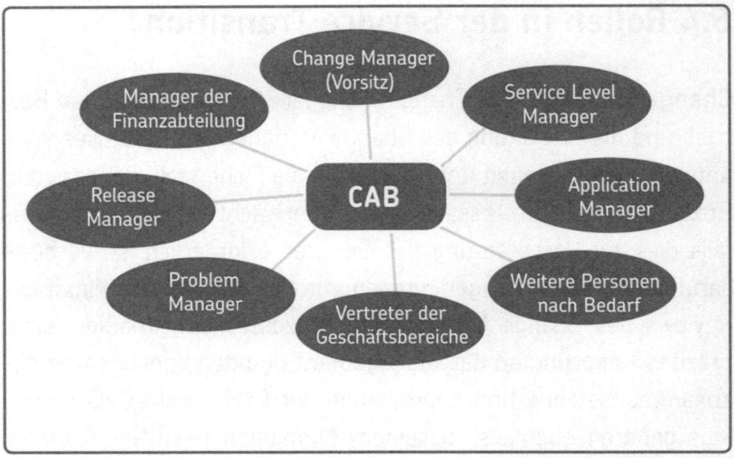

Notwendige Rollen im Kurzüberblick
Als organisatorische Rolle gibt es im Bereich des SACM das Configuration Control Board. Das Configuration Control Board ist notwendig, um sicherzustellen, dass die übergreifenden Policies, Anforderungen und Ausrichtungen des Configuration Management im Rahmen des Service Lifecycle aufgesetzt und ausgeführt und alle Aspekte eines kompletten Services abgedeckt werden.

Eine Zusammenlegung mit organisatorischen Rollen im Change Management ist möglich.

Rolle	Aufgaben (Kurzbeschreibung)
Service Asset Manager	Management und Steuerung aller Aktivitäten und Prozesse, die die Service Assets u. a. aus strategischer Sicht betreffen
Configuration Manager	Management und Steuerung der operativen Prozessausführung gemäß Configuration Management Plan

Rolle	Aufgaben (Kurzbeschreibung)
Configuration Analyst	Durchführung von Analysen im Zusammenhang mit Changes auf struktureller Ebene und Unterstützung bei Prozessdesign und Tool-Umsetzung bzw. -Weiterentwicklung
Configuration Administrator / Librarian	Aufbau, Weiterentwicklung und Betrieb des CMS und der DML, Customizing von Stammdaten und Strukturparametern, Datenarchivierung
CMS / Tool-Administrator	Evaluierung von CMS-Tools, Bewertung und Aufbereitung von Entscheidungsvorlagen, zuständig für das Monitoring hinsichtlich Performance und Kapazität
Release and Deployment Manager	Verantwortung (Auszug): Planung, Design, Build, Configuration und Testing aller Release Packages, End-to-End-Management des Release Prozesses
Release Packaging and Build Manager	Verantwortung (Auszug): Bereitstellung des finalen Release, Build und Test des finalen Release, physikalische Lieferung der Service Release Packages
Deployment Staff	Unterstützung bzw. Durchführung der operativen Deployment-Tätigkeiten
Early Life Support Staff	Unterstützung bzw. Durchführung der operativen Unterstützungs- und Support-Aktivitäten

5.5 Zusammenfassung Service Transition

Ziele und Inhalte

- Planung und Managen der Ressourcen, die notwendig sind, um neue oder geänderte Services erfolgreich zu implementieren
- Definition und Bereitstellung der Release- und Kommunikationspläne
- Definition und Anwendung grundlegender Qualitätssucherungs- und Validierungsmaßnahmen
- Bereitstellung notwendiger Informationen über die Services bzw. Servicestrukturen für den operativen Betrieb

Basiskonzepte & Grundprinzipien

- Sieben R's des Change Managements
- Service Change
- Change Kategorien und Risikoanalyse
- Configuration Model
- Definitive Media Library (DML)
- Configuration Management System (CMS)
- Service Knowledge Management System (SKMS)
- Release Unit
- Release Package
- Release- u. Deploymentmodelle
- ITIL Service V-Model
- DIKW Modell

Prozesse

Lifecycle übergreifende Prozesse
- Change Management
- Service Asset Management und Configuration Management
- Knowledge Management

Service Transition fokussierte Prozesse
- Transition Planning and Support
- Release and Deployment Management
- Service Validation and Testing
- Change Evaluation

Zentrale Rollen

- Change Manager
- Service Asset Manager
- Configuration Manager
- Configuration Analyst
- Configuration Administrator / Librarian
- CMS / Tool-Administrator
- Release and Deployment Manager
- Release Packaging and Build Manager

Funktionen

Keine Funktionen beschrieben

Benefits

- Einführung und Überführung von Release in die Produktivumgebung unter Berücksichtigung von wirtschaftlichen Aspekten
- Management der Organisation und des kulturellen Wandels während des Überganges
- Service Knowledge Management System im Rahmen der Unterstützung der lernenden Organisation
- Steigerung der Kunden und Mitarbeiterzufriedenheit durch die Einführung und Nutzung der Service Transition Practices

06

SERVICE OPERATION

6.1 Einführung in Service Operation

Zielsetzung Service Operation

Realisierung des Kundennutzens durch Betrieb und Support der Services und Servicekomponenten (Infrastruktur, Applikationen etc.).

Die Phase Service Operation beinhaltet Verfahren und Methoden für das Management des täglichen Betriebs der Services. Sie stellt Anregungen und Anleitungen zur Verfügung, um die notwendige Effektivität und Effizienz in der täglichen Lieferung und dem Support der Services zu erreichen. Damit wird die Wertschöpfung der Services für die Kunden sowie den Service Provider sichergestellt. Die in der Strategie definierten Ziele werden in der Service Operation durch den wertschöpfenden Betrieb realisiert. Die hier zur Verfügung gestellten Anleitungen/Empfehlungen liefern Hilfestellungen, wie die notwendige Stabilität im Servicebetrieb erreicht werden kann. Hierbei werden reaktive und proaktive Aktivitäten berücksichtigt.

6.2 Wichtige Grundbegriffe der Service Operation

Service Operation ist mehr als die wiederholte Ausführung von Standardprozeduren oder Standardaktivitäten. Alle Funktionen, Prozesse und Aktivitäten dienen dazu, einen spezifizierten und vereinbarten Grad an Servicequalität zu liefern, aber dies in einem sich ständig wandelnden Umfeld. Dies führt zu einem Konflikt zwischen der Aufrechterhaltung des Status quo und den Anpassungen an Änderungen im Geschäfts und Technologieumfeld. Eine der Hauptaufgaben innerhalb der Service Operation ist, diese Konflikte zu handhaben und eine Balance zwischen den verschiedenen konkurrierenden Zielen herzustellen. Im Folgenden werden einige der Hauptspannungen und Konflikte hervorgehoben und identifiziert, wie Service-Organisationen ein Ungleichgewicht zur einen oder anderen Seite erkennen können. Zudem werden einige Richtlinien aufgezeigt, die festlegen, wie diese Konflikte gemäß den Best Practices gelöst werden können. Jeder Konflikt bietet eine Chance für Wachstum und Verbesserung.

Interne IT-Sicht vs. externe Business-Sicht

Ein fundamentaler Konflikt über den gesamten Lebenszyklus hinweg besteht in der Wahrnehmung des Service-Providers zum Einen als Summe der Services (externe Business-Sicht) und zum Anderen als Summe der Technologiekomponenten (interne Sicht).

Die externe Sicht ist die Sicht des Kunden/Anwenders, d. h., wie die Services von den Anwendern und Kunden wahrgenommen werden. Hier ist nicht von Interesse, wie die Services aus technischer Sicht erbracht werden. Es zählt nur, dass die Services geliefert werden, wie es gewünscht und vereinbart wurde.

Die interne Sicht ist die Sicht der Service-Organisation (z. B. IT), d. h., wie Komponenten und -Systeme genutzt werden, um die Services zu liefern. Da Systeme oft komplex und heterogen sind, heißt dies, dass die Technologie von mehreren Teams oder Abteilungen gesteuert werden muss – stets mit derselben Zielsetzung, eine gute Performance und Verfügbarkeit der Systeme zu erreichen.

Beide Sichtweisen sind notwendig, um die Services zu liefern. Die Organisation, die sich nur auf die Geschäftssicht fokussiert, ohne darüber nachzudenken, wie die Services geliefert werden sollen, wird letztlich Versprechungen geben, die nicht gehalten werden können. Die Organisation, die sich nur auf die internen Systeme fokussiert, ohne darüber nachzudenken, welche Services sie eigentlich unterstützt und liefert, wird letztlich teure Services mit wenig Nutzen/Ertrag betreiben. Der Konflikt zwischen der externen und der internen Sicht ist das Ergebnis vieler Variablen inklusive der Reife der Organisation, ihrer (Management-)Kultur, ihrer Geschichte etc. Dies macht es schwierig, eine Balance zu erreichen und die meisten Organisationen gehen dazu über, sich nur in eine Richtung zu orientieren. Der Erfolg liegt aber in der Ausgewogenheit beider Sichtweisen.

Stabilität vs. Reaktionsfähigkeit

Gleichgültig, wie gut ein Service funktioniert und gleichgültig, wie gut er designed wurde: Er ist sehr viel weniger wert, wenn die Servicekomponenten nicht verfügbar sind oder wenn sie unregelmäßig arbeiten. Gleichzeitig heißt das, dass der Servicebetrieb erkennen muss, dass sich Business- anforderungen ändern. Einige der Änderungen sind evolutionär. So können sich z. B. die Funktionalität, die Leistung und die Architektur einer Plattform im Laufe einiger Jahre ändern. Jede Änderung bringt die Chance mit sich, dem Business ein besseres Serviceniveau zu liefern. Bei evolutionären Änderungen ist es möglich, die Reaktion auf Änderungen zu planen und so die Stabilität zu wahren. Viele Änderungen passieren trotzdem sehr schnell und manchmal unter extremem Druck. Zum Beispiel erhält eine Business Unit unerwartet einen Auftrag, der zusätzliche Services, mehr Kapazität und schnellere Reaktionszeiten erfordert. Die Fähigkeit, auf diese Art von Änderungen zu reagieren, ohne andere Services zu beeinträchtigen, ist eine große Herausforderung. Viele Service-Organisationen schaffen es jedoch nicht, eine Balance zu finden. Sie tendieren entweder zur Stabilität der Infrastruktur oder dazu, auf schnelle Änderungen angepasst zu reagieren. Der nachhaltige Erfolg liegt jedoch in der Balance beider Perspektiven.

Qualität vs. Kosten

Vom Servicebetrieb wird gefordert, seinen Kunden und den Anwendern ständig das vereinbarte Niveau an Services zu liefern und gleichzeitig die Kosten und die Nutzung von Ressourcen auf optimalem Niveau zu halten.

Reaktiv vs. Proaktiv

Eine reaktive Organisation ist eine, die nicht aktiv wird, ehe sie von außen dazu getrieben wird, z. B. durch eine neue Geschäftsanforderung, eine Anwendung, die entwickelt wurde oder Eskalationen wegen Beschwerden der Anwender oder der Kunden. Die unglückliche Realität in vielen Organisationen ist, dass der Fokus auf reaktives Management, fälschlich als das Grundwerkzeug gesehen, um sicherzustellen, dass Services höchst konsistent und stabil sind. Deshalb wird proaktives Verhalten des Personals unterbunden. Die traurige Ironie dieser Vorgehensweise ist, dass das Unterbinden des proaktiven Service Management unweigerlich zur Steigerung des Aufwands und der Kosten für reaktive Aktivitäten führt und darüber hinaus die Stabilität und den Zusammenhang der Services gefährdet.

Eine proaktive Organisation schaut immer nach Wegen, die aktuelle Situation zu verbessern. Sie wird ständig die interne und externe Umgebung beobachten und nach Signalen von Änderungen ausschau halten, die sich negativ auswirken können. Proaktives Verhalten wird gewöhnlich positiv gesehen, insbesondere wenn es die Organisation in die Lage versetzt, Konkurrenzvorteile in einer sich ändernden Welt zu wahren. Proaktivität bedeutet aber immer eine Investition von Zeit und Ressourcen und damit von Geld. Eine gute Balance zwischen reaktivem und proaktivem Verhalten liefert daher ein optimales Resultat.

6.3 Die Prozesse der Service Operation

6.3.1 Event Management

Einleitung

Ein Event kann als ein erkennbares Ereignis bezeichnet werden, das für das Management der Infrastruktur oder der Serviceerbringung wichtig ist. Events sind üblicherweise Benachrichtigungen eines Service, Configuration Item oder eines Monitoring Tools.

Zielsetzung

Die Fähigkeit, Events strukturiert zu erkennen, sich der Wichtigkeit bewusst zu werden und geeignete Maßnahmen einzuleiten, ist das Ziel des Event Management. Das Event Management bildet daher die Basis für das operationelle Monitoring, die Steuerung und für die Automatisierung vieler Routine-Operationen wie z. B. das Ausführen von Scripts. Event Management liefert den Einstiegspunkt zur Ausführung zahlreicher operativer Service-Prozesse und -Aktivitäten (z. B. Incident Management).

Prozessmodell:

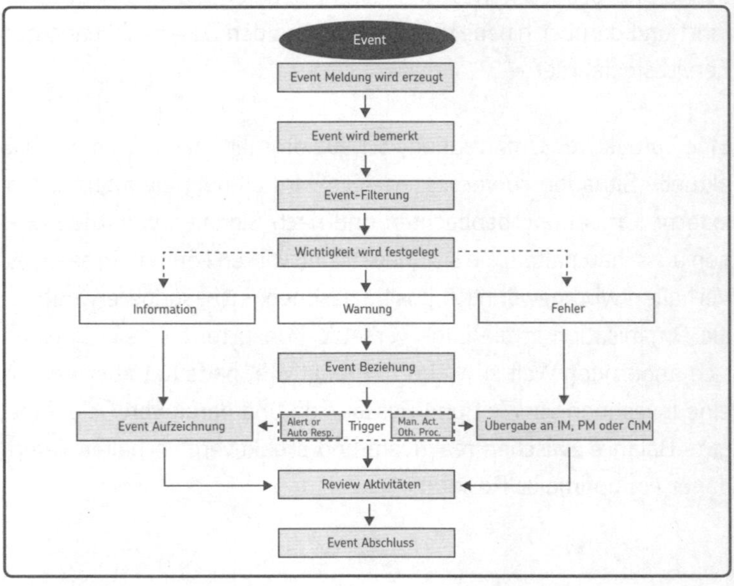

Abb. › Der Event Management Prozess (vereinfachte Darstellung)

Reproduced under licence from AXELOS

Event-Meldungen werden erzeugt: Events passieren ständig. Nicht jeder Event ist für das Service Management von Interesse oder muss bemerkt und aufgezeichnet werden. Daher ist es wichtig, klarzustellen, welche Event-Typen es gibt und welche entdeckt werden müssen.

Event wird bemerkt: Ein Event tritt auf und wird registriert.

Event-Filterung: Die Events werden nach „wichtig" und „unwichtig" gefiltert. Es ist nicht immer möglich, alle Benachrichtigungen von CI's abzuschalten. Daher muss häufig eine Filterung der Events vorgenommen werden. Eine Filterung ist jedoch nicht immer notwendig.

Wichtigkeit wird festgelegt: Die Wichtigkeit des Events wird festgelegt.

- Information: Dies gilt für ein Event, das keine Aktion benötigt und keine Störung darstellt (z. B. das Anmelden eines Anwenders an einem System).
- Warnung: Eine Warnung wird generiert, wenn ein Service oder eine Komponente einen Grenzwert erreicht. Warnungen haben zum Ziel, dass die entsprechende Person, Support-Einheit oder der Prozess benachrichtigt werden, um die angemessenen Maßnahmen zu ergreifen und eine Störung zu verhindern.
- Störung (Exception): Eine Störung bedeutet, dass ein Service oder ein „Device" zurzeit nicht normal funktioniert. Beispiele für eine Exception können ein ausgefallener Server oder zu lange Antwortzeiten einer Applikation sein.

Event-Beziehungen: Wenn ein Event als wichtig eingestuft worden ist, muss eine Entscheidung getroffen werden, wie wichtig dieser Event exakt ist und welche Aktivitäten durchgeführt werden müssen, um mit diesem Event umzugehen - die Bedeutung des Events wird bestimmt.

Trigger: Wenn im Rahmen der Event-Beziehung festgelegt wurde, dass weiterführende Aktivitäten notwendig sind, um mit dem Event umzugehen, ist es notwendig, eine Verantwortlichkeit festzulegen. Der Mechanismus zum Festlegen dieser Verantwortlichkeit ist der Trigger. Es gibt viele verschiedene Arten von Trigger (z. B. Incident Trigger oder Change Trigger etc.).

Review-Aktivitäten: Bei vielen Events ist es nicht möglich, eine Nachbetrachtung jedes einzelnen Events durchzuführen. Es ist wichtig zu überprüfen, dass alle wichtigen Events oder Ausnahmen adäquat gehandhabt bzw. verfolgt wurden.

Event-Abschluss: Events, die keine Bedeutung mehr haben, werden geschlossen. Einige Events bleiben geöffnet, bis bestimmte Aktivitäten durchgeführt worden sind (z. B. ein Event, das mit einem geöffneten Incident verbunden ist).

6.3.2 Incident Management

Einleitung

Das Incident Management registriert, kategorisiert, priorisiert und verfolgt alle Störungen mit dem Ziel, diese so schnell wie möglich zu beheben.

Zielsetzung

Die Zielsetzung des Incident Management ist die schnellstmögliche Wiederherstellung des Service und damit die Wiederherstellung der Arbeitsfähigkeit der Kunden und Anwender des Service. Hierdurch soll gewährleistet werden, dass die Störung eine möglichst minimale Auswirkung auf das Business hat. Das Incident Management behält die Verantwortung für den Incident während seines gesamten Lebenszyklus. Ein weiteres Ziel des Incident Management ist die Unterstützung der Geschäftsaktivitäten mithilfe aussagekräftiger Management-Informationen.

Basiskonzepte/Definitionen

Definition Incident

Ein Incident ist jedes ungeplante Ereignis, das den Standardbetrieb eines Services beeinflusst und eine Unterbrechung oder Beeinträchtigung der Qualität dieses Services nach sich zieht, z. B. nicht verfügbare Anwendungen, der Ausfall einer Hardware oder deren eingeschränkte Nutzungsmöglichkeit. Auch eine potentielle Störung eines Service (z. B. der Ausfall eines Cluster-Knotens) ist ein Incident – auch dann, wenn die Auswirkungen dieser Störung für die Anwender nicht spürbar sind.

Definition Eskalation
Eine Eskalation ist eine Aktivität, bei der zusätzliche Ressourcen eingeholt werden, wenn diese erforderlich sind, um den Service Level Zielen oder Kundenerwartungen gerecht zu werden. Eskalationen können innerhalb aller Service Management Prozesse erforderlich sein, werden jedoch meistens mit dem Incident Management und Problem Management und in Verbindung gebracht. Es sind zwei Eskalationstypen definiert: die funktionale Eskalation und die hierarchische Eskalation.

- **Funktionale Eskalation:** Sobald eine Support-Einheit (z. B. der Service Desk) nicht mehr in der Lage ist, einen Incident zu lösen (oder wenn die für den Service Desk festgelegte Zeit für eine Lösung im First Level abgelaufen ist), muss der Incident an eine weiterführende Support-Einheit eskaliert werden. Hier spricht man von einer funktionalen Eskalation. Dies kann z. B. jede beliebige Second- oder Third-Level-Support-Einheit sein, die über spezielles Fachwissen verfügt. Die Verantwortung für den Incident (Incident Ownership) bleibt trotz funktionaler Eskalation immer beim First Level, z. B. dem Service Desk.

- **Hierarchische Eskalation:** Hat ein Incident sehr schwerwiegende Folgen oder kann z. B. aus einem Ressourcenengpass heraus ein Incident nicht schnell genug bearbeitet werden, so muss eine höhere hierarchische Stufe informiert werden, um die Rahmenbedingungen zur Bearbeitung des Incident zu schaffen. Dann spricht man von einer hierarchischen Eskalation. Hierarchisch wird eskaliert, sobald die Service-Organisation Gefahr läuft, einen vereinbarten Service Level zu verletzen.

Incident-Identifikation

Die Aktivitäten des Incident Management beginnen mit der Identifikation eines Incident. Dies kann z. B. durch einen Anruf eines Anwenders beim Service Desk geschehen oder durch eine Meldung aus dem Event Management.

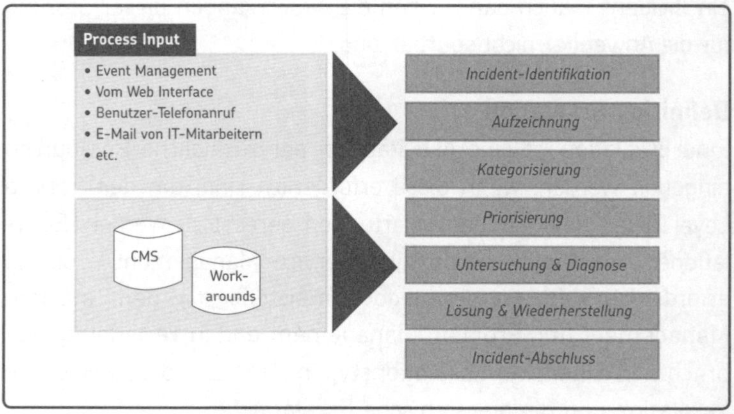

Abb. › Der Incident Management Prozess (vereinfachte Darstellung)
Reproduced under licence from AXELOS

Incident-Aufzeichnung

Incidents müssen komplett aufgezeichnet werden, unabhängig davon, ob sie durch einen anrufenden Anwender am Service Desk oder automatisiert durch einen Alarm entdeckt worden sind. Zusätzlich muss jeder Incident mit einem Datum-Zeit-Stempel versehen werden. Zusammen mit dem Incident müssen alle relevanten Informationen aufgezeichnet werden, sodass, wenn weitere Support-Gruppen in die Lösung involviert werden müssen, die Mitarbeiter über die notwendigen Informationen verfügen, um den Incident bearbeiten zu können.

Kategorisierung

Als Teil der initialen Aufnahme des Incident muss dem Incident eine Kategorie zugeordnet werden. Die Kategorie trifft eine Aussage darüber, um welchen Incident-Typ es sich handelt (z. B. Server, Endgeräte oder Applikation). Dies ist für eine möglichst schnelle Bearbeitung sehr wichtig, damit der Incident den richtigen Support-Gruppen zugewiesen werden kann. Falsche Kategorien kosten Zeit, da sie zu falschen Zuordnungen der Incidents führen.

Priorisierung

Ein weiterer Schritt der initialen Aufnahme des Incident ist die Zuordnung einer Priorität. Priorisiert wird nach Dringlichkeit (Urgency), d. h. wie schnell das Business eine Lösung benötigt, und Auswirkung (Impact), z. B. wie viele Anwender betroffen sind.

Untersuchung und Diagnose

Jede am Incident Handling beteiligte Support-Gruppe untersucht, warum die Störung aufgetreten ist und trifft eine Diagnose. Die Zielsetzung hierbei ist die schnellstmögliche Wiederherstellung der Arbeitsfähigkeit der Anwender und nicht eine tiefgreifende Ursachenforschung.

Lösung und Wiederherstellung

Auf Basis der Untersuchung und Diagnose werden Maßnahmen durchgeführt, um eine Lösung der Störung herbeizuführen und den Service wiederherzustellen. Es muss darauf geachtet werden, dass der Incident Record akkurat mit den aktuellen Informationen gepflegt wird. Nach der Lösung und Wiederherstellung gibt die verantwortliche Support-Gruppe den Incident für den strukturierten Abschluss zurück an den Service Desk.

Incident-Abschluss

Derjenige der das Incident-Ticket geöffnet hat prüft, ob der Incident vollständig gelöst wurde und ob der Anwender mit der Lösung einverstanden ist. Mit Zustimmung des Anwenders kann der Incident geschlossen werden.

6.3.3 Request Fulfilment

Einleitung

Der Begriff „Service Request“ wird allgemein als Beschreibung aller möglichen Varianten von Anwenderanfragen gegenüber der Service-Organisation verwendet. Viele dieser Anfragen beinhalten kleine Änderungen mit geringem Risiko, die oft vorkommen und geringe bzw. definierte Kosten produzieren (z. B. eine Anfrage zur Änderung eines Passworts, eine Anfrage zur Installation einer zusätzlichen Standardsoftware an einem bestimmten Arbeitsplatz, eine Anfrage für einen Arbeitsplatz oder Geräteumzug, eine Informationsanfrage etc.). Um diese Anfragen an die Service-Organisation effektiv und effizient zu bearbeiten, sieht ITIL den Prozess Request Fulfilment vor.
Denn dadurch, dass diese Service Requests in hoher Anzahl auftreten, stellen sie für die Service-Organisation eine Herausforderung dar, die nur durch eine strukturierte Abarbeitung in Form eines Prozesses gelöst werden kann.

Zielsetzung

Der Prozess der Antragserfüllung (Request Fulfilment) beschäftigt sich mit der Bearbeitung von Service Requests der Anwender. Die Ziele des Prozesses beinhalten Folgendes:

- Möglichkeit für die Anwender, Standarddienstleistungen (Standard Services) anzufordern und zu erhalten, unter der Voraussetzung, dass es für diese ein vordefiniertes Genehmigungs- und Qualifizierungsverfahren gibt.
- Bereitstellung von Informationen für die Anwender über die Verfügbarkeit von Dienstleistungen (Services) und wie diese zu beschaffen sind.
- Beziehen und Liefern der Komponenten von beantragten Standarddienstleistungen (Standard Services, wie z. B. Lizenzen oder Softwaremedien).
- Unterstützung mit generellen Informationen bei Beschwerden oder Kommentaren/Vorschlägen.

Basiskonzepte

Die meisten Service Requests wiederholen sich von Zeit zu Zeit; somit sollte ein vordefinierter Prozessablauf existieren, der alle Gegebenheiten erfasst, die zur Erfüllung des Antrags (z. B. involvierte Personen oder Support-Gruppen, Umsetzungszeiten und Eskalationspfade) notwendig sind. Service Requests werden in vielen Fällen durch die Durchführung von Standard Change-Verfahren umgesetzt (siehe hierzu Service Transition / Change Management für weitere Informationen zu Standard Changes). Die Hoheit über die Abwicklung von Service Requests liegt beim Service Desk. Er überwacht, eskaliert, verwaltet und setzt in den meisten Fällen die Anforderung des Anwenders auch um.

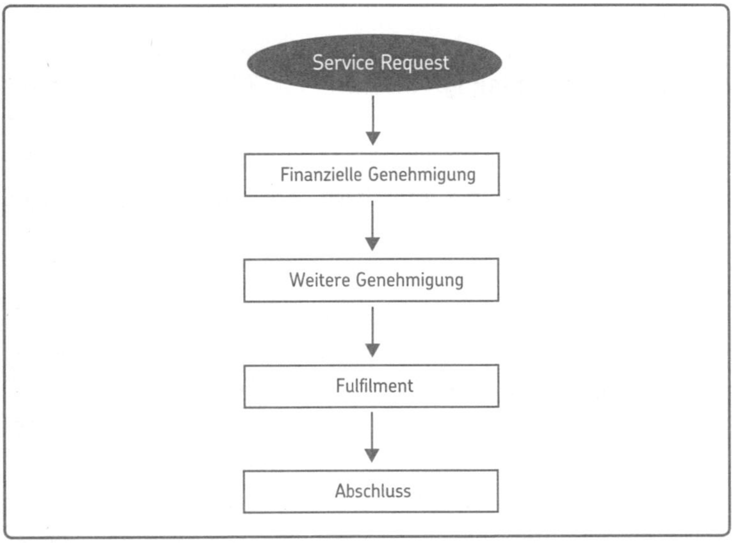

‹ Abb.
Service Request Verlauf (vereinfachte Darstellung)
Reproduced under licence from AXELOS

Eröffnen eines Service Request: Request Fulfilment eröffnet hervorragende Möglichkeiten für Selbsthilfepraktiken. Anwender können selbst einen Service Request stellen, indem entsprechende Technologien genutzt werden, die in die entsprechenden Service Management Tools verzweigen. Idealerweise kann hier den Anwendern über diverse technologische Möglichkeiten eine Menüauswahl präsentiert werden, in der sie selbst ihre Anfragen über vordefinierte Listen und Auswahlmöglichkeiten stellen –

entsprechende Erwartungen können über Lieferzeiträume und/ oder Implementierungszeiträume (in Bezug zu den SLA-Zielen) erfüllt werden. Wenn in einer Service-Organisation bereits ein Selbsthilfe-Support besteht, macht es Sinn, diesen mit einem Request Fulfilment-System zu kombinieren. Ansonsten können Service Requests auch direkt am Service Desk gestellt werden.

Finanzielle Genehmigung: Ein wichtiger Schritt bei der Verarbeitung des Service Request ist die finanzielle Genehmigung. Häufig haben Service Requests finanzielle Auswirkungen. Die Übernahme der Kosten für die Erfüllung der Anfrage muss vorab sichergestellt werden. Nur wenn die finanzielle Bewilligung erfolgt ist, können die weiteren Schritte des Service Request Fulfilment durchgeführt werden.

Sonstige Genehmigung: In manchen Fällen können weitere Genehmigungen notwendig sein – z. B. für Gesetze, Richtlinien oder sonstige businessspezifische Anforderungen. Der Prozess Request Fulfilment muss die Möglichkeit haben, diese Zustimmungen zu definieren und zu prüfen, wenn diese notwendig sind.

Fulfilment: Die eigentliche „Erfüllung", also die Umsetzung der Anfrage, hängt von der Art des Service Request ab. Einige einfache Anfragen werden eventuell vom Service Desk direkt umgesetzt, während andere Anfragen eventuell von speziellen Gruppen und/ oder Lieferanten umgesetzt werden müssen. Der Service Desk sollte immer den Fortschritt überwachen bzw. verfolgen und die Anwender informiert halten, unabhängig davon, wer den Service Request letztendlich umsetzt.

Abschluss: Wenn der Service Request umgesetzt wurde, muss eine Rückmeldung an den Service Desk erfolgen, damit er diesen schließt. Der Service Desk sollte hierbei den gleichen Abschlussprozess wie im Incident Management vornehmen und auch überprüfen, ob der Anwender mit der Umsetzung einverstanden und zufrieden ist.

Rollen innerhalb des Request Fulfilment

Die erste Bearbeitung von Service Requests wird meist vom Service Desk bzw. den Incident Managementbeteiligten vorgenommen. Die eventuelle Erfüllung des Antrags (Request) wird von einem oder mehreren entsprechenden Service Operation Teams, Abteilungen und/oder externen Dienstleistern vorgenommen, je nach Vorgehensweise. Oftmals unterstützen das Facility Management, der Einkauf und andere Abteilungen die Erfüllung des Service Request. In den meisten Fällen wird es keine Notwendigkeit für die Einrichtung weiterer Rollen oder Positionen geben.

6.3.4 Problem Management

Einleitung

Die Hauptaufgabe des Problem Management ist das nachhaltige Lösen von Problemen sowie die proaktive Analyse aller Incidents, unter dem speziellen Gesichtspunkt der Identifikation der zugrunde liegenden Ursachen. Darauf basierend gehört auch die Empfehlung von Changes an Configuration Items (CI) durch das Stellen von Requests for Changes (RfC) an das Change Management zu den Aufgaben des Problem Management. Der Prozess Problem Management verwendet Informationen, die durch verschiedene andere Prozesse bereitgestellt werden, beispielsweise durch das Incident Management oder Capacity Management.

Zielsetzung

Der Problem Management Prozess ist für die Steuerung des Lebenszyklus aller Probleme zuständig. Die primäre Aufgabe des Problem Management ist das Verhindern von Problemen, um somit das Aufkommen weiterer Incidents zu vermeiden und falls Incidents nicht vermieden werden können, zumindest die Minimierung von Auswirkungen.

Basiskonzepte

Formen des Problem Management: Es gibt zwei Varianten des Problem Management:

- Reaktives Problem Management
- Proaktives Problem Management

Definition des Begriffes „Problem": Ein Problem ist die unbekannte Ursache für einen oder mehrere Incidents.

Prozessmodell:

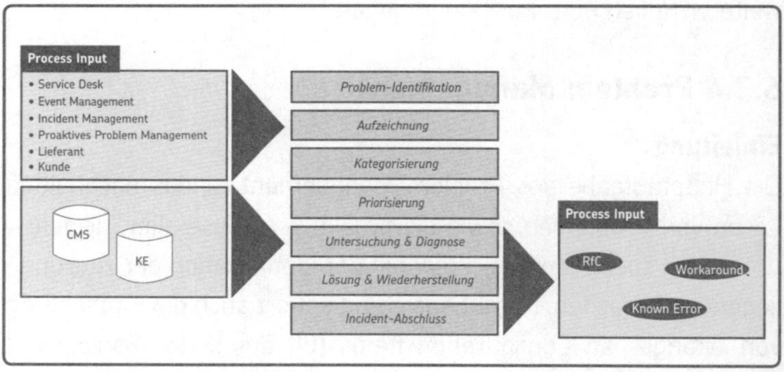

Abb. › Der Problem Management Prozess (vereinfachte Darstellung)
Reproduced under licence from AXELOS

Prozessmodell / Hauptaktivitäten:

1. Problemidentifizierung

Es gibt verschiedene Wege, Probleme zu identifizieren. Die häufigsten Szenarien sind:

- Verdacht oder Feststellung einer unbekannten Ursache eines oder mehrerer Incidents durch den Service Desk, resultierend in einem Problem-Ticket – der Service Desk kann zwar den Incident lösen, hat aber keine definitive Ursache festgestellt und vermutet, dass sich dieser wahrscheinlich wiederholt. Somit wird er ein Problem-Ticket öffnen (lassen), damit die zugrunde liegende Ursache erforscht wird. Alternativ können durch globale Probleme auch weitere Incidents entstehen – somit würde auch ein Problem-Ticket ohne jeglichen Zeitverzug eröffnet werden.
- Die Analyse eines oder mehrerer Incidents durch eine (technische) Support-Gruppe ergibt, dass hier ein Problem zugrunde liegt oder zugrunde liegen könnte.

- Automatisierte Entdeckung eines Infrastruktur- oder Applikationsfehlers durch entsprechende Event-/Alarm-Tools, die automatisch ein Incident- oder Problem-Ticket erstellen.
- Benachrichtigung eines externen Lieferanten oder Vertragspartners, dass ein Problem existiert, das gelöst werden sollte.
- Die Analyse von Incidents als Teil des proaktiven Problem Management mit dem Ziel, Probleme im Voraus zu entdecken und die zugrunde liegende Ursache zu erforschen. Hierdurch werden weitere Incidents proaktiv verhindert.

Häufige und regelmäßige Analysen von Incident- und Problem-Daten müssen vorgenommen werden, damit jegliche Trends identifiziert werden. Dies erfordert aussagekräftige und detaillierte Kategorisierungen der Incidents/Probleme und regelmäßiges Reporting von Mustern und Zonen mit hohen Auftrittswahrscheinlichkeiten. „Top Ten"-Reportings mit der Möglichkeit, in niedrigeren Leveln nachzuforschen, sind bei der Identifizierung von Trends sehr hilfreich. Weitere Details, wie mit entdeckten Trends umgegangen werden soll, sind im Continual Service Improvement enthalten.

2. Problemerfassung

Unabhängig von der Erkennungsmethode müssen alle relevanten Details des Problems erfasst werden, sodass eine vollständige Historie des Problems existiert. Dies muss auch eine Datums- und Zeiterfassung beinhalten, um eine angemessene Steuerung und Eskalation/Weitergabe zu ermöglichen. Die Incidents, die den Problem Record initiiert haben, müssen als Querverweis notiert werden – und damit müssen auch alle relevanten Details aus dem/n Incident Record/s in den Problem Record kopiert werden.

3. Problemkategorisierung

Probleme werden wie Incidents kategorisiert (und es ist empfehlenswert, hier auch das gleiche System zu nutzen), sodass die Art des Problems zukünftig leichter verfolgt werden kann und wertvolle Management-Informationen gewonnen werden können.

4. Problempriorisierung

Probleme werden, ebenso wie bei der Kategorisierung, analog den Incidents priorisiert. Die Häufigkeit und Auswirkung der betroffenen Incidents werden hier ebenso berücksichtigt. Das Kennzeichensystem, das die Auswirkung (Impact) mit der Dringlichkeit (Urgency) kombiniert, um einen übergeordneten Prioritäts-Level zu definieren, kann zur Priorisierung von Problemen wie auch für Incidents genutzt werden.

5. Problemerforschung und -diagnose

Es wird eine Untersuchung des Problems durchgeführt, um die Ursache des Problems zu diagnostizieren – die Geschwindigkeit und Tiefe dieser Untersuchung ist von der Größe der Auswirkung, Schwere und Dringlichkeit des Problems abhängig. Es muss der angemessene Grad an Ressourcen und Fachkenntnissen angewandt werden, um eine angemessene Lösung zu finden.

Es gibt in diesem Zusammenhang eine Reihe von Problemlösungstechniken, die für die Diagnose und Lösung eines Problems zur Hilfe genommen werden können und sollten. Das CMS (Configuration Management System) muss hier genutzt werden, um den Grad der Auswirkung und die exakte Schwachstelle (Point of Failure) zu diagnostizieren. Die Datenbank bekannter Fehler (Known Error Database, KEDB) sollte ebenfalls zu Rate gezogen werden und Problemzusammenhangs-Techniken (wie z. B. eine Schlüsselwortsuche) sollten zur Überprüfung genutzt werden, ob das Problem schon einmal aufgetreten ist, und falls ja, auch zur Lösungsfindung.

Workaround (Umgehungslösung): Nach Möglichkeit wird eine Umgehungslösung (Workaround) für die durch das Problem entstandenen Incidents entwickelt. Ein Workaround ist ein temporärer Weg, die Störung zu umgehen. Hier ist es wichtig, dass weiterhin an einer nachhaltigen Lösung gearbeitet wird. In den Fällen, in denen eine Umgehungslösung gefunden wird, muss trotzdem der Problem Record geöffnet bleiben und die Umgehungslösung muss darin dokumentiert werden.

Erstellung eines Known Error Record (bekannter Fehler): Sobald die Diagnose abgeschlossen und eventuell eine Umgehungslösung gefunden wurde, wird ein Known Error Record erstellt und in der KEDB (Known Error Database) erfasst. Somit wird ermöglicht, dass später auftauchende Incidents oder Probleme sofort identifiziert und die Servicewiederherstellung schneller durchgeführt werden kann.

6. Problemlösung

Idealerweise sollte eine gefundene Lösung gleich angewandt werden. In der Praxis sind jedoch oftmals noch Sicherheitsmaßnahmen notwendig, um zu gewährleisten, dass diese Lösung keine weiteren Störungen verursacht. Ist eine Änderung an Configuration Items notwendig, erfordert dies einen gestellten und genehmigten Request for Change (RfC), damit diese Lösung umgesetzt werden darf. Wenn das Problem schwerwiegend ist und die Lösung dringend umgesetzt werden muss, um Geschäftsziele zu unterstützen, kann auch ein Emergency RfC gestellt und das ECAB (Emergency Change Advisory Board) einberufen werden. Anderenfalls sollte der RfC dem etablierten Normal Change Management Prozess folgen – und die Lösung sollte nur umgesetzt werden, wenn der RfC genehmigt und terminiert wurde. Inzwischen sollte mithilfe der KEDB das Auftreten weiterer Incidents/Probleme verhindert oder gemindert werden.

7. Problemabschluss

Wenn die Problemlösung durch einen RfC umgesetzt (und erfolgreich überprüft wurde) und somit auch die Lösung angewandt wurde, sollte der Problem Record formell geschlossen werden wie auch alle eventuell noch offenen Incidents, die mit diesem Problem in Zusammenhang standen. Zu diesem Zeitpunkt sollte auch eine Überprüfung stattfinden, dass der Problem Record die komplette Historie aller Beschreibungen und Tätigkeiten enthält und, falls nicht, entsprechend ergänzt wird. Der Status verbundener Known Error Records sollte auch aktualisiert werden, um zu zeigen, dass die Lösung erfolgreich umgesetzt wurde.

6.3.5 Access Management

Einleitung

Der Prozess des Access Management ist dafür zuständig, autorisierten Anwendern den Zugriff auf Services zu gewähren und auf der anderen Seite nicht autorisierten Anwendern den Zugriff auf die Services zu verweigern. In diesem Zusammenhang wird auch von einem Rechtemanagement oder einem Identitätsmanagement (Identity Management) gesprochen.

Zielsetzung

Das Access Management stellt den Anwendern einen Service oder eine Gruppe von Services zur Verfügung, indem den Anwendern der Zugriff auf diese Services gewährt wird. Dies ist somit auch die operative Umsetzung von Richtlinien und Aktionen des Security Management.

Basiskonzepte

Access Management ist der Prozess, der Anwendern den Zugriff auf Services ermöglicht. Er enthält folgende Grundkonzepte:

- Zugriff bezieht sich auf den Grad und das Ausmaß einer Servicefunktionalität oder von Daten, auf die ein Anwender zugreifen darf.
- Identität bezieht sich auf Informationen, die sich individuell unterscheiden und den Status innerhalb der Organisation prüfen. Als Definition: Die Identität eines Anwenders ist eindeutig dem Anwender zugeordnet.
- Rechte (auch Sonderrechte/Privilegien genannt) beziehen sich auf das aktuelle Umfeld, in dem ein User berechtigt ist, Zugriff auf einen Service oder eine Gruppe von Services zu erhalten und definieren das Ausmaß des Zugriffs. Typische Rechte sind „lesen“, „schreiben“, „ausführen“, „ändern“ oder „löschen“.
- Services oder Servicegruppen: Die meisten Anwender nutzen nicht nur einen Service. Anwender, die ähnliche Aktivitäten vornehmen, nutzen meist ähnliche Services. Anstatt Zugriff zu jedem einzelnen Service für jeden Anwender separat zu gewähren, ist es effizienter, einzelnen Anwendern oder einer

Gruppe von Anwendern Zugriff auf mehrere Services zur selben Zeit zu gewähren (wenn entsprechend berechtigt).
- Directory Services beziehen sich auf eine spezielle Art von Tool, das entsprechende Zugriffe und Rechte verwaltet.

Prozessmodell / Hauptaktivitäten

1. Zugriff anfordern

Der Zugriff auf Daten oder Services (oder die Verweigerung des Zugriffs) kann über folgende Mechanismen angefordert werden:

- Standardanforderung, erstellt von einem HR-System (Human Resources-System, i. d. R. in der Personalabteilung). Dies könnte generell stattfinden, wenn eine Person eingestellt, befördert, versetzt oder entlassen wird
- RfC (Request for Change)
- Service Request, beantragt über das Request Fulfilment System
- Ausführung von vorab genehmigten Scripts oder Optionen (z. B. das Herunterladen einer Applikation von einem Depotserver, wie und wenn es nötig ist)

2. Überprüfung

Access Management muss jede Anforderung eines Zugriffs auf einen Service von zwei Seiten überprüfen:
- dass die Identität des Anwenders zweifelsfrei klar ist
- dass ein legitimer Grund bzw. Anspruch auf den Service-Zugriff besteht

Die erste Kategorie ist üblicherweise sichergestellt, wenn die Anwender über einen Usernamen und ein Passwort verfügen. Abhängig von den organisationsinternen Sicherheitsvorschriften wird normalerweise die Benutzung von Username und Passwort als Legitimationsnachweis akzeptiert. Allerdings können für sensiblere Services weitere Identifizierungsmaßnahmen notwendig sein (z. B. biometrisch, der Gebrauch von elektronischen Zugriffsschlüsseln oder Entschlüsselungsvorrichtungen etc.). Die zweite Kategorie verlangt, nach einer eigenständigen Überprüfung über die Anforderung des Anwenders, beispielsweise folgendes:

- Benachrichtigung der HR, dass die Person ein neuer Mitarbeiter ist und einen Usernamen sowie Zugriff auf den Service oder eine Menge x von Services benötigt
- Benachrichtigung der HR, dass der Anwender befördert wurde und nun andere oder erweiterte Zugriffsrechte benötigt
- Autorisierung eines berechtigten Managers (definiert im Prozess)
- Einreichung eines Service Request (inklusive der entsprechenden Belege/Formulare) durch den Service Desk
- Einreichung eines RfC (inklusive der entsprechenden Belege/Formulare) durch das Change Management oder Ausführung eines vordefinierten Standard Change
- Eine Richtlinie, die aussagt, dass Anwender Zugriff zu einem bestimmten optionalen Service bekommen, wenn dieser benötigt wird

Für neue Services sollte der Change Record definieren, welche Anwender oder Anwendergruppen Zugriff zu diesem Service haben dürfen. Das Access Management wird dann entsprechend überprüfen, ob diese Anwender immer noch berechtigt sind und ihnen den Zugriff einräumen, wie es im RfC definiert wurde.

3. Rechtebereitstellung

Das Access Management entscheidet nicht, wer welchen Zugriff auf Services hat. Das Access Management führt die Richtlinien und Vorschriften aus, die durch die Service Strategy und das Service Design definiert werden. Es erzwingt Entscheidungen in Bezug auf die Verweigerung oder Gewährung von Rechten und Zugriffen, anstatt selbst zu entscheiden.

Sobald ein Anwender überprüft wurde, stattet das Access Management den Anwender mit den entsprechenden Rechten aus, die er benötigt, um den Service zu nutzen. In den meisten Fällen wird dies in einer Anforderung für jedes Team oder jede Abteilung resultieren, das oder die diesen Service unterstützt. Wenn möglich, sollte dies automatisiert werden.

Je mehr Rollen und Gruppen existieren, umso eher entsteht ein Rollenkonflikt. In diesem Kontext bedeutet Rollenkonflikt, dass mindestens zwei spezifische Rollen oder Gruppenprofile, wenn sie einem Anwender zugewiesen werden, Probleme mit der Trennung von Pflichten oder Interessenkonflikten hervorrufen. Beispiele hierzu sind:

- eine Rolle erfordert einen bestimmten Zugriff, während eine andere Rolle diesen Zugriff verweigert
- zwei Rollen erlauben einem Anwender, zwei Aktionen durchzuführen, die in der Form nicht kombiniert werden dürften (z. B. ein Anwender kann Zeiterfassungsbelege für ein Projekt erfassen oder kontrollieren und kann aber auch gleichzeitig die Zahlung für dieses Projekt anweisen)

Rollenkonflikte können vermieden werden, indem man vorsichtig bei der Erstellung von Rollen und Gruppen vorgeht. Größtenteils entstehen diese aber durch Vorschriften und Entscheidungen, die außerhalb der Service Operation getroffen werden – entweder durch das Business oder durch verschiedene Projektteams während der Service Design Phase.

Das Access Management sollte eine regelmäßige Nachprüfung der Rollen und Gruppen durchführen und sicherstellen, dass diese angemessen für den Service sind. Hinfällige oder ungewollte Rollen und Gruppen sollten hierdurch auch identifiziert und folgerichtig entfernt werden.

4. Überwachung der Identität

Im Laufe der Zeit ändert sich die Rolle eines Anwenders in einer Organisation und somit auch sein Bedarf an Rechten oder Zugriffen auf Services. Beispiele hierzu sind:

- **Änderung der Funktion (Job Change):** In diesem Fall benötigt der Anwender eventuell einen anderen Zugriff auf andere oder zusätzliche Services.
- **Beförderungen oder Degradierungen:** Der Anwender wird eventuell die gleiche Menge an Services nutzen, aber er benötigt einen anderen (erweiterten oder verminderten) Zugriff auf Funktionalitäten oder Daten.

- **Versetzungen:** In dieser Situation benötigt der Anwender dieselben Services, aber in einer anderen Region mit unterschiedlichen Ar-beitsanweisungen, Richtlinien und Daten.
- **Austritt aus dem Unternehmen:** Hier muss der Zugriff auf Daten komplett entfernt werden, damit der User Account nicht als Sicherheitslücke genutzt werden kann.
- **Ruhestand:** In manchen Organisationen bekommen die Angestellten selbst nach Verlassen des Unternehmens durch eine Ruhestandsregelung noch Zugriff auf eine limitierte Anzahl von Services, z. B. auf Bonussysteme oder Systeme, die einen vergünstigten Mitarbeitereinkauf von Produkten ermöglichen.
- **Disziplinarmaßnahmen:** In manchen Fällen wird der Zugriff auf Daten bzw. Services eines Anwenders durch die Organisation temporär begrenzt oder entzogen. Hierzu sollte es einen separaten Schritt im Prozess und in den Tools geben, damit verhindert werden kann, dass der Anwender im System gelöscht und neu angelegt werden muss.
- **Entlassungen:** Wenn ein Angestellter oder Vertragspartner entlassen wird oder gesetzliche Schritte gegen einen Kunden eingeleitet werden (z. B. wenn die Bezahlung eines bestellten Produktes unterlassen wird), sollte der Zugriff umgehend entfernt werden. In Zusammenarbeit zwischen dem Access Management und dem Security Management sollten auch proaktive Maßnahmen vorgenommen werden, um schädliche Aktionen gegen das Unternehmen im Vorfeld erkennen und abwehren zu können.

Das Access Management muss den typischen Anwenderlebenszyklus für jeden Anwender verstehen, dokumentieren und diese Erkenntnisse nutzen, um den Prozess weiter zu automatisieren. Access Management Tools sollten Aktionen wie das Versetzen eines Anwenders (räumlich oder auch organisatorisch) vereinfachen und, mit entsprechenden Buchungskontrollen versehen, unterstützen.

5. Protokollierung und Erfassung des Zugriffs

Das Access Management sollte nicht nur auf Anfragen reagieren, sondern ist ebenso dafür verantwortlich, dass die vergebenen Rechte ordnungsgemäß genutzt werden. In dieser Beziehung muss eine Zugriffsüberwachung und -steuerung in den Überwachungsaktivitäten aller technischen und Applikations-Steuerungsfunktionen sowie aller Service Operation Prozesse etabliert werden. Ausnahmen sollten durch das Incident Management behandelt werden, z. B. durch das Nutzen eines speziell entwickelten Incident-Modells, um mit dem Missbrauch von Rechten umzugehen.

6. Entfernung oder Beschränkung von Rechten
Neben der Einrichtung und Gewährung von Rechten ist das Access Management gleichzeitig auch für das Widerrufen der Rechte zuständig. Die Entscheidung hierfür liegt nicht im Access Management! Es führt vielmehr die Entscheidungen und Richtlinien aus, die in der Service Strategy oder im Service Design bzw. durch das Management einer Organisation getroffen wurden.

Rollen innerhalb des Access Management:
Da das Access Management auch Teile des Information Security und Availability Management umsetzt, definieren diese beiden Prozesse auch die entsprechenden Rollen. Es ist unüblich für eine Organisation, einen Access Manager zu benennen, obwohl es wichtig ist, dass es einen einzelnen Access Management Prozess gibt und entsprechende Strategien und Taktiken, bezogen auf das Steuern von Rechten und Zugriffen, existieren. Dieser Prozess und die entsprechenden Strategien und Taktiken sollten von einem Information Security Management definiert und gepflegt sowie von verschiedenen Service Operation Funktionen ausgeführt werden.

6.4 Die Funktionen in Service Operation

Service Desk

Der Service Desk ist der primäre Ansprechpartner für Anwender bei Serviceunterbrechungen und für Serviceanforderungen. Der Service Desk bietet sowohl dem Anwender einen zentralen Ansprechpartner als auch den unterschiedlichen Service-Gruppen und -Prozessen eine zentrale Koordinationsstelle.

Sofern in einzelnen Fällen detaillierter Support im First Level benötigt wird, der auch entsprechendes Fachwissen aus dem technischen oder Application Management erfordert, werden die benötigten Mitarbeiter dem Service Desk temporär auf Bedarf zugeteilt (virtuelle Zuordnung). Diese Mitarbeiter werden somit vorübergehend Teil des Service Desk.

Der Service Desk ist nicht nur der Eingangskanal für alle Belange der Anwender. Er ist auch die Kommunikationsplattform für jegliche Art von Information für die Anwender.

Technical Management

Das Technical Management liefert benötigtes detailliertes technisches Wissen und Ressourcen, um die dauerhaften Abläufe der Infrastruktur zu betreiben (z. B. Mainframe, Server, Netzwerk etc.). Das Technical Management spielt ebenfalls eine wichtige Rolle beim Design, Testen, Release und bei der Verbesserung von Services. In kleinen Unternehmen ist es möglich, dieses Wissen in einer einzelnen Abteilung zu steuern, in größeren Unternehmen jedoch wird dieses Wissen typischerweise nach Spezialisierung in mehrere Fachabteilungen aufgeteilt. In vielen Unternehmen sind die Technical Management Fachabteilungen auch für ausgesuchte tägliche Abläufe in der Infrastruktur verantwortlich.

Application Management

Das Application Management ist verantwortlich für die Steuerung von Applikationen durch ihren Lebenszyklus. Die Funktion Application Management unterstützt und betreibt im Einsatz befindliche Applikationen. Ebenfalls spielt das Application Management eine wichtige Rolle beim Design, Testen, Release und bei der Verbesserung von Applikationen, die zu einem Service gehören.

IT Operations Management

IT Operations Management ist die verantwortliche Funktion für tägliche operative Aktivitäten, die notwendig sind, um die Infrastruktur zu steuern. Dies wird nach definierten Leistungsstandards während des Service Design zugeordnet.

Das IT Operations Management hat zwei Funktionen, die einzigartig sind und hauptsächlich formal-organisatorische Strukturen haben. Diese sind:

- IT Operations Control, die generell mit im Schichtbetrieb tätigen Mitarbeitern besetzt ist und sicherstellt, dass routinemäßige Operationen durchgeführt werden. IT Operations Control führt auch zentralisierte Monitoring- und Steuerungsaktivitäten durch.
- Facilities Management bezieht sich auf das Steuern der physikalischen Umgebung, üblicherweise auf Rechenzentren oder Computerräume. In vielen Unternehmen sind das Technical und das Application Management gemeinsam mit dem IT Operations Management in großen Rechenzentren tätig. In einigen Organisationen wurden viele physikalische Komponenten der Infrastruktur extern ausgelagert und das Facilities Management überwacht die dazugehörigen Verträge.

Abb. >
Service Operation Funktionen

(Abb. 6.1 ITIL® Service Operation, Ausgabe 2011)

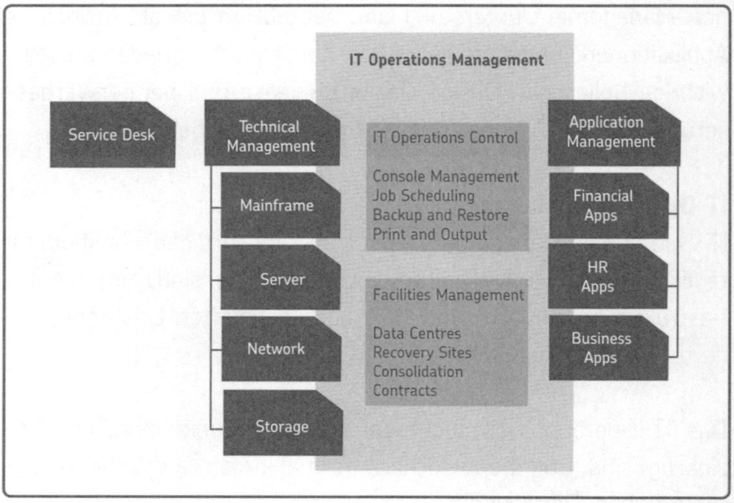

6.5 Die Rollen in Service Operation

Die wesentlichen Rollen, die besetzt und etabliert werden sollten, sind:

Rolle	Kurzbeschreibung
Incident Manager	Er ist verantwortlich für den gesamten Prozessablauf des Incident Management und für die Abwicklung von Major Incidents. Weiterhin erstellt er Berichte für das Management und erarbeitet Vorschläge, um die Effizienz und die Effektivität des Prozesses stetig zu optimieren.
Problem Manager	Der Problem Manager ist der zentrale Ansprechpartner für alle Belange bezüglich der Abwicklung und Verteilung der Aufgaben im Rahmen des Problem Management. Er stellt die Kommunikation mit allen Beteiligten sicher, organisiert die einzelnen Problem Resolution Teams und verantwortet den Inhalt und die Pflege der Known Error Database (KEDB).
Service Desk Manager	Der Service Desk Manager ist für alle Aktivitäten und weiteren Rollen innerhalb des Service Desk verantwortlich. Er fungiert als eine Eskalationsinstanz für seine Mitarbeiter. Weiterhin liefert er dem Management alle notwendigen Reports aus seinem Bereich und weist auf mögliche geschäftskritische Situationen hin. Dem Change Advisory Board steht er beratend zur Seite.

Rolle	Kurzbeschreibung
Super User	Benannte Super User in Organisationen können den Service Desk erheblich entlasten, indem sie die erste Anlaufstelle für die Anwender bilden und kleinere Störungen und Anfragen eigenständig erledigen.

6.6 Zusammenfassung Service Operation

Ziele und Inhalte

- Koordination aller Aktivitäten, um den vereinbarten Service zu liefern
- Permanentes Management und Support der vorhandenen Technik
- Kontrolle, Steuerung und Durchführung der täglichen Prozesse
- Informationssammlung und Analyse für die kontinuierliche Verbesserung des Tagesgeschäftes

Basiskonzepte & Grundprinzipien

- Interne Business Sicht vs. externe fachliche/technische Sicht
- Stabilität vs. Flexibilität
- Qualität des Service vs. Kosten des Service
- reaktiv vs. proaktiv

Prozesse

- Event Management
- Incident Management
- Problem Management
- Request Fulfilment
- Access Management

Zentrale Rollen

- Incident Manager
- Problem Manager
- Service Desk Manager
- Service Desk Analyst
- Service Desk Supervisor
- Application Manager
- Application Analyst
- Technical Manager

Funktionen

- Service Desk
- Technical Management
- Application Management
- IT Operation Management
  - IT Operations Control
  - Facility Management

Benefits

- Qualifizierte Ausführung der operativen Prozesse und Services
- Integration von Service und Infrastruktur zur Erzeugung des "Customer Value"
- Sicherstellung von Betriebsbalance zwischen interner IT Sicht und externer Business Sicht
- Service Operation stellt die Services bereit und betreibt die Services gemäß vereinbarten Service Leveln

07

CONTINUAL SERVICE IMPROVEMENT

7.1 Einführung in Continual Service Improvement

Zielsetzung des Continual Service Improvement
Erhaltung und Verbesserung der Services und des Service Management zur Maximierung der Wertschöpfung für den Kunden und die Stakeholder.

Continual Service Improvement ist für die Identifikation und Implementierung von Aktivitäten zur Verbesserung der Services und der Service Management Prozesse zuständig. Im Fokus steht die Verbesserung der Unterstützung des Business Ergebnisses der Geschäftsprozesse. Ziel ist eine kontinuierliche Anpassung und Neuorientierung der Services an die sich immer schneller ändernden Businessanforderungen. Dies geschieht durch das Review und die Analyse der erreichten Service Level. Des Weiteren werden Empfehlungen für Verbesserungen der Servicequalität für jede Phase des Service Lifecycle erarbeitet. Diese Verbesserungen basieren somit auf übergreifenden Betrachtungen. Neben monetären Erwägungen (ROI – Return on Invest) spielen der erzeugte Mehrwert bezüglich weicher Faktoren und strategische Gesichtspunkte (VOI – Value of Investment) eine große Rolle.

7.2 Wichtige Grundbegriffe des Continual Service Improvement

Das Continual Service Improvement kennt vier Begrifflichkeiten, die im Zusammenhang mit den Ergebnissen des Service Improvement Verwendung finden:

Improvement (Verbesserung)
Unter einem Improvement versteht man ein positives Ergebnis aus der Prozessleistung bzw. der Serviceerbringung.
Beispiel: Die Reduzierung der Anzahl von fehlgeschlagenen Änderungen, die durch die Verbesserung eines etablierten Change Management erreicht wird.

Benefits (Vorteile)
Benefits sind die Effekte, die durch die Verbesserungen (Improvements) erzielt wurden.
Beispiel: Die Reduzierung der Anzahl von fehlgeschlagenen Änderungen hat dem Unternehmen 310.000 € Kosten für verlorene Produktivität und Nacharbeiten eingespart.

ROI – Return on Invest (Investitionsertrag)
Der ROI drückt die Differenz zwischen dem erzielten Benefit und den Kosten aus, die verursacht wurden, um den Benefit zu erwirtschaften. Dieser Faktor wird in der Regel in Prozent ausgedrückt. Den besten ROI erreicht man, wenn man mit einer kleinen Investition einen großen Benefit erzielen kann. Daher ist der ROI ein Faktor, mit dem die Güte einer Investition ausgedrückt werden kann.
Beispiel: Das Unternehmen hat 200.000 € für die Etablierung eines Change Management Prozesses ausgegeben. Dieser Change-Prozess hat dem Unternehmen im ersten Jahr eine Ersparnis von 370.000 € gebracht. Der ROI war demnach 170.000 € oder 85 %.

VOI – Value on Invest (Investitionswert)
Der zusätzliche nicht monetäre oder Langzeitwert durch die Etablierung von Benefits wird als VOI bezeichnet.

Beispiel: Das Unternehmen etabliert einen Change Management Prozess (der die Anzahl an fehlgeschlagenen Änderungen reduziert). Damit wird die Fähigkeit des Unternehmens gestärkt, kurzfristig auf Änderungen des Marktes zu reagieren.
Zusätzlich wird die Zusammenarbeit zwischen den einzelnen an den Änderungen beteiligten Business- und IT-Fachbereichen verbessert sowie der Ressourceneinsatz optimiert. Somit wird mit dem gleichen Ressourceneinsatz eine größere Anzahl von Aufgaben und Projekten bewältigt.

PDCA-Cycle (Deming Cycle)
Um Prozesse und Services mit einer entsprechenden Qualität designen und implementieren zu können, sind eindeutige Zielsetzungen und konkrete Vorstellungen bezüglich der zu erwartenden Ergebnisse erforderlich. Die Ergebnisse und die darüber hinaus möglichen Verbesserungen und Optimierungsansätze müssen nach einem strukturierten Verfahren kontrollierbar erzielt werden. Man spricht in der Praxis von einem „Process Continuous Improvement Cycle". Der Modellansatz, der diesem Verfahren zugrunde liegt, wird als Deming Cycle oder PDCA-Modell bezeichnet. In den 50er Jahren führte der amerikanische Professor W. E. Deming dieses Modell als einen der wichtigsten Mechanismen zur Qualitätsverbesserung in Japan ein. Die Japaner tauften den ursprünglichen Deming-Aktivitätenkreislauf im Unternehmen „Deming Cycle" und beschrieben damit einen kontinuierlichen Kreislauf der Verbesserung.

Der Deming Cycle wird in Qualitätsverbesserungsprozessen angewandt. Er besteht aus den vier Schritten Plan, Do, Check und Act, an die sich eine Konsolidierungsphase anschließt, die die schrittweise Verbesserung der IT-Prozesse vor einem Rückfall bewahrt. Während der Konsolidierungsphase führt die Organisation eine Bestandsaufnahme der erreichten Verbesserungen durch und stellt sicher, dass diese in den IT-Prozessen und Services verankert werden. Die Verbesserungen werden dokumentiert, um die Reproduzierbarkeit der Qualität zu gewährleisten und den erreichten Qualitätslevel schrittweise zu verbessern.

Continual Service Improvement Approach

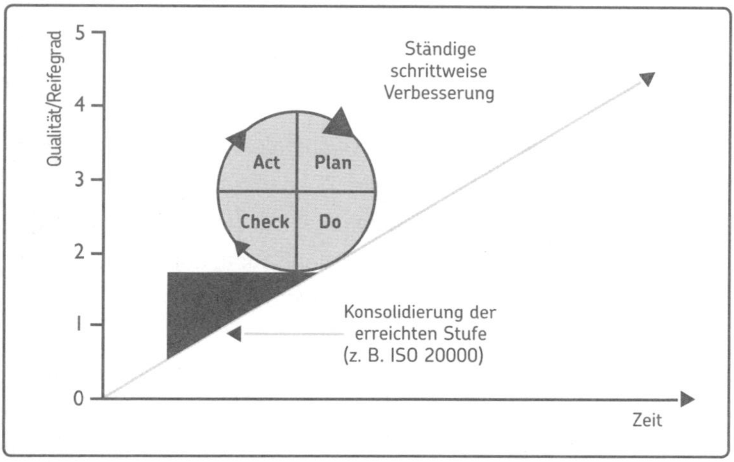

‹ Abb.
Deming Cycle / PDCA Zyklus

(Abb. 2.8 ITIL® Continual Service Improvement, Ausgabe 2011)

Continual Service Improvement Ansatz

Continual Service Improvement liefert praktische Hilfestellungen bei der Auswertung und Verbesserung der Services, des übergreifenden Reifegrads der Organisation und des gesamten Service Lifecycle inklusive der darunter liegenden Prozesse.

Es gibt viele unterschiedliche Möglichkeiten und Ansätze für Verbesserungen. Der Continual Service Improvement Ansatz beschreibt einen gleichbleibenden Management-Kreislauf für die Umsetzung von kontinuierlichen Verbesserungen.

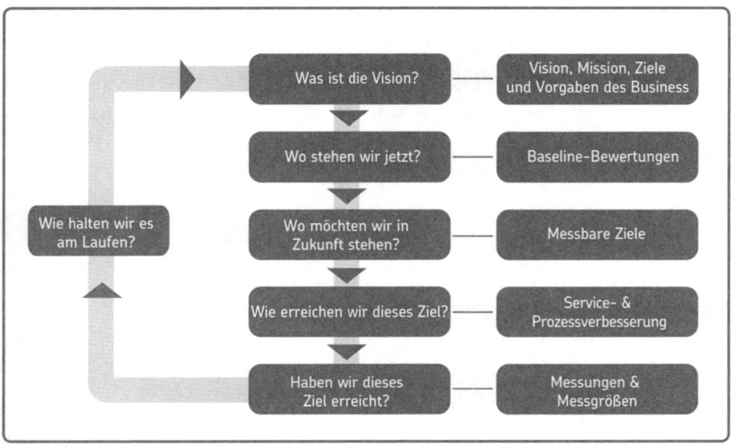

‹ Abb.
CSI Ansatz

(Abb. 3.1 ITIL® Continual Service Improvement, Ausgabe 2011)

Was ist die Vision?: Berücksichtigen der Vision für das Service Management, indem die übergreifenden Geschäftsziele verstanden werden. Die Vision muss in Übereinstimmung mit der Business- und Service-Strategie betrachtet werden.

Wo stehen wir jetzt?: Basierend auf einer unabhängigen Momentaufnahme wird die aktuelle Ausgangssituation betrachtet. Dieses Baseline-Assessment beinhaltet die Analyse der momentanen Situation des Business, der Organisation, der Menschen, der Prozesse, der Services und/oder der Technologie.

Wo möchten wir in Zukunft stehen?: Hier werden die Prioritäten und Ziele der Verbesserungsmaßnahmen festgelegt. Damit werden die messbaren Schritte auf dem Weg zur Umsetzung der Vision definiert.

Wie erreichen wir dieses Ziel?: Bei diesem Schritt wird der detaillierte CSI-Plan definiert, um eine höhere Service- oder Prozessqualität zu erreichen.

Haben wir dieses Ziel erreicht?: Bei diesem Schritt wird verifiziert, dass Messmethoden und Metriken etabliert sind, um den Fortschritt und die Zielerreichung der Verbesserungsmaßnahmen objektiv nachweisen zu können.

Wie halten wir es am Laufen?: Abschließend muss überprüft werden, ob die durchgeführten Maßnahmen in der Organisation verankert sind, sodass die erreichte Qualitätsverbesserung nachhaltig Wirkung zeigt.

Hauptgründe für Messungen
Es gibt vier Hauptgründe für das Durchführen von Monitoring und Messungen:

1. Validieren (to validate): Messen und Monitoring, um getroffene Entscheidungen zu validieren bzw. zu überprüfen.

2. Steuerung (to direct): Entscheidender Grund für Messungen! Lenken und Steuern der Aktivitäten auf Basis von zuvor definierten Zielen.

3. Rechtfertigung (to justify): Messungen liefern Begründungen, warum Aktivitäten notwendig sind.

4. Eingreifen (to intervene): Einschalten und Ausführen von Verbesserungsmaßnahmen an einem zuvor definierten Punkt.

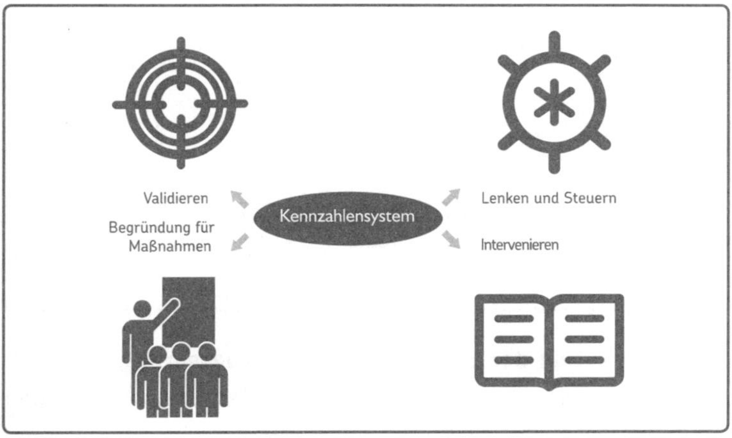

‹ **Abb.**
Warum messen wir?

(Abb. 3.3 ITIL® Continual Service Improvement, Ausgabe 2011)

Baseline
Die Baseline ist der dokumentierte und akzeptierte Startpunkt für spätere Vergleiche und GAP-Analysen. In der Regel wird die erste Messung zur Baseline. Baselines gibt es für strategische Ziele, die Prozessreife (taktisch) sowie Metriken und Key Performance Indikatoren (operationell).

7.3 Die Prozesse und Aktivitäten des Continual Service Improvement

Der Seven-Step Improvement Process

Einleitung und Zielsetzung

Der Seven-Step Improvement Process gibt eine konkrete Hilfestellung für die Umsetzung eines Verbesserungszyklus. In sieben Schritten wird beschrieben, wie – ausgehend von der Vision und Strategie - eine Verbesserung identifiziert und umgesetzt werden kann.

Prozessmodell

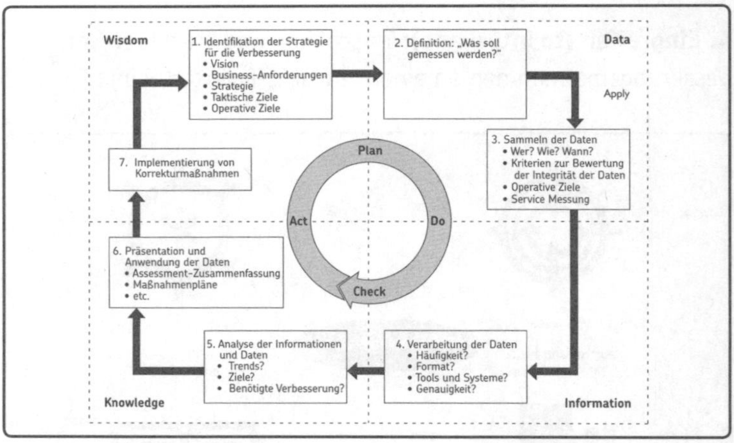

Abb. › Der Seven-Step Improvement Process

(Abb. 3.4 ITIL® Continual Service Improvement, Ausgabe 2011)

1. Identifikation der Strategie für die Verbesserung

Identifikation der übergreifenden Vision, der Businessziele, der Strategie sowie der taktischen und operativen Ziele.

2. Definition: „Was soll gemessen werden?"

Als zweiter Schritt des Verbesserungsprozesses wird eine Liste zusammengestellt, was für das Verbesserungsziel gemessen werden sollte. Was gemessen werden sollte, wird in der Regel durch die Business-Anforderungen bestimmt. Dabei sollte nicht versucht werden, jede Eventualität abzudecken, indem alle möglichen Metriken ausgewählt werden. Die Konzentration auf die Kennzahlen,

die eine wirkliche Aussage über das definierte Verbesserungsziel erlauben, ist ein wesentlicher Erfolgsfaktor.
Bei jeder Organisation gibt es Grenzen in Bezug auf Messmöglichkeiten und -parameter. Wenn etwas nicht gemessen werden kann, dann sollte es nicht Bestandteil eines SLA sein. Es ist sinnvoll, eine Liste mit den Metriken anzufertigen, die gemessen werden sollten, aber aktuell nicht gemessen werden können. Gegebenenfalls werden neue Tools benötigt oder es müssen Anpassungen vorgenommen werden, um die Vorausetzung für notwendige Messungen zu schaffen.

3. Sammeln der Daten
Sammeln bzw. Messen der Daten, um die Frage beantworten zu können: „Was erhalten wir?“ Die Daten werden zuerst erfasst (normalerweise durch Service Operation). Die Erfassung/Messung erfolgt auf Basis der definierten Ziele und Zielsetzungen. Die Messdaten liegen zu diesem Zeitpunkt im Rohformat ohne Zusammenfassungen bzw. Auswertungen vor. Eine Organisation muss drei unterschiedliche Typen von Daten sammeln, um die CSI-Aktivitäten umfassend zu unterstützen:

- Technische Metriken – Metriken auf Komponentenebene (z. B. Performance eines Servers)
- Prozess-Metriken – Key Performance Indikatoren der Service Management Prozesse (z. B. Anzahl erfolgreich durchgeführter Änderungen im Change Management)
- Service-Metriken – Metriken als Ergebnis einer End-to-End-Betrachtung des Service

4. Verarbeitung der Daten
Nach dem Zusammentragen müssen die Daten in das benötigte Format gebracht werden. Typischerweise werden an dieser Stelle Analyse- und Reporting-Technologien eingesetzt, um die Menge an Daten zu strukturieren und zu verarbeiten. Häufig werden die Daten in ein Format gebracht, dass eine End-to-End-Sicht auf die übergreifende Service Performance erlaubt.

5. Analyse der Informationen und Daten

Hier werden aus Daten Informationen generiert. Es werden Servicelücken sowie Trends analysiert und die Auswirkungen auf das Business ermittelt.

6. Präsentation und Anwendung der Daten

Die Informationen werden aufbereitet, um den verschiedenen Stakeholdern ein genaues Bild der Ergebnisse der Verbesserungsanstrengungen zu präsentieren. Dem Unternehmen werden die Informationen so präsentiert, dass die Bedürfnisse reflektiert werden und das Unternehmen in die Lage versetzt wird, die nächsten Schritte zu bestimmen.

7. Implementierung von Korrekturmaßnahmen

Das gewonnene Wissen ist die Grundlage für Serviceoptimierung und Implementierung von Korrekturmaßnahmen. Die Aufgabe des Managements ist, Probleme zu identifizieren und Lösungen zu präsentieren. Die Maßnahmen, die zur Serviceverbesserung ergriffen werden müssen, werden der Organisation erläutert und kommuniziert. Als Folge dieses Schrittes etabliert die Organisation eine neue Baseline und der Zyklus startet wieder.

7.4 Die Rollen im Continual Service Improvement

CSI-Aktivitäten sind dann erfolgreich, wenn spezifische Rollen und Verantwortlichkeiten definiert und gelebt werden. Potentiell sind diese Rollen keine Vollzeitpositionen. Trotzdem ist es ein wesentlicher Faktor für die erfolgreiche Umsetzung von CSI, dass diese Rollen identifiziert und mit den richtigen Kompetenzen besetzt werden.

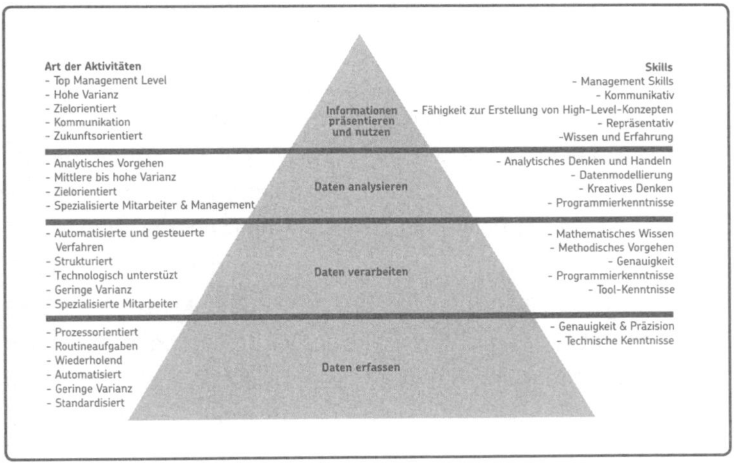

‹ Abb. Aktivitäten und Fertigkeiten für das CSI

(Abb. 6.1 ITIL® Continual Service Improvement, Ausgabe 2011)

CSI Manager

Diese Rolle ist erforderlich für ein erfolgreiches Verbesserungsprogramm. Der CSI Manager ist verantwortlich für den Erfolg aller Verbesserungsaktivitäten über den kompletten Service Lifecycle. Dieser zentrale Punkt der Verantwortlichkeit – kombiniert mit der notwendigen Kompetenz und Autorität – sorgt für ein erfolgreiches Verbesserungsprogramm. Er arbeitet eng mit den Service Ownern zusammen, um Verbesserungsmöglichkeiten zu identifizieren und zu priorisieren. Zusammen mit dem Service Level Manager stellt er sicher, dass die Monitoring-Anforderungen definiert sind und die Service Improvement Pläne zur Umsetzung kommen. Der CSI Manager stellt sicher, dass alle CSI-Aktivitäten koordiniert werden.

Service Owner

Der Service Owner ist verantwortlich für einen spezifischen Service, unabhängig davon, von wem die notwendigen technologischen Komponenten, Prozesse oder Ressourcen in der Organisation bereitgestellt werden. Die Service Ownership ist im Service Management genauso wichtig wie die Etablierung der Process Ownership. Der Service Owner repräsentiert den Service in der gesamten Organisation (z. B. im Change Advisory Board). Er ist der Eskalationspunkt für „Major Incidents" seines Services. Er unterstützt den Service Level Manager bei der Verhandlung der SLA's, OLA's und UC's.

Die hier beschriebenen Rollen stehen unter anderem für die Verkörperung der Konzepte einer serviceorientierten Organisation. Für den Betrieb einer klassischen, technologieorientierten Organisation wirken diese Rollen ggf. irrelevant oder überzogen. Für den Betrieb eines nach vorne denkenden, serviceorientierten Partners, sind diese Rollen jedoch für das Business äußerst wichtig. Verbesserungen entstehen nicht von alleine. Verbesserungen benötigen strukturierte Programme und Prozesse. Diese Rollen beschreiben die Verantwortlichkeiten für diese Verbesserungsprogramme und -aktivitäten.

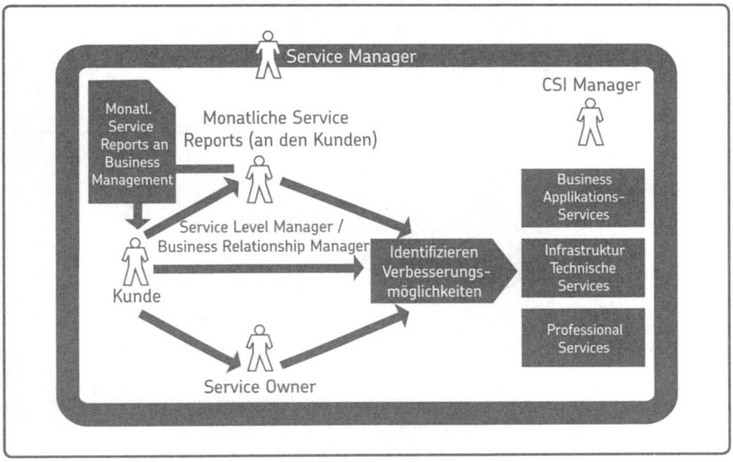

‹ Abb.
Service Management Rollen und Kunden-beteiligung

(Abb. 6.2 ITIL® Continual Service Improvement, Ausgabe 2011)

7.5 Zusammenfassung Continual Service Improvement

Ziele und Inhalte

- Kontinuierliche Anpassung und Neuorientierung der Services an die sich ändernden Businessanforderungen
- Review und Analyse der erreichten Service Level
- Erarbeitung von Empfehlungen in jeder Phase des Service Lifecycle
- Verbesserungen auf Basis übergreifender Betrachtungen
- Monetäre Betrachtung (ROI)
- verstärkte Betrachtung der Investition und Aufbau von Know-how und Soft Skills (VOI)

Basiskonzepte & Grundprinzipien

- PDCA-Modell (Deming)
- RACI Matrix
- Governance Modelle (Enterprise, Corporate, IT Governance)
- Metriken (Technik, Prozess, Service)
- CSI Model
- Monitoring Loop
- Business Value
- Service Reporting
- Service Measurement
- Service Level Management (CSI)
- ROI for CSI

Prozesse

- Seven-Step Improvement Process

Zentrale Rollen

- Service Manager
- CSI Manager
- Service Owner
- Reporting Analyst

Funktionen

Keine Funktionen vorhanden

Benefits

- Übergreifende Verbesserung der Qualität der Servicebereitstellung zur Unterstützung der Business-Prozesse
- Nachweisbarkeit des Abweichungsgrades zwischen Anforderungen und "Delivery"
- übergreifende Produktivitätssteigerung und Erhöhung der Effizienzpotenziale
- höhere Flexibilität für das Business durch klare und messbare Strukturen
- erhöhte Kundenzufriedenheit durch Qualitätskennzahlen gemäß Anforderung

Hinweis

Praxis-Beispiel Continual Service Improvement (CSI) – wie ein großer CRM-Anwender Serviceverbesserung & Einsparziele vereinbart

Nach dem Roll-Out einer neuen CRM-Lösung für ca. 11.000 Nutzer wurde die angestrebte neue Prozess-Qualität im Kundenservice zunächst nicht erreicht – trotz eingehaltener SLA und stabiler Applikation aus Sicht des IT-Betriebs.

Um das angestrebte Ziel zu erreichen, musste die IT-Unterstützung aus Business-Sicht messbar gemacht werden. Eingesetzt wurde dafür das Tool GW-TEL® INFRA-XS®. So wurde erkannt, dass die Einbindung der Lösung in die Systemumgebung mit über 100 Schnittstellen zu Ineffizienz bei der Geschäftsfallbearbeitung führte.

Zielwerte für die Qualität der IT-Unterstützung aus Prozess-Sicht wurden gesetzt – und technische Maßnahmen identifiziert, mit denen diese überprüfbar erreicht werden konnten.

Ein entscheidender Punkt für den Kundenservice war aber auch, dass durch die Vermeidung von Ineffizienzen jeden Monat über 130.000 € eingespart werden konnten – mehr dazu steht auf www.gwtel.de/csi.

08

DIE AUSWAHL EINES SM TOOLS

8.1 Einführung

Das Service Management mit ITIL braucht entsprechende Tools und Werkzeuge. Doch welches Tool ist das richtige für den jeweiligen Einsatzzweck und in welchem Umfang ist eine Software in der Lage, ITIL-Prozesse abzubilden? Um den „richtigen Weg" zum „richtigen Tool" aufzuzeigen, gibt es ein Vorgehensmodell, dass auf den folgenden Seiten erläutert wird.

8.2 Der Verlauf der Tool-Auswahl

Der ideale Verlauf der Tool-Auswahl kann in vier Phasen beschrieben werden.

Phasen	Aktivitäten	Ausübender	Ergebnisse
1. Phase Ist-Analyse	- Welche Software befindet sich im Einsatz? - Welche SM Aktivitäten sind etabliert?	- Kunde - auf Wunsch Unterstützung durch den Dienstleister: • Interviews beim Kunden • Branchen-SM-Templates	- Dokumentation der • genutzten Software • bestehenden SM Aktivitäten
2. Phase Soll-Konzept	- Welche Anforderungen bestehen an das Tool? - Welche Gewichtung wird den einzelnen Anforderungen zugeordnet?	- Vorschläge des Dienstleisters - Zustimmung des Kunden	- Individueller Anforderungskatalog - Bewertungsschema
3. Phase Informationsgewinnung	- Welche Tools kommen für den Kunden in Frage? (Grob-Filterung/Vorauswahl) - Wie soll der Fragenkatalog als Grundlage für die Tool-Demonstration aussehen?	- Vorauswahl durch den Dienstleister - Terminabsprache mit Tool-Herstellern durch den Kunden - SERVIEW und Kunde nehmen an den Tool-Demonstrationen teil	- Vorauswahl • maximal 3 bis 5 Tools - Individueller Fragenkatalog mit Ergebnissen der einzelnen Tool-Hersteller
4. Phase Entscheidung	- Welches Tool erweist sich im Ergebnis der (tool-gestützten) Auswertung als am besten geeignet? (Fein-Filterung) - Nimmt der Kunde die Entscheidung an?	- Empfehlung des Dienstleisters - Zustimmung des Kunden	- Individuelle, sachliche und nachvollziehbare Tool-Entscheidung

Tool-Implementierung: Kunde/Hersteller

^ Abb.
Vorgehensmodell zur Tool Evaluierung (Quelle: SERVIEW GmbH)

8.3 Phase I: Ist-Analyse

In der ersten Phase der Tool-Auswahl steht die Aufnahme der für jedes Unternehmen individuellen Ist-Situation, im Zusammenhang mit der Tool-Evaluierung im Vordergrund.

Folgende Gesichtspunkte sollten hier betrachtet werden:

- Welche Tools befinden sich bereits im Einsatz? Hier spielen nicht nur prozessunterstützende Tools eine Rolle. Auch Tools aus dem operativen IT-Infrastruktur und System-Management müssen mit betrachtet werden.
- Welche Tool- und Herstellerstrategie wird im Unternehmen bzw. der IT-Organisation verfolgt?
- Welche Daten sind wo und in welchem Format vorhanden?
- Einsatzgebiete der vorhandenen Tools (z. B. System Management, Softwareverteilung etc.)
- Welches Know-how ist in Bezug auf die eingesetzten Tools bei den Mitarbeitern der IT-Organisation vorhanden?
- Welche der o. g. Tools müssen/sollen/können ersetzt werden?
- Welche Service Management-Prozesse und -Aktivitäten sind etabliert? Hierbei spielen auch nicht in ITIL definierte oder nicht ITIL-konform implementierte Prozesse eine wichtige Rolle, die in der IT-Organisation vorhanden sind.
- Werden die Services von internen oder externen Dienstleistern ausgeführt?

Zum Abschluss der ersten Phase müssen die gesammelten Erkenntnisse festgehalten und zur Verwendung in den nachfolgenden Schritten aufgearbeitet werden.

8.4 Phase II: Soll-Konzept

Das Ziel der zweiten Phase ist die Erarbeitung eines individuellen Anforderungskatalogs sowie eines Bewertungsschemas für die spätere Evaluierung und Auswahl des Service Management Tools. Im Rahmen der Anforderungsdefinition an das Tool werden im Wesentlichen die folgenden Punkte berücksichtigt:

- Welche Service Management-Prozesse und -Aktivitäten sollen durch das Tool unterstützt bzw. abgebildet werden?
- Welche Benefits und Ziele sollen durch den Einsatz des Tools erreicht werden? Hierbei ist es wichtig, nur Ziele zu definieren, die klar messbar und spezifisch sind.
- Welche nicht technischen und SM-orientierten Rahmenbedingungen müssen bei der Tool-Auswahl beachtet werden (z. B. Budget, Zeit, geplanter bzw. möglicher interner und externer Ressourceneinsatz)?
- Definition und Dokumentation der gewünschten Funktionalitäten und Rahmenbedingungen
- Müssen alle geforderten Funktionalitäten in einem Tool abgebildet werden oder kann eine Kombination von verschiedenen Tools zum Einsatz kommen?
- Gewünschtes Lizenzierungsmodell (z. B. Kauf oder Leasing, Concurrent Licensing etc.)
- Muss die Abbildung der SM-Prozesse im Tool ITIL-konform sein?
- In welcher Form sollen die SM-Aktivitäten abgebildet werden (z. B. Eskalationen, Priorisierungsmatrix etc.)?
- Konfigurationsmöglichkeiten
- Support durch den Tool-Hersteller
- Technische Rahmenbedingungen (z. B. Datenformate, Schnittstellen, Technologie etc.)

Nachdem der individuelle Anforderungskatalog zusammengestellt wurde, müssen die einzelnen Leistungskriterien über eine Gewichtung priorisiert werden. Wie detailliert diese Gewichtung ausgearbeitet werden muss, hängt im Wesentlichen von der Komplexität des Anforderungskataloges ab.

Abschließend wird aus der Kombination Gewichtung und Leistungskatalog ein Bewertungsschema erstellt, dass die Grundlage für die spätere Auswahl des Service Management Tools darstellt.

8.5 Phase III: Informationsgewinnung

Derzeit sind weit über 150 unterschiedliche Toolsets am Markt erhältlich. Um eine effiziente Tool-Auswahl durchführen zu können, ist als erster Schritt eine Grobfilterung der angebotenen Tools notwendig. Am Ende dieser Grobauswahl sollte eine Beschränkung auf maximal fünf potentielle Kandidaten vorgenommen worden sein. Über die Kandidaten, die in der Vorauswahl übrig geblieben sind, werden anschließend Informationen nach den Vorgaben eines vorgefertigten Fragenkatalogs eingeholt. Hierbei ist es sehr wichtig, die Informationen in einer einheitlichen Form abzufragen, sodass die gewonnenen Erkenntnisse über die verschiedenen Produkte miteinander vergleichbar sind.

8.6 Phase IV: Entscheidung

Auf Grundlage des in Phase II erarbeiteten Leistungskatalogs bzw. Bewertungsschemas und der in Phase III gewonnenen Informationen wird nun eine Entscheidungsvorlage erarbeitet.
Die Auswertung wird zeigen, welches Tool unter Berücksichtigung der im Vorfeld festgelegten Kriterien am besten für die Erfüllung der definierten Ziele geeignet ist.

Die auf Grundlage dieses Vorgehensmodells getroffene Entscheidung für ein Service Management Tool birgt die folgenden Eigenschaften in sich:

- sachlich auf Fakten beruhend
- jederzeit nachvollziehbar
- auf den individuellen funktionalen und nicht funktionalen Anforderungen des Unternehmens und der Organisation beruhend

Hinweis

Über TOPdesk: Unternehmen und Produkte

TOPdesk ist ein internationales Softwareunternehmen im Bereich Helpdesk und IT-Servicemanagement, welches 1993 in Holland gegründet wurde. In weniger als 20 Jahren hat sich TOPdesk zu einem Marktführer der Branche entwickelt. Im Hauptsitz Delft und den sechs weiteren Standorten Kaiserslautern (DE), London (UK), Antwerpen (BE), Budapest (HU), Kopenhagen (DK) und São Paulo (BR) beschäftigt das Unternehmen rund 500 Mitarbeiter. Von der Entwicklung, dem Vertrieb, der Implementierung bis hin zum Support ist alles in eigener Hand. Seit der Firmengründung hat TOPdesk bereits über 4.000 Kunden in mehr als 45 Ländern gewonnen. Der 2004 in Kaiserslautern gegründete Standort betreut alle Kunden und Interessenten im deutschsprachigen Raum.

TOPdesk orientiert sich am ITIL-Standard, ist Pink Verify-zertifiziert und ISO/SOX-Compliant. Die Produkte sind 100% webbasiert und zeichnen sich durch modernes Design, benutzerfreundliche Handhabung und pragmatische Lösungsansätze aus. Hauptsächlich richtet sich TOPdesk an IT-Abteilungen und Helpdesks. Durch eine große Auswahl an Erweiterungsmodulen werden Bereiche des Servicemanagements abgedeckt, die vom klassischen Helpdesk abweichen: Bestellungen, Reservierungen, Facility-Servicemanagement, Wartungsarbeiten, HR und vieles mehr. Für all diese Abteilungen muss keine zusätzliche Software gekauft werden. Durch das Rollen- und Rechtesystem arbeitet jede Abteilung nur mit den für sie relevanten Daten. Als Standardlösung erfolgt die Einführung von TOPdesk beim Kunden schnell, einfach und planungssicher. Erfahrene Berater implementieren in kürzester Zeit gemeinsam mit den Kunden, um diese nicht in einer Abhängigkeit zurückzulassen. Sollten dennoch Fragen aufkommen, steht ein kompetentes Support-Team telefonisch oder per Web zur Verfügung. Bei individuellen Kundenwünschen, die über die Standardfunktionalitäten von TOPdesk hinausgehen, hilft die Abteilung Technical Solution Engineering mit ihren technischen Lösungen gerne weiter.

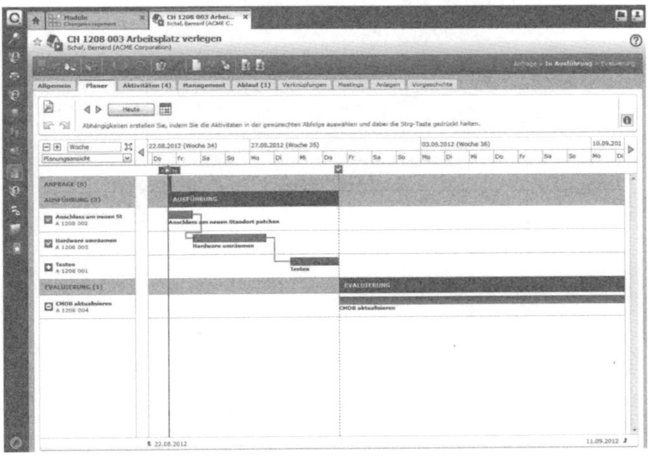

09

SERVIEW CERTIFIEDTOOL

9.1 SERVIEW CERTIFIEDTOOL

SERVIEW steht für Neutralität, Kompetenz und Qualität

Als unabhängige Unternehmensberatung beobachtet und analysiert SERVIEW den Markt für Softwarelösungen im Bereich "Best Management Practices". In Beratungsprojekten, Softwarevergleichsstudien und auf Fachtagungen bringt SERVIEW mit der Auszeichnung SERVIEW CERTIFIEDTOOL Transparenz und Vergleichbarkeit in den Best Management Practice-Softwaremarkt (ITIL®, PRINCE2®, MSP® etc.). Dabei ist SERVIEW strikt neutral gegenüber Software-Anbietern. Dies bedeutet, dass keine Gebühren für die Aufnahme in Studien, für die Auszeichnung SERVIEW CERTIFIEDTOOL oder Provisionen bei der Empfehlung von Software erhoben werden. SERVIEW bietet auch keine Implementierung von Software an, um keine internen Interessen zu erzeugen.

SERVIEW CERTIFIEDTOOL steht für ausgezeichnete Softwarelösungen für ITIL®, PRINCE2®, MSP® und Co.

Entgegen allen anderen auf dem Markt befindlichen „Gütesiegeln“ für Softwarelösungen ist die Auszeichnung SERVIEW CERTIFIEDTOOL kostenlos. Das bedeutet, dass man sich diese Auszeichnung mit keinem Geld der Welt erkaufen kann. Hersteller einer Software Lösung im Bereich Best Management Practice müssen sich den Kriterien von SERVIEW CERTIFIEDTOOL stellen und die sehr hohen Anforderungen nachweislich erfüllen, nur dann wird die Auszeichnung durch die SERVIEW vergeben.

Hersteller müssen Qualität beweisen

Die Lösung wird anhand des SERVIEW CERTIFIEDTOOL Assessment-Kriterien einer ausführlichen Analyse unterzogen. Dazu zählt auch eine Präsentation der Lösung im Live-Betrieb.

Der Weg zur Auszeichnung

Die vier Schritte zur Auszeichnung SERVIEW CERTIFIEDTOOL:

Schritt 1: Bewerbung

Eine Bewerbung ist ein Leistungsangebot, mit dem der Bewerber den Adressaten davon überzeugen will, dass er sich für eine bestimmte Aufgabe eignet.

Schritt 2: Bewertung

Eine Bewertung ist ein Verfahren, das nach SERVIEW CERTIFIEDTOOL festgelegten Kriterien zur Bewertung der Qualität der Service Management Lösung dient. Hierzu wird ein standardisiertes Assessment durchgeführt

Schritt 3: Beurteilung

Eine Beurteilung ist eine Wahrnehmung eines Sachverhaltes. Hier wird nun nach Auswertung des Assessments von den SERVIEW CERTIFIEDTOOL Experten über die Vergabe des Gütesiegels entschieden.

Schritt 4: Bekanntmachung

Eine Bekanntmachung dient der Information, der Werbung oder der Vermittlung. Die erhaltene Auszeichnung SERVIEW CERTIFIEDTOOL wird durch gezielte Informationsverteilung über unsere Webseite Ihrem Zielpublikum bekannt gemacht.

www.serview.de

Hinweis

FrontRange Hybrid Service Management

Cloud Services und Enterprise Mobility führen zunehmend zur Kombination herkömmlicher IT-Infrastrukturen mit Cloud-Services. Neben den klassischen Systemen müssen vermehrt in der Cloud genutzte Anwendungen berücksichtigt werden. Viele Firmen verwenden dazu mehrere Systeme parallel. Ein Nachteil: Unterschiedliche Plattformen können sich zu organisatorischen Silos entwickeln, die nicht vollständig interoperabel sind. Lösungen wie HEAT Service Management von FrontRange, mit der sich sowohl On-Premise- als auch Cloud-Anwendungen verwalten lassen, sind hierfür ideal.

Einfacher Wechsel zwischen Cloud und On-Premise

Ein Wechsel von der Cloud zum On-Premise-Modell oder umgekehrt ist jederzeit ohne aufwendige Migrationsprozesse und damit verbundenen großen Ressourcen- oder Kosteneinsatz möglich. Zudem bietet der hohe Automatisierungsgrad vorkonfigurierte Abläufe, die ohne spezielle Programmierkenntnisse an die Gegebenheiten angepasst werden können. Dadurch bleibt der Implementierungsaufwand gering und die Servicequalität kann verbessert werden.

Unified Endpoint Management

Zusätzlich ermöglichen ergänzende Lösungen wie HEAT Unified Endpoint Management der IT-Abteilung, auch ihre Infrastruktur – egal ob Desktop oder mobiles Endgerät – mit einer einzigen Plattform zu verwalten. Wiederkehrende Aufgaben wie die Installation von Betriebssystemen oder Updates lassen sich automatisieren, Compliance-Richtlinien leichter durchsetzen und Clients während des gesamten Lebenszyklus verwalten. Der Vorteil: ein geringerer administrativer Aufwand und produktivere Endanwender.

Für die Zukunft gerüstet

Um für zukünftige Anforderungen gerüstet zu sein, sollten Unternehmen Lösungen wählen, die sich flexibel – sowohl On-Premise als auch in der Cloud – an ihre Bedürfnisse anpassen und mit der Firma wachsen können. Dadurch profitieren alle Mitarbeiter von Service Management, das den gesamten ITIL Service Lifecycle abdeckt.

www.frontrange.com

Diese Lösung ist SERVIEW CertifiedTool ausgezeichnet.

SERVIEW CERTIFIED TOOL

10

WICHTIGE ORGANISATIONEN

AXELOS
www.axelos.com

AXELOS ist ein Joint Venture zwischen dem Cabinet office (eine Behörde der britischen Regierung) und dem Unternehmen Capita plc. AXELOS betreibt das Best Management Portofolio inkl. PRINCE2® und ITIL®.

PEOPLECERT
www.peoplecert.org

PEOPLECERT ist einer der führenden Zertifizierungsanbieter, vertreten in 135 Ländern. Das PEOPLECERT Portfolio umfasst die Best Practice Frameworks wie u. a. ITIL, PRINCE2, MSP, M_o_R, P3M3, P3O, MoP und MOV. In Zusammenarbeit mit einem globalen Netzwerk von führenden Bildungseinrichtungen bietet PEOPLECERT ihre preisgekrönte Online-proctoring Services.

SERVIEW CERTIFIEDTOOL
www.serview.de

SERVIEW CERTIFIEDTOOL ist das weltweite Gütesiegel für alle Best Management Practice Softwarelösung. Mit der Auszeichnung demonstrieren Hersteller, dass ihre Lösung das Etablieren von Business IT Alignment unterstützt.

SERVIEW
www.serview.de

SERVIEW ist die unabhängige Managementberatung die außergewöhnliche Persönlichkeiten anzieht, begeistert und weiterentwickelt. Für diese Menschen und Organisationen erbringt SERVIEW Consulting- und Trainingsdienstleistungen zum Aufbau passgenauer Kompetenzen. Die nationalen und internationalen Klienten schätzen gleichermaßen die Marktführerschaft und Expertise, sowie das Streben nach echten Partnerschaften.

11

GLOSSAR

A

Abhängigkeit (dependency)
Die direkte oder indirekte wechselseitige Beziehung, auf die sich Prozesse oder Aktivitäten stützen.

Abnahme (acceptance)
Formale Vereinbarung, dass ein IT Service, ein Prozess, ein Plan oder ein anderes Ergebnis vollständig, genau und zuverlässig ist und den dafür angegebenen Anforderungen gerecht wird. Vor der Abnahme erfolgen in der Regel Change Evaluations oder Tests. Häufig ist eine Abnahme für den Übergang zur nächsten Phase eines Projekts oder Prozesses erforderlich. Siehe Serviceabnahmekriterien.

Abschluss (closure)
(ITIL Service Operation)
Ändern des Status eines Incident, Problems, Change etc. in „Geschlossen".

Abschreibung (depreciation)
(ITIL Service Strategy)
Eine Maßnahme in Bezug auf die Wertminderung eines Asset im Laufe der Asset-Lebensdauer. Diese basiert auf der Abnutzung, dem Verbrauch oder einer anderen Minderung des nutzbaren ökonomischen Werts.

Abweichung (variance)
Der Unterschied zwischen einem geplanten und dem tatsächlich gemessenen Wert. Der Begriff ist vor allem im Financial Management, Capacity Management und Service Level Management gebräuchlich, kann jedoch auch in jedem anderen Bereich verwendet werden, in dem mit Plänen gearbeitet wird.

Access Management
(ITIL Service Operation)
Der Prozess, der für die Zulassung der Nutzung von IT Services, Daten und anderen Assets durch Anwender verantwortlich ist. Das Access Management bietet Unterstützung beim Schutz der Vertraulichkeit, Integrität und Verfügbarkeit von Assets, indem sichergestellt wird, dass nur berechtigte Anwender auf die jeweiligen Assets zugreifen oder Modifikationen an diesen vornehmen können. Das Access Management setzt die Richtlinie des Information Security Managements um und wird teilweise auch als Berechtigungs-Management oder Identity Manage-

ment (Identitäts-Management) bezeichnet.

Account Manager
(ITIL Service Strategy)
Eine Rolle mit vielen Parallelen zum Business Relationship Manager, bei der jedoch verstärkt kommerzielle Aspekte einbezogen werden. Wird häufig durch Typ III Service Provider in Verbindung mit externen Kunden eingesetzt.

Akkreditiert (accredited)
Offiziell zur Übernahme einer Rolle autorisiert. Eine akkreditierte Organisation kann beispielsweise dazu berechtigt sein, Schulungen anzubieten oder Audits durchzuführen.

Aktives Monitoring (Aktive Überwachung) - (active monitoring)
(ITIL Service Operation)
Monitoring eines Configuration Item oder eines IT Service, bei dem eine automatisierte und regelmäßige Prüfung zur Feststellung des aktuellen Status vorgenommen wird. Siehe Passives Monitoring.

Aktivität (activity)
Eine Gruppe von Aktionen, anhand derer ein bestimmtes Ergebnis erzielt werden soll. Aktivitäten werden in der Regel als Teil von Prozessen oder Plänen definiert und als Verfahren dokumentiert.

Alarm (alert)
(ITIL Service Operation)
Eine Warnung, dass ein Grenzwert erreicht oder eine Änderung vorgenommen wurde bzw. dass ein Ausfall aufgetreten ist. Ein Alarm wird häufig über System Management Tools erstellt und gemanagt; das Management erfolgt im Event Management Prozess.

Allmähliche Wiederherstellung (gradual recovery)
(ITIL Service Design)
Eine Wiederherstellungsoption, die auch als „Cold Standby“ bezeichnet wird. Bei der allmählichen Wiederherstellung werden in der Regel bewegliche oder feste Anlagen eingesetzt, die über eine Umgebungsunterstützung und Netzwerkkonnektivität, allerdings über keine Computersysteme verfügen. Die Installation der Hardware und Software erfolgt im Rahmen des IT Service Continuity Plans. Die

allmähliche Wiederherstellung benötigt typischerweise mehr als drei Tage, kann jedoch erheblich länger dauern.

Analytisches Modelling (analytical modelling)
(ITIL Continual Service Improvement) (ITIL Service Design) (ITIL Service Strategy)
Eine Technik, die mathematische Modelle einsetzt, um das Verhalten eines Configuration Item oder IT Service zu prognostizieren. Analytische Modelle werden häufig im Capacity Management und Availability Management eingesetzt. Siehe Modelling; Simulations-Modelling.

Anforderung (requirement)
(ITIL Service Design)
Die formale Formulierung dessen, was benötigt wird. Zum Beispiel eine Service Level Anforderung, eine Projektanforderung oder die Anforderung der erforderlichen Ergebnisse für einen Prozess. Siehe Statement of Requirements.

Anlagegut (fixed asset)
(ITIL Service Transition)
Ein greifbares Business-Asset mit einer langfristigen Nutzungsdauer (z. B. ein Gebäude, ein Grundstück, ein Server oder eine Softwarelizenz). Siehe Service Asset; Configuration Item.

Anlagenaktivierung (capitalization)
(ITIL Service Strategy)
Identifizieren umfassender Kosten als Kapital, auch wenn kein Asset erworben wird. Dient dem Zweck, die Auswirkungen der Kosten über mehrere Kostenrechnungszeiträume hinweg zu verteilen. Das häufigste Beispiel dafür ist die Software-Entwicklung oder der Erwerb einer Softwarelizenz.

Anruf, aber 'first call' = 'Erstkontakt' (call)
(ITIL Service Operation)
Ein Telefonanruf von einem Anwender am Service Desk. Ein Anruf kann zu einer Erfassung eines Incident oder eines Service Request führen.

Anruftyp (call type)
(ITIL Service Operation)
Eine Kategorie, die verwendet wird, um eine Unterscheidung zwischen den eingehenden Anforderungen an einem Service Desk zu treffen. Zu den häufigen Anruftypen gehören Incidents, Service Requests und Beschwerden.

Antwortzeit (response time)
Die Zeitspanne, die zur Durchführung eines Betriebsablaufs oder einer Transaktion erforderlich ist. Wird beim Capacity Management als Maß der IT-Infrastruktur-Performance verwendet und gibt beim Incident Management die Zeit an, die zur Annahme eines Anrufs oder für die Einleitung einer Diagnose verwendet wird.

Anwender (user)
Eine Person, die einen IT Service im Rahmen ihrer täglichen Aufgaben einsetzt. Anwender sind von Kunden zu unterscheiden, da manche Kunden die IT Services nicht unmittelbar nutzen.

Anwenderprofil (User Profile, UP)
(ITIL Service Strategy)
Ein Muster, das den Bedarf eines Anwenders an IT Services wiedergibt. Jedes Anwenderprofil beinhaltet ein oder mehrere Business-Aktivitätsmuster.

Anwendung (application)
Software, die die von einem IT Service benötigten Funktionen bereitstellt. Jede Anwendung kann Teil eines oder mehrerer IT Services sein. Eine Anwendung wird auf einem oder mehreren Servern oder Clients ausgeführt. Siehe Application Management; Anwendungsportfolio.

Anwendungsportfolio (application portfolio)
(ITIL Service Design)
Eine Datenbank oder ein strukturiertes Dokument, mit der bzw. dem Anwendungen während ihres gesamten Lebenszyklus gemanagt werden. Das Anwendungsportfolio enthält die wichtigsten Attribute aller Anwendungen. Das Anwendungsportfolio wird manchmal als Teil des Serviceportfolios oder als Teil des Configuration Management System implementiert.

Application Management
(ITIL Service Design) (ITIL Service Operation)
Die Funktion, die für das Management von Anwendungen während ihres gesamten Lebenszyklus verantwortlich ist.

Application Service Provider (ASP)
(ITIL Service Design)
Ein externer Service Provider,

der IT Services mithilfe von Anwendungen bereitstellt, die in den Geschäftsräumen des Service Providers ausgeführt werden. Der Zugriff der Anwender auf diese Anwendungen erfolgt über Netzwerkverbindungen zum Service Provider.

Application Sizing (Kapazitätsermittlung für neue oder geänderte Anwendungen)
(ITIL Service Design)
Die Aktivität, mit der Informationen zu den Anforderungen an die Ressourcen ermittelt werden, die für die Unterstützung einer neuen Anwendung oder für die Durchführung umfassender Changes in vorhandenen Anwendungen erforderlich sind. Das Application Sizing soll dabei sicherstellen, dass der IT Service die vereinbarten Service Level Ziele für die Kapazität und die Performance erreicht.

Arbeitsanweisung (work instruction)
Ein Dokument, das detaillierte Anweisungen dazu enthält, welche Schritte zum Ausführen einer Aktivität befolgt werden müssen. Eine Arbeitsanweisung enthält wesentlich mehr Details als ein Verfahrensdokument und wird nur dann erstellt, wenn sehr detaillierte Anweisungen erforderlich sind.

Arbeitsauftrag (work order)
Ein formaler Auftrag eine definierte Aktivität auszuführen. Arbeitsaufträge werden häufig durch das Change Management und das Release and Deployment Management eingesetzt, um Aufträge an Technical Management oder Application Management Funktionen weiterzuleiten.

Architektur (architecture)
(ITIL Service Design)
Die Struktur eines Systems oder IT Service einschließlich der Beziehungen zwischen den Komponenten untereinander und der Beziehungen zur zugehörigen Umgebung. Die Architektur schließt auch Standards und Leitlinien ein, an denen sich das Design und die Entwicklung des Systems ausrichten.

Assessment
(ITIL Service Strategy)
Bezeichnung für jedwede Ressource oder Fähigkeit. Die Assets eines Service Providers

umfassen alle Elemente, die zur Erbringung eines Service beitragen können. Es werden folgende Asset-Typen unterschieden: Management, Organisation, Prozess, Wissen, Mitarbeiter, Informationen, Anwendungen, Infrastruktur und finanzielles Kapital. Siehe Kunden-Asset; Service Asset; Strategisches Asset.

Asset Management
(ITIL Service Transition)
Eine generische Aktivität oder ein generischer Prozess, die bzw. der für die Verfolgung und das Berichten der Werte und Besitzverhältnisse von Assets während ihres gesamten Lebenszyklus verantwortlich ist. Siehe Service Asset and Configuration Management; Verwaltung des Anlagevermögens; Software Asset Management.

Asset-Register (asset register)
(ITIL Service Transition)
Eine Liste mit Anlagegütern, inklusive Angaben zu deren Besitz verhältnissen und Werten. Siehe Verwaltung des Anlagevermögens.

Asset-Spezifität (asset specificity)
(ITIL Service Strategy)
Eine oder mehrere Eigenschaften eines Assets, die es besonders für einen bestimmten Zweck geeignet machen. Die Asset-Spezifität kann die Nutzung des Assets für andere Zwecke begrenzen.

Attribut (attribute)
(ITIL Service Transition)
Eine Information zu einem Configuration Item. Beispiele dafür sind der Name, der Standort, die Versionsnummer und Kosten. Attribute von CIs werden in der Configuration Management Database (CMDB) erfasst und als Teil eines Configuration Management Systems (CMS) gepflegt. Siehe Beziehung; Configuration Management System (CMS).

Audit
Formale Überprüfung und Analyse, um festzustellen, ob ein Standard oder ein Satz an Leitlinien eingehalten wird, ob Records korrekt sind oder ob die Ziele in Bezug auf die gewünschte Effizienz und Effektivität erreicht wurden. Ein Audit kann von internen oder

externen Gruppen durchgeführt werden. Siehe Assessment; Zertifizierung.

Ausfall (failure)
(ITIL Service Operation)
Verlust der Fähigkeiten, den Betrieb gemäß der Spezifikationen aufrechtzuerhalten oder den erforderlichen Output zu liefern. Der Begriff „Ausfall" kann in Bezug auf IT Services, Prozesse, Aktivitäten, Configuration Items etc. verwendet werden.

Ausfallsicherheit (resilience)
(ITIL Service Design)
Die Resistenz eines Configuration Item oder IT Service gegen Ausfälle bzw. dessen schnelle Wiederherstellbarkeit nach einem Ausfall. Zum Beispiel ein verstärktes Kabel, das auch unter hohen mechanischen Belastungen funktioniert. Siehe Fehlertoleranz.

Ausfallzeit (downtime)
(ITIL Service Design)
(ITIL Service Operation)
Der Zeitraum, in dem ein Configuration Item oder IT Service während der vereinbarten Servicezeit nicht verfügbar ist. Die Verfügbarkeit eines IT Service wird häufig mithilfe der vereinbarten Servicezeit und der Ausfallzeit berechnet.

Auslastung (workload)
Die Ressourcen, die zur Bereitstellung eines identifizierbaren Teils eines IT Services erforderlich sind. Auslastungen können nach Anwendern, Anwendergruppen oder Funktionen innerhalb des IT Service kategorisiert werden. Diese Größe wird zur Unterstützung bei der Analyse und dem Management der Kapazität, Performance und Nutzung von Configuration Items und IT Services eingesetzt. Der Begriff „Auslastung" wird gelegentlich als Synonym für Durchsatz verwendet.

Auslastungsgrad (percentage utilization)
(ITIL Service Design)
Die Zeitdauer, während der eine Komponente über einen bestimmten Zeitraum eingesetzt wird. Wenn ein Prozessor im Zeitraum von einer Stunde 1.800 Sekunden lang arbeitet, besteht ein Auslastungsgrad von 50 %.

Auslösen (invocation)
(ITIL Service Design)
Initiierung der Schritte, die in einem Plan definiert sind. Beispielsweise das Initiieren des IT Service Continuity Plans für einen oder mehrere IT Services.

Ausnahmebericht (exception report)

Ein Dokument, das Details zu einem oder mehreren KPIs oder anderen wichtigen Zielen enthält, bei denen definierte Grenzwerte überschritten wurden. Beispiele dafür sind nicht eingehaltene oder gefährdete SLA-Ziele, oder eine Performance-Messgröße, die auf ein potenzielles Kapazitätsproblem hinweist.

Auswirkung (impact)

(ITIL Service Operation)
(ITIL Service Transition)

Ein Maß für die Folgen eines Incident, Problems oder Change auf die Business-Prozesse. Die Auswirkung basiert häufig darauf, inwieweit Service Levels betroffen sind. Mithilfe der Auswirkung und der Dringlichkeit erfolgt die Zuweisung einer Priorität.

Automatic Call Distribution (Automatische Anrufverteilung, ACD)

(ITIL Service Operation)

Weiterleiten eines eingehenden Telefonanrufs an die geeignetste Person innerhalb der kürzest möglichen Zeit mithilfe der Informationstechnologie. ACD wird auch als Automated Call Distribution (Automatisierte Anrufverteilung) bezeichnet.

Availability Management (AM)

(ITIL Service Design)

Der Prozess, der verantwortlich dafür ist, sicherzustellen dass die IT Services den aktuellen und zukünftigen Business-Bedarf nach Verfügbarkeit wirtschaftlich und zeitnah erfüllen. Das Availability Management definiert, analysiert, plant, misst und verbessert alle Aspekte der Verfügbarkeit von IT Services. Weiterhin wird sichergestellt, dass die gesamte IT-Infrastruktur, sowie sämtliche Prozesse, Hilfsmittel und Tools, Rollen etc. für die vereinbarten Service Level Ziele eine entsprechende Verfügbarkeit ermöglichen. Siehe Availability Management Information System.

Availability Management Information System (AMIS)

(ITIL Service Design)

Eine Kombination von Tools, Daten und Informationen, die zur Unterstützung des Availability Management genutzt werden. Siehe Service Knowledge Management System.

Availability-Plan (Verfügbarkeitsplan)
(ITIL Service Design)
Ein Plan, mit dem sichergestellt wird, dass bestehende und zukünftige Verfügbarkeitsanforderungen für IT Services unter Berücksichtigung der Wirtschaftlichkeit bereitgestellt werden können.

B

Backout
(ITIL Service Transition)
Eine Aktivität, die einen Service oder ein anderes Configuration Item in den Zustand einer früheren Baseline wiederherstellt. Backout wird als eine Form der Fehlerkorrektur genutzt, wenn ein Change oder Release nicht erfolgreich ist.

Backup (Sicherung)
(ITIL Service Design)
(ITIL Service Operation)
Kopieren von Daten zum Schutz vor Verlust der Integrität oder zur Sicherstellung der Verfügbarkeit der ursprünglichen Daten.

Balanced Scorecard
(ITIL Continual Service Improvement)
Ein Management-Werkzeug, das von Dr. Robert Kaplan (Harvard Business School) und Dr. David Norton entwickelt wurde. Mit einer Balanced Scorecard kann eine Strategie in Key Performance Indicators unterteilt werden. Anhand der Performance im Vergleich mit den KPI's wird dargestellt, wie gut die Strategie umgesetzt werden konnte. Eine Balanced Scorecard verfügt über vier Hauptbereiche, von denen jeder eine kleinere Anzahl von KPI's umfasst. Diese vier Bereiche werden mit unterschiedlichem Detaillierungsgrad innerhalb der gesamten Organisation genauer untersucht.

Barwert-Methode (Net Present Value, NPV)
(ITIL Service Strategy)
Eine Technik zur Unterstützung von Entscheidungen zu Investitionsausgaben. Die Barwert-Methode vergleicht Barmittel-Zuflüsse mit Barmittel-Abflüssen. Ein positiver Barwert weist auf eine lohnenswerte Investition hin.
Siehe Interne Zinsfuß-Methode; Return on Investment.

Baseline
(ITIL Continual Service Improvement)
(ITIL Service Transition)

Ein Snapshot, der als Referenzpunkt verwendet wird. Viele Snapshots werden ggf. im Laufe der Zeit erfasst, jedoch werden nur einige als Baseline genutzt. Zum Beispiel:

- Mit einer ITSM-Baseline als Ausgangspunkt können die Folgen eines Serviceverbesserungsplans gemessen werden.
- Mit einer Performance Baseline können Änderungen in der Performance während der Lebensdauer eines IT Service gemessen werden.
- Mit einer Configuration Baseline kann eine bekannte Konfiguration einer IT-Infrastruktur wiederhergestellt werden, wenn ein Change oder ein Release fehlschlägt. Siehe Benchmark.

Bedrohung (threat)

Alles das, was eine Schwachstelle ausnutzen könnte. Jede potenzielle Ursache für einen Incident kann als Bedrohung betrachtet werden. Ein Feuer ist beispielsweise eine Bedrohung, die die Schwachstelle brennbarer Bodenverkleidungen ausnutzen könnte. Dieser Begriff wird vor allem im Information Security Management und IT Service Continuity Management eingesetzt. Er wird jedoch auch in anderen Bereichen wie dem Problem Management und dem Availability Management verwendet.

Begeisterungsattribut (excitement attribute)

Siehe Begeisterungsfaktor.

Begeisterungsfaktor (excitement factor)

(ITIL Service Strategy)

Eine Eigenschaft, die einer Sache hinzugefügt wird, um sie attraktiver oder begeisternder für die Kunden zu machen. Ein Restaurant kann beispielsweise ein Freigetränk zu jedem Essen liefern. Siehe Erweiternder Service.

Benchmark

(ITIL Continual Service Improvement)

(ITIL Service Transition)

Eine Baseline, die für den Vergleich von Datenreihen im Rahmen der Durchführung eines Benchmarkings genutzt wird. Beispielsweise kann ein aktueller Snapshot eines Prozesses mit der Baseline dieses Prozesses, oder eine aktuelle Baseline mit Branchendaten oder Best Practices verglichen werden. Siehe Benchmarking; Baseline.

Benchmarking
(ITIL Continual Service Improvement)
Der Prozess, der für den Vergleich einer Benchmark mit entsprechenden Datenreihen, wie einem aktuelleren Snapshot, Branchendaten oder einer Best Practice verantwortlich ist. Der Begriff „Benchmarking" wird auch für die Erstellung einer Reihe von Benchmarks über einen bestimmten Zeitraum hinweg und den Vergleich der Ergebnisse verwendet, um den Fortschritt oder Verbesserungen zu messen. Dieser Prozess wird innerhalb der ITIL Kernpublikationen nicht im Detail beschrieben.

Best Management Practice (BMP)
Das Best Management Practice Portfolio ist Eigentum des Cabinet Office, welches Teil der Britischen Regierung (HM Government) ist. Zuvor war es Eigentum der CCTA und dann der OGC. Die BMP wurden im Juni 2010 an das Cabinet Office übergeben. Das BMP Portfolio umfasst Leitlinien zu IT Service Management und Projekt, Programm, Portfolio und Value Management. Darüber hinaus gibt es ein Management Reifegrad Modell und ein zugehöriges Glossar.

Best Practice
Aktivitäten oder Prozesse, deren Einsatz in mehreren Organisationen nachweislich zum gewünschten Erfolg geführt hat. ITIL ist ein Beispiel für Best Practice.

Betreiben (operate)
Ausführen der erwarteten Leistung. Ein Prozess oder Configuration Item ist in Betrieb, wenn er bzw. es die angeforderten Ergebnisse liefert. Mit „Betreiben" wird auch die Ausführung einer oder mehrerer Betriebsabläufe bezeichnet, wie der tägliche Betrieb eines Computers für die erwartungsgemäße Ausführung des Geräts.

Betrieb/ Betriebsablauf (operation)
(ITIL Service Operation)
Laufendes Management eines IT Service, eines Systems oder eines anderen Configuration Item. Mit „Betriebsablauf" werden darüber hinaus alle vordefinierten Aktivitäten oder Transaktionen bezeichnet. Beispielsweise das Einlegen eines Magnetbands, die Annahme von Geld bei der Bezah-

lung oder das Lesen von Daten von einem Plattenlaufwerk.

Betriebsausgaben
(Operational Expenditure, OPEX)
Siehe Betriebskosten.

Betriebskosten (operational cost)
Kosten, die sich aus der Ausführung von IT Services ergeben. Häufig handelt es sich dabei um regelmäßige Zahlungen. Beispielsweise Personalkosten, Kosten für die Wartung der Hardware oder für den Stromverbrauch. Werden auch als „laufende Kosten" oder „Betriebsausgaben" bezeichnet. Siehe Investitionsausgaben.

Betriebssteuerung (operations control)
Siehe IT Operations Control.

Bewegliche Anlage (portable facility)
(ITIL Service Design)
Ein vorgefertigtes Gebäude oder ein großes Fahrzeug, das von einer Drittpartei bereitgestellt und an einen bestimmten Standort gebracht wird, wenn dies laut IT Service Continuity Plan erforderlich ist. Siehe Feste Anlage; Wiederherstellungsoption.

Beziehung (relationship)
Eine Verbindung oder die Interaktion zwischen zwei Personen oder Elementen. Beim Business Relationship Management handelt es sich um die Interaktion zwischen dem IT Service Provider und dem Business. Beim Service Asset and Configuration Management ist eine Beziehung eine Verknüpfung zwischen zwei Configuration Items, die eine gegenseitige Abhängigkeit oder Verbindung kennzeichnet. Beispielsweise können Anwendungen mit den Servern verknüpft sein, auf denen sie ausgeführt werden. IT Services verfügen über zahlreiche Verknüpfungen zu all den CI's, die zur Bereitstellung des jeweiligen Service beitragen.

Brainstorming
(ITIL Service Design)
(ITIL Service Operation)
Eine Technik, die ein Team bei der Ideenfindung unterstützt. Während der Brainstormingsitzung werden die gesammelten Ideen noch nicht überprüft, eine solche Überprüfung findet erst in einer späteren Phase

statt. Brainstorming wird häufig vom Problem Management eingesetzt, um mögliche Problemursachen zu identifizieren.

British Standards Institution (BSI)
Die nationale Standardisierungsbehörde von Großbritannien, die für die Erstellung und Pflege der britischen Standards verantwortlich ist. Weitere Informationen dazu finden Sie unter www.bsiglobal. com. Siehe International Organisation for Standardization.

Budget
Eine Liste der gesamten Geldmittel, die von einer Organisation oder einem Geschäftsbereich, in einem bestimmten Zeitraum, erwartungsgemäß nach einer entsprechenden Planung erhalten oder ausgegeben werden. Siehe Finanzplanung; Planung.

Build
(ITIL Service Transition)
Die Aktivität in Bezug auf die Gruppierung einer Reihe von Configuration Items als Teil eines IT Service. Der Begriff „Build“ bezeichnet auch ein Release, das zur Verteilung freigegeben ist. Beispiele dafür sind ein Server-Build oder ein Laptop-Build. Siehe Configuration Baseline.

Build-Umgebung (build environment)
(ITIL Service Transition)
Eine gesteuerte Umgebung, in der Anwendungen, IT Services und andere Builds gruppiert werden, bevor der Übergang in eine Test- oder Live-Umgebung erfolgt.

Business
(ITIL Service Strategy)
Eine übergeordnete Unternehmenseinheit oder Organisation, die aus einer Reihe von Geschäftsbereichen besteht. Im Kontext von ITSM umfasst der Begriff „Business“ den öffentlichen Bereich und nicht gewinnorientierte Organisationen ebenso wie Unternehmen. Ein IT Service Provider stellt IT Services für einen Kunden innerhalb eines Business bereit. Der IT Service Provider kann dabei Teil desselben Business, das die Rolle des Kunden einnimmt (interner Service Provider), oder Teil eines anderen Business sein (externer Service Provider).

Business-Aktivitätsmuster (Pattern of Business Activity, PBA)
(ITIL Service Strategy)
Ein Auslastungsprofil einer oder mehrerer Business-Aktivitäten. Business-Aktivitätsmuster werden durch den IT Service Provider genutzt, um unterschiedliche Intensitäten der Business-Aktivität zu verstehen und entsprechend zu planen. Siehe Anwenderprofil.

Business-Auswirkungsanalyse (Business Impact Analysis, BIA)
(ITIL Service Strategy)
Die Business Impact Analysis (BIA) ist die Aktivität im Business Continuity Management, die die Vital Business Functions und deren Abhängigkeiten identifiziert. Diese Abhängigkeiten können zwischen Suppliern, Mitarbeitern, anderen Business-Prozessen, IT Services etc. bestehen. Die BIA definiert die Wiederherstellungsanforderungen für IT Services. Zu diesen Anforderungen gehören die maximale Wiederherstellungszeit nach einem Ausfall, der tolerierte Datenverlust aufgrund von Ausfällen und die mindestens erforderlichen Service Level Ziele für die jeweiligen IT Services.

Business Capacity Management
(ITIL Continual Service Improvement)
(ITIL Service Design)
Im Kontext von ITSM ist das Business Capacity Management der verantwortliche Teilprozess, um die zukünftigen Business-Anforderungen für die Verwendung im Capacity-Plan nachzuvollziehen. Siehe Service Capacity Management; Component Capacity Management.

Business Case
(ITIL Service Strategy)
Rechtfertigung für einen umfassenden Ausgabenposten. Beinhaltet Informationen zu Kosten, Nutzen, Optionen, offenen Punkten, Risiken und möglichen Problemen. Siehe Kosten-Nutzen-Analyse.

Business Continuity Management (BCM)
(ITIL Service Design)
Der Business-Prozess, der für den Umgang mit Risiken verantwortlich ist, die zu schwerwiegenden Auswirkungen auf das Business führen können.

Das BCM sichert die Interessen der wichtigsten Stakeholder, das Ansehen, die Marke und die wertschöpfenden Aktivitäten des Business. Für den Fall einer Unterbrechung der Geschäftsabläufe werden im BCM-Prozess die Risiken auf ein akzeptables Maß reduziert und eine Planung der Wiederherstellung von Business-Prozessen vorgenommen. Das BCM legt die Ziele, den Umfang und die Anforderungen für das IT Service Continuity Management fest.

Business Continuity Plan (BCP)
(ITIL Service Design)
Ein Plan, der die Schritte definiert, die zur Wiederherstellung von Business-Prozessen nach einer Unterbrechung erforderlich sind. Der Plan identifiziert darüber hinaus die Bedingungen für das Auslösen des Plans, die darin zu berücksichtigenden Mitarbeiter, Kommunikationsmittel etc. IT Service Continuity Pläne sind ein wesentlicher Bestandteil von Business Continuity Plänen.

Business-Kunde (business customer)
(ITIL Service Strategy)
Empfänger eines Produkts oder eines Service vom Business. Wenn es sich beim Business beispielsweise um einen Kfz-Hersteller handelt, ist der Business-Kunde eine Person, die ein Auto kauft.

Business Operations
(ITIL Service Strategy)
Die Ausführung, das Monitoring und das Management von Business-Prozessen im Rahmen des täglichen Ablaufs.

Business Perspective
(ITIL Continual Service Improvement)
Betrachtung des Service Providers und der IT Services aus dem Blickwinkel des Business, und Betrachtung des Business aus dem Blickwinkel des Service Providers.

Business-Prozess (business process)
Ein Prozess, für den das Business verantwortlich ist und der vom Business ausgeführt wird. Ein Business-Prozess ist an der Bereitstellung eines Produkts oder eines Service für einen Business-Kunden beteiligt. Für einen Händler kann beispielsweise ein Einkaufsprozess definiert sein, über den die Bereitstellung von Services für

seine Business-Kunden unterstützt wird. Viele Business-Prozesse basieren auf IT Services.

Business Relationship Management
(ITIL Service Strategy)
Der Prozess, der für die Pflege von guten Beziehungen zu den Kunden verantwortlich ist. Das Business Relationship Management identifiziert die Kundenbedürfnisse und stellt sicher, dass der Service Provider diese Bedürfnisse mit einem geeigneten Katalog von Services erfüllen kann. Dieser Prozess hat enge Verbindungen mit dem Service Level Management.

Business Relationship Manager (BRM)
(ITIL Service Strategy)
Eine Rolle, die für die Pflege von Beziehungen zu einem oder mehreren Kunden verantwortlich ist. Diese Rolle wird häufig mit der Rolle des Service Level Managers kombiniert.

Business-Service
Ein Service, der von einem Geschäftsbereich für Business-Kunden erbracht wird. Dazu gehören beispielsweise die Bereitstellung von Finanzdienstleistungen für Kunden einer Bank oder die Lieferung von Waren an Kunden eines Einzelhandelsgeschäfts. Die erfolgreiche Bereitstellung von Business-Services hängt häufig von einem oder mehreren IT Services ab. Ein Business-Service kann nahezu vollständig aus einem IT Service bestehen. Beispielsweise ein Online-Banking-Service oder eine externe Webseite, auf der Produktbestellungen durch Business-Kunden platziert werden können. Siehe Kunden-gerichterer Service

Business Service Management
Das Management der Business Services, die an Business-Kunden geliefert werden. Das Business Service Management wird durch Geschäftsbereiche ausgeführt.

Business-Ziel (business objective)
(ITIL Service Strategy)
Das Ziel eines Business-Prozesses oder des Business insgesamt. Business-Ziele unterstützen die Vision des Business, bieten Leitlinien für die IT Strategie und werden häufig von IT Services unterstützt.

C

Call Center
(ITIL Service Operation)
Eine Organisation oder ein Geschäftsbereich, die bzw. der eine große Zahl von eingehenden oder ausgehenden Telefonanrufen bearbeitet. Siehe Service Desk.

Capacity Management
(ITIL Continual Service Improvement)
(ITIL Service Design)
Der Prozess, bei dem sichergestellt wird, dass die Kapazität der IT Services und der IT Infrastruktur ausreicht, um die vereinbarten Service Level Ziele bezüglich Kapazität und Performance wirtschaftlich und zeitnah erreichen zu können. Das Capacity Management betrachtet alle Ressourcen, die für die Erbringung von IT Services erforderlich sind. Es befasst sich mit der Erfüllung, sowohl der aktuellen als auch der zukünftigen Kapazitäts- und Performance-Bedürfnisse des Business. Das Capacity Management umfasst drei Teilprozesse: Business Capacity Management, Service Capacity Management und Component Capacity Management. Siehe Capacity Management Information System.

Capacity Management Information System (CMIS)
(ITIL Service Design)
Eine Kombination von Tools, Daten und Informationen, die zur Unterstützung des Capacity Management genutzt werden. Siehe Service Knowledge Management System.

Capability Maturity Model Integration (CMMI)
(ITIL Continual Service Improvement)
Ein Ansatz zur Prozessverbesserung, der vom Software Engineering Institute (SEI) der Carnegie Mellon University in den USA entwickelt wurde. CMMI bietet Organisationen die wesentlichen Elemente für effektive Prozesse. Sie kann als Richtschnur für die Prozessverbesserung innerhalb eines Projekts, einer Abteilung oder einer gesamten Organisation herangezogen werden. CMMI unterstützt die Integration von herkömmlich getrennten Organisationsfunktionen, legt Prozessverbesserungsziele und Prioritäten fest, bietet Leitlinien für Qualitätsprozesse und stellt

einen Referenzpunkt für die Bewertung derzeitiger Prozesse bereit. Weitere Informationen dazu finden Sie unter www.sei.cmu.edu/cmmi. Siehe Reife.

Capacity-Plan
(ITIL Service Design)
Ein Plan, der genutzt wird, um die für die Erbringung von IT Services erforderlichen Ressourcen zu managen. Der Plan beinhaltet Details über die aktuelle und vergangene Nutzung der IT Services und Komponenten sowie alle Schwierigkeiten, die zu adressieren sind (inklusive mit diesen in Zusammenhang stehenden Verbesserungsaktivitäten). Der Plan umfasst darüber hinaus Szenarien in Bezug auf unterschiedliche Prognosen für Business-Anforderungen sowie Optionen inklusive Kostenkalkulation, um die vereinbarten Service Level Ziele zu erreichen.

Capacity-Planung
(ITIL Service Design)
Die Aktivität innerhalb des Capacity Management, die für die Erstellung eines Capacity-Plans verantwortlich ist.

Change
(ITIL Service Transition)
Hinzufügen, Modifizieren oder Entfernen eines Elements, das Auswirkungen auf die IT Services haben könnte. Der Umfang sollte Changes an allen Architekturen, Prozessen, Tools, Messgrößen und Dokumentationen genauso einschließen, wie Changes an IT Services und anderen Configuration Items.

Change Advisory Board (CAB)
(ITIL Service Transition)
Eine Gruppe von Personen, die die Bewertung, Priorisierung, Autorisierung und zeitliche Planung von Changes unterstützen. Ein Change Advisory Board setzt sich in der Regel aus Vertretern aller Bereiche des IT Service Providers, dem Business und von Drittparteien wie z. B. Suppliern zusammen.

Change Evaluation
(ITIL Service Transition)
Der Prozess, der für die formale Bewertung eines neuen oder geänderten IT Service verantwortlich ist, um sicherzustellen, dass Risiken gemanagt wurden, und die Entscheidung über die Autor-

isierung des Change zu unterstützen.

Change-Historie (change history)
(ITIL Service Transition)
Informationen zu allen Changes, die am Configuration Item im Laufe der CI-Lebensdauer vorgenommen werden. Die Change-Historie umfasst sämtliche Change Records, die das CI betreffen.

Change Management
(ITIL Service Transition)
Der Prozess, der für die Steuerung des Lebenszyklus aller Changes verantwortlich ist, so dass die Durchführung von nutzbringenden Changes bei einer minimalen Unterbrechung der IT Services ermöglicht wird.

Change-Modell
(ITIL Service Transition)
Ein wiederholbares Vorgehen für den Umgang mit einer bestimmten Kategorie von Changes. Ein Change-Modell definiert bestimmte vorab definierte Schritte, die für einen Change dieser Kategorie einzuhalten sind. Bei Change-Modellen kann es sich um sehr komplexe Modelle handeln, die zahlreiche genehmigungspflichtige Schritte umfassen (wie z. B. Releases wichtiger Software-Anwendungen), oder um sehr einfache Modelle, für die keine Genehmigung erforderlich ist (wie z. B. das Zurücksetzen von Passwörtern). Siehe Change Advisory Board; Standard-Change.

Change Record
(ITIL Service Transition)
Ein Record, der die Details zu einem Change enthält. Jeder Change Record dokumentiert den Lebenszyklus eines einzelnen Change. Für jeden erhaltenen Request for Change wird ein Change Record erstellt, auch wenn der Change Request später abgelehnt wird. Change Records sollten auf die Configuration Items verweisen, die vom Change betroffen sind. Change Records können im Configuration Management System, oder an einer anderen Stelle im Service Knowledge Management System gespeichert werden.

Change Request
Siehe Request for Change.

Change Schedule
(ITIL Service Transition)
Ein Dokument, das alle autori-

sierten Changes und deren geplanten Implementierungsdaten aufführt, sowie die geschätzten Termine für langfristige Changes. Ein Change Schedule wird manchmal auch als „Forward Schedule of Change“ (Zeitplan künftiger Changes) bezeichnet, auch wenn er Informationen zu Changes enthält, die bereits implementiert wurden.

Change-Vorschlag (change proposal)
(ITIL Service Strategy)
(ITIL Service Transition)
Ein Dokument, das eine High-Level-Beschreibung einer potenziellen Service Einführung oder eines gravierenden Change beinhaltet, sowie einen entsprechenden Business Case und die angenommene Zeitplanung für die Umsetzung. Change-Vorschläge werden normalerweise durch den Service Portfolio Management Prozess erstellt und an das Change Management zur Autorisierung geleitet. Das Change Management wird die potenziellen Auswirkungen auf andere Services, gemeinsam genutzte Ressourcen und den Change Schedule insgesamt betrachten. Sobald der Change-Vorschlag autorisiert wurde, wird das Service Portfolio Management den Service chartern.

Change-Zeitfenster (change window)
(ITIL Service Transition)
Eine reguläre vereinbarte Zeitdauer, während derer Changes oder Releases mit minimalen Auswirkungen auf die Services implementiert werden können. Change-Zeitfenster werden in der Regel in Service Level Agreements dokumentiert.

Charter
(ITIL Service Strategy)
Ein Dokument, das Details zu einem neuen Service, einem gravierenden Change oder einem anderen gravierenden Projekt enthält. Charter werden typischerweise durch das Service Portfolio Management oder ein Projekt Management Office autorisiert. Der Begriff chartern wird auch genutzt, um den Vorgang zu beschreiben, der die notwendigen Arbeiten für die Umsetzung eines Service Change oder Projektes autorisiert.
Siehe Change-Vorschlag; Service-Charter; Projektportfolio.

Chronologische Analyse
(ITIL Service Operation)
Eine Technik, die die Identifizierung möglicher Ursachen von Problemen unterstützt. Es werden alle verfügbaren Daten zum Problem gesammelt und nach Datum und Uhrzeit sortiert, um die zeitliche Abfolge detailliert nachvollziehen zu können. So kann festgestellt werden, welche Events durch andere Events ausgelöst wurden.

CI-Typ
(ITIL Service Transition)
Eine Kategorie, mit der CI's klassifiziert werden. Der CI-Typ identifiziert die erforderlichen Attribute und Beziehungen für einen Configuration Record. Häufige CI-Typen sind: Hardware, Dokumente, Anwender etc.

Client
Ein generischer Begriff, der einen Kunden, das Business oder einen Business-Kunden bezeichnet. Client Manager könnte beispielsweise als Synonym für den Business Relationship Manager genutzt werden. Der Begriff bezeichnet außerdem:

- einen Computer, der direkt von einem Anwender verwendet wird, wie beispielsweise ein PC, ein Handheld oder eine Workstation
- den Teil einer Client-Server-Anwendung, der die direkte Schnittstelle zum Anwender darstellt, wie beispielsweise einen Email-Client

COBIT
(ITIL Continual Service Improvement)
Control OBjectives for Information and related Technology (COBIT) bietet Leitlinien und Best Practices für das Management von IT-Prozessen. COBIT wird von der ISACA in Verbindung mit dem IT Governance Institute herausgegeben. Weitere Informationen dazu finden Sie unter www.isaca.org.

Code of Practice
Eine Leitlinie, die von einem öffentlichen Gremium oder einer Standardisierungsorganisation wie ISO oder BSI herausgegeben wird. Viele Standards umfassen einen Code of Practice und eine Spezifikation. Der Code of Practice beschreibt die empfohlene Best Practice.

Cold Standby
Siehe allmähliche Wiederherstellung.

Commercial off the Shelf (COTS)
(ITIL Service Design)
Bereits existierende Anwendungssoftware oder Middleware, die von einer Drittpartei erworben werden kann.

Compliance
Sicherstellen, dass ein Standard oder Satz an Leitlinien eingehalten wird oder dass ordnungsgemäße, konsistente Nachweise oder andere Verfahren eingesetzt werden.

Component Capacity Management (CCM)
(ITIL Continual Service Improvement)
(ITIL Service Design)
Der Teilprozess des Capacity Management, der für die Aspekte der Kapazität, Auslastung und Performance von Configuration Items verantwortlich ist. Hier werden Daten für den Einsatz im Capacity-Plan gesammelt, erfasst und analysiert. Siehe Business Capacity Management; Service Capacity Management.

Component Failure Impact Analysis (CFIA)
(ITIL Service Design)
Eine Technik, mithilfe derer die Auswirkungen eines CI-Ausfalls auf IT Services und das Business ermittelt werden können. Es wird eine Matrix erstellt, die die IT Services den CI's gegenüberstellt. So können kritische CI's (die den Ausfall mehrerer IT Services verursachen können) und anfällige IT Services (die über mehrere Single Points of Failure verfügen) identifiziert werden.

Computer Telefonie Integration (CTI)
(ITIL Service Operation)
CTI ist ein allgemeiner Begriff, der alle Arten der Integration von Computer und Telefonsystemen umfasst. Häufig bezieht sich dieser Begriff auf Systeme, in denen eine Anwendung detaillierte Ansichten zu eingehenden oder ausgehenden Telefonanrufen anzeigt. Siehe Automatic Call Distribution; Interaktive Spracherkennung.

Configuration (Konfiguration)
(ITIL Service Transition)
Eine allgemeine Bezeichnung für eine Gruppe von Configura-

tion Items, die zusammen für die Erbringung eines IT Service oder eines umfangreicheren Teils eines IT Service eingesetzt werden. Als „Konfiguration" werden darüber hinaus die Parametereinstellungen für ein oder mehrere CI's bezeichnet.

Configuration Baseline
(ITIL Service Transition)
Eine Baseline für eine Configuration, die formal vereinbart und über den Change Management Prozess gemanagt wird. Eine Configuration Baseline dient als Basis für zukünftige Builds, Releases und Changes.

Configuration-Identifizierung
(ITIL Service Transition)
Die Aktivität, die für die Sammlung von Informationen zu Configuration Items und deren Beziehungen sowie für das Laden dieser Informationen in die CMDB verantwortlich ist. Bei der Configuration-Identifizierung werden darüber hinaus die CI's selbst mit Bezeichnungen versehen, um eine Suche nach den entsprechenden Configuration Records durchführen zu können.

Configuration Item (Konfigurationselement, CI)
(ITIL Service Transition)
Alle Komponenten und andere Service Assets, die gemanagt werden müssen, um einen IT Service bereitstellen zu können. Informationen zu den einzelnen CI's werden in einem Configuration Record innerhalb des Configuration Management Systems erfasst und über den gesamten Lebenszyklus hinweg vom Service Asset and Configuration Management gemanagt. CI's unterstehen der Steuerung und Kontrolle des Change Management. CI's umfassen vor allem IT Services, Hardware, Software, Gebäude, Personen und formale Dokumentationen, beispielsweise zum Prozess und SLA's.

Configuration Management
Siehe Service Asset and Configuration Management.

Configuration Management Database (CMDB)
(ITIL Service Transition)
Eine Datenbank, die verwendet wird, um Configuration Records während ihres gesamten Lebenszyklus zu speichern. Das Configuration Management System managt eine oder

mehrere CMDB's, und jede CMDB speichert Attribute von CI's sowie Beziehungen zu anderen CI's.

Configuration Management System (CMS)
(ITIL Service Transition)
Eine Kombination von Tools, Daten und Informationen, die zur Unterstützung des Service Asset and Configuration Management genutzt werden. Das CMS ist Teil eines übergreifenden Service Knowledge Management Systems und umfasst Tools zum Sammeln, Speichern, Managen, Aktualisieren, Analysieren und zur Präsentation von Daten zu allen Configuration Items und deren Beziehungen. Das CMS kann auch Informationen über Incidents, Problems, Known Errors, Changes und Releases enthalten. Das CMS untersteht der Zuständigkeit des Service Asset and Configuration Management und wird von allen IT Service Management Prozessen genutzt. Siehe Configuration Management Database.

Configuration Record
(ITIL Service Transition)
Ein Record, der die Details zu einem Configuration Item enthält. Jeder Configuration Record dokumentiert den Lebenszyklus eines einzelnen Configuration Item. Configuration Records werden in einer Configuration Management Database gespeichert und als Teil des Configuration Management Systems gepflegt.

Configuration-Struktur (configuration structure)
(ITIL Service Transition)
Die Hierarchie und andere Beziehungen zwischen sämtlichen Configuration Items, die eine Configuration bilden.

Configuration-Steuerung (configuration control)
(ITIL Service Transition)
Die Aktivität, bei der sichergestellt werden soll, dass das Hinzufügen, Modifizieren oder Entfernen eines CI ordnungsgemäß gemanagt wird, indem beispielsweise ein Request for Change oder Service Request eingereicht wird.

Continual Service Improvement (CSI)
(ITIL Continual Service Improvement)
Eine Phase im Lebenszyklus eines Services. Das Continual Service Improvement stellt die

Ausrichtung der Services an den sich ändernden Business-Bedürfnissen sicher. Dies geschieht durch die Identifikation und Umsetzung von Verbesserungen für IT Services, die Business-Prozesse unterstützen. Dabei werden die Performance des IT Service Providers kontinuierlich gemessen und Verbesserungen an Prozessen, IT Services und der IT-Infrastruktur vorgenommen, um die Effizienz, Effektivität und Wirtschaftlichkeit zu steigern. Continual Service Improvement beinhaltet den 7-Step Improvement Process. Auch wenn dieser Prozess dem Continual Service Improvement zugeordnet ist, so beinhalten die meisten Prozesse Aktivitäten in mehreren Phasen des Servicelebenszyklus. Siehe Plan-Do-Check-Act.

Control OBjectives for Information and related Technology (COBIT)
Siehe COBIT.

Control Processes (control perspective)
Die Prozessgruppe nach ISO/IEC 20000, die das Change Management und das Configuration Management umfasst.

Core Service
(ITIL Service Strategy)
Ein Service, der die grundlegenden Ergebnisse liefert, die von einem oder mehreren Kunden gewünscht werden. Ein Core Service liefert einen spezifischen Grad an Utility und Warranty. Den Kunden kann eine Auswahl unterschiedlicher Utility und Warranty durch eine oder mehrere Service Optionen angeboten werden. Siehe Ermöglichender Service; Erweiternder Service; IT Service; Service Package.

Cost Center
(ITIL Service Strategy)
Ein Geschäftsbereich oder ein Projekt, dem Kosten zugewiesen werden. Ein Cost Center verrechnet keine bereitgestellten Services. Ein IT Service Provider kann als Cost Center oder als Profit Center geführt werden.

CSI-Register
(ITIL Continual Service Improvement)
Eine Datenbank oder ein strukturiertes Dokument, die bzw. das zur Erfassung und dem Management von Verbesserungsmöglichkeiten über ihren gesamten Lebenszyklus genutzt wird.

D

Dashboard
(ITIL Service Operation)
Eine grafische Darstellung der allgemeinen IT Service Performance und Verfügbarkeit. Dashboard-Abbildungen können in Echtzeit aktualisiert und auch in Management-Berichten und Webseiten eingeschlossen werden. Dashboards können verwendet werden, um das Service Level Management, das Event Management oder eine Incident-Diagnose zu unterstützen.

Data-to-Information-to-Knowledge-to-Wisdom (DIKW)
(ITIL Service Transition)
Eine Methode, um die Beziehungen zwischen Daten, Informationen, Wissen und Weisheit darzustellen. DIKW veranschaulicht, wie die einzelnen Elemente aufeinander aufbauen.

Defekt (fault)
Siehe Fehler.

Definitive Media Library (Maßgebliche Medienbibliothek, DML)
(ITIL Service Transition)
Ein oder mehrere Standorte, an dem die endgültigen und autorisierten Versionen aller Software Configuration Items sicher gespeichert sind. Die DML kann darüber hinaus zugehörige CI's wie Lizenzen und Dokumentationen beinhalten. Die DML ist als einzelner logischer Speicherbereich definiert, auch wenn sie auf verschiedene Speicherorte aufgeteilt ist. Die DML untersteht der Steuerung des Service Asset and Configuration Management und wird im Configuration Management System erfasst.

Demand Management
(ITIL Service Design)
(ITIL Service Strategy)
Der Prozess, der dafür verantwortlich ist, den Bedarf des Kunden an Services zu verstehen, vorherzusehen und zu beeinflussen. Das Demand Management arbeitet mit dem Capacity Management zusammen, um sicherzustellen, dass der Service Provider ausreichend Kapazität bereitstellt, um den Bedarf zu erfüllen. Auf strategischer Ebene kann das Demand Management die Analyse von Business-Aktivitätsmustern und Anwender-

profilen einschließen. Auf taktischer Ebene dagegen kann es eine differenzierte Leistungsverrechnung einsetzen, um die Nutzung von IT Services bei den Kunden, zu Zeiten mit einer geringeren Auslastung, zu fördern. Ebenfalls kann es kurzfristige Aktivitäten erfordern, um auf unerwarteten Bedarf oder den Ausfall eines Configuration Item zu reagieren.

Deming-Kreis (Deming Cycle)
Siehe Plan-Do-Check-Act.

Deployment
(ITIL Service Transition)
Die Aktivität, die für den Übergang neuer oder geänderter Hardware, Software, Dokumentation, Prozesse etc. in die Live-Umgebung verantwortlich ist. Das Deployment ist Teil des Release and Deployment Management Prozesses.

Design
(ITIL Service Design)
Eine Aktivität oder ein Prozess, die bzw. der Anforderungen identifiziert und dann eine Lösung definiert, um diesen Anforderungen gerecht zu werden. Siehe Service Design.

Design Coordination
(ITIL Service Design)
Der Prozess, der für die Koordination aller Design Aktivitäten, Prozesse und Ressourcen verantwortlich ist. Design Coordination stellt das konsistente und effektive Design neuer oder geänderter IT Services, Service Management Informationssysteme, Architekturen, Technologie, Prozesse, Informationen und Messgrößen sicher.

Diagnose (diagnosis)
(ITIL Service Operation)
Eine Phase in den Incident- und Problem-Lebenszyklen. Zweck der Diagnose ist es, einen Workaround für einen Incident oder die Ursache eines Problems zu identifizieren.

Diagnoseskript (diagnostic script)
(ITIL Service Operation)
Ein strukturierter Satz an Fragen, der von Service Desk Mitarbeitern eingesetzt wird, um sicherzustellen, dass die korrekten Fragen gestellt werden. Darüber hinaus bieten Diagnoseskripte eine Hilfestellung bei der Klassifizierung, Lösung und Zuweisung von Incidents. Diagnoseskripts können auch Anwendern zur Verfügung gestellt

werden, um diese bei der Diagnose und Lösung ihrer eigenen Incidents zu unterstützen.

Differenzierte Leistungsverrechnung (differential charging)
Eine Technik, die das Demand Management unterstützt, indem für die selbe IT Service Funktion unter unterschiedlichen Umständen unterschiedliche Beträge verrechnet werden. Zum Beispiel durch reduzierte Preise außerhalb der Stoßzeiten oder erhöhte Abrechnungen für Anwender, die die zugewiesene Bandbreite überschreiten.

Directory-Service
(ITIL Service Operation)
Eine Anwendung, die die Informationen zu der in einem Netzwerk verfügbaren IT-Infrastruktur und zu den zugehörigen Zugriffsrechten der Anwender managt.

Direkte Kosten (direct cost)
(ITIL Service Strategy)
Kosten für die Bereitstellung eines IT Service, die in voller Höhe einem bestimmten Kunden, einem Cost Center, einem Projekt etc. zugeordnet werden. Dazu gehören beispielsweise Kosten für die Bereitstellung von speziell für einen Zweck eingesetzten Servern oder Softwarelizenzen. Siehe Indirekte Kosten.

Dokument (document)
Informationen in lesbarer Form. Ein Dokument kann in einem papierbasierten oder elektronischen Format vorliegen. Zu den Beispielen gehören Richtlinien, Service Level Agreements, Incident Records, Schaupläne von Computerräumen etc. Siehe Record.

Dringlichkeit (urgency)
(ITIL Service Design)
(ITIL Service Transition)
Ein Wert, der wiedergibt, wie lange es dauert, bis ein Incident, Problem oder Change maßgebliche Auswirkungen auf das Business hat. Ein Incident mit erheblichen Auswirkungen kann beispielsweise von geringer Dringlichkeit sein, wenn die Auswirkungen das Business bis zum Ende des Geschäftsjahrs nicht beeinträchtigen. Auf der Grundlage der Auswirkung und Dringlichkeit werden Prioritäten zugewiesen.

Drittpartei (third party)
Eine Person, Organisation oder andere Einheit, die nicht Teil der Organisation des Service Providers und kein Kunde ist, z. B. ein Software-Supplier oder ein Hardware-Serviceunternehmen. Anforderungen an Drittparteien werden in der Regel in Verträgen festgehalten, die die Service Level Agreements absichern. Siehe Underpinning Contract.

Durchsatz (throughput)
(ITIL Service Design)
Maß für die Anzahl der Transaktionen oder anderen Betriebsabläufe, die innerhalb eines bestimmten Zeitraums durchgeführt werden. Beispielsweise 5.000 versendete E-Mails pro Stunde oder 200 Disk-I/O-Vorgänge pro Sekunde.

E

Early Life Support (ELS)
(ITIL Service Transition)
Eine Phase im Servicelebenszyklus, die zwischen dem Ende des Deployments und der finalen Abnahme eines Services in den Betrieb liegt. Während des Early Life Support kann der IT Service Provider die Key Performance Indicator, Service Levels und Monitoring-Grenzwerte überprüfen, und Verbesserungen umsetzen, um sicherzustellen, dass die Serviceziele erreicht werden können. Der Service Provider kann in dieser Zeit auch zusätzliche Ressourcen für das Incident und Problem Management bereitstellen.

Effektivität (effectiveness)
(ITIL Continual Service Improvement)
Ein Maß dafür, ob die Ziele eines Prozesses, eines Service oder einer Aktivität erreicht wurden. Bei einem effektiven Prozess oder einer effektiven Aktivität werden die zugehörigen vereinbarten Ziele erreicht. Siehe KPI.

Effizienz (efficiency)
(ITIL Continual Service Improvement)
Ein Maß dafür, ob die richtige Menge an Ressourcen eingesetzt wurde, um einen Prozess, einen Service oder eine Aktivität bereitzustellen. Ein effizienter Prozess erreicht seine Ziele innerhalb der kürzest möglichen Zeit, bei einem minimalen Einsatz von Geldmitteln, Mitarbeitern oder anderen Ressourcen. Siehe KPI.

Einsatzfähig (fit for use)
(ITIL Service Strategy)
Die Fähigkeit, ein vereinbartes Maß an Warranty zu liefern. Einsatzfähigkeit benötigt geeignetes Design, geeignete Einführung, Steuerung und Wartung.

Emergency Change Advisory Board (ECAB)
(ITIL Service Transition)
Eine Teilgruppe des Change Advisory Board, die Entscheidungen zu Notfall-Changes trifft. Über die Zusammensetzung des ECAB kann bei der Einberufung eines Meetings entschieden werden, und diese richtet sich nach der Art des Notfall-Change.

Entwicklung (development)
(ITIL Service Design)
Der Prozess, der für die Erstellung oder Modifizierung eines IT Service oder einer Anwendung verantwortlich ist, so dass sie für das anschließende Release und Deployment bereit ist. Bezeichnet auch die Rolle oder Funktion, die die Entwicklung durchführt. Dieser Prozess wird in den ITIL Kernpublikationen nicht im Detail beschrieben.

Entwicklungsumgebung (development environment)
(ITIL Service Design)
Eine Umgebung, in der IT Services oder Anwendungen erstellt oder modifiziert werden. Entwicklungsumgebungen unterstehen in der Regel nicht demselben Grad der Steuerung und Kontrolle wie Testumgebungen oder Live-Umgebungen. Siehe Entwicklung.

Ergebnis (deliverable)
Element, das bereitgestellt werden muss, um eine vereinbarte Bedingung aus einem Service Level Agreement oder Vertrag einzuhalten. Der Begriff Ergebnis bezeichnet in einem informelleren Kontext auch einen geplanten Output eines Prozesses.

Ergebnis (outcome)
Das Resultat der Ausführung einer Aktivität infolge eines Prozesses, der Bereitstellung eines IT Service etc. Der Begriff „Ergebnis" wird in Bezug auf die beabsichtigten Resultate sowie für die tatsächlichen Resultate verwendet. Siehe Ziel.

Erkennung (detection)
(ITIL Service Operation)
Eine Phase im Incident-

Lebenszyklus. Bei der Erkennung erfährt der Service Provider, dass ein Incident vorhanden ist. Die Erkennung kann automatisch erfolgen oder das Ergebnis einer Incident-Meldung durch einen Anwender sein.

Ermöglichender Service (enabling service)
(ITIL Service Strategy)
Ein Service, der notwendig ist, um einen Core Service zu erbringen. Ermöglichende Services können, müssen aber nicht für den Kunden sichtbar sein, sie werden dem Kunden aber nicht alleinstehend angeboten. Siehe Erweiternder Service.

Erweiterter Incident-Lebenszyklus (expanded incident lifecycle)
(ITIL Continual Service Improvement)
(ITIL Service Design)
Detaillierte Phasen im Lebenszyklus eines Incident. Die Phasen umfassen die Erkennung, Diagnose, Reparatur, Instandsetzung und die Wiederherstellung. Der erweiterte Incident-Lebenszyklus stellt alle Elemente dar, die an den Incident-Auswirkungen beteiligt sind, und veranschaulicht die Pläne zur Steuerung oder Reduzierung dieser Auswirkungen.

Erweiternder Service (enhancing service)
(ITIL Service Strategy)
Ein Service, der zu einem Core Service hinzugefügt wird, um ihn für den Kunden attraktiver zu machen. Erweiternde Services sind nicht zwingend erforderlich, um einen Core Service zu liefern, aber sie werden eingesetzt, um den Kunden zur Nutzung des Core Services zu ermutigen oder den Service Provider von seinen Wettbewerbern zu differenzieren. Siehe Ermöglichender Service; Begeisterungsfaktor.

Eskalation (escalation)
(ITIL Service Operation)
Eine Aktivität, bei der zusätzliche Ressourcen eingeholt werden, wenn diese erforderlich sind, um den Service Level Zielen oder Kundenerwartungen gerecht zu werden. Eskalationen können innerhalb aller IT Service Management Prozesse erforderlich sein, werden jedoch meistens mit dem Incident Management, dem Problem Management

und dem Kundenbeschwerde-Management in Verbindung gebracht. Es sind zwei Eskalationstypen definiert: funktionale Eskalation und hierarchische Eskalation.

eSourcing Capability Model for Client Organizations (eSCM-CL)
(ITIL Service Strategy)
Ein Framework, das Organisationen dabei unterstützt, Analysen und Entscheidungen an Service-Sourcing-Modellen und -Strategien auszurichten. eSCM-CL wurde von der Carnegie Mellon University in den USA entwickelt. Siehe eSourcing Capability Model for Service Providers.

eSourcing Capability Model for Service Providers (eSCM-SP)
(ITIL Service Strategy)
Ein Framework, das IT Service Provider dabei unterstützt, ihre IT Service Management Fähigkeiten im Hinblick auf das Service Sourcing weiterzuentwickeln. eSCM-SP wurde von der Carnegie Mellon University in den USA entwickelt. Siehe eSourcing Capability Model for Client Organizations.

Event
(ITIL Service Operation)
Eine Statusänderung, die für das Management eines Configuration Item oder IT Service von Bedeutung ist. Der Begriff „Event" bezeichnet darüber hinaus einen Alarm oder eine Benachrichtigung durch einen IT Service, ein Configuration Item oder ein Monitoring Tool. Bei Events müssen in der Regel die Mitarbeiter des IT-Betriebs aktiv werden, und häufig führen Events zur Erfassung von Incidents.

Event Management
(ITIL Service Operation)
Der Prozess, der für das Management von Events während ihres Lebenszyklus verantwortlich ist. Das Event Management ist eine der wichtigsten Aktivitäten des IT-Betriebs.

Externer Kunde (external customer)
Ein Kunde, der für ein anderes Business als der IT Service Provider tätig ist. Siehe Externer Service Provider; Interner Kunde.

Externe Messgröße (external metric)
Eine Messgröße für die Bereitstellung von IT Services für einen Kunden. Externe Messgrößen werden in der Regel in SLAs definiert und dem Kunden berichtet. Siehe Interne Messgröße.

Externer Service Provider
(ITIL Service Strategy)
Ein IT Service Provider, der Teil einer anderen Organisation als der Kunde ist. Ein IT Service Provider kann sowohl über interne Kunden als auch über externe Kunden verfügen. Siehe Outsourcing; Typ III Service Provider.

F

Facilities Management
(ITIL Service Operation)
Die Funktion, die für das Management der physischen Umgebung verantwortlich ist, in der sich die IT-Infrastruktur befindet. Das Facilities Management umfasst alle Aspekte des Managements der physischen Umgebung, wie beispielsweise das Stromversorgungs- und Kühlungssystem, das Management der Zutrittsrechte zum Gebäude und die Umgebungs-Überwachung.

Fault Tree Analysis (Fehlerbaumanalyse, FTA)
(ITIL Continual Service Improvement)
(ITIL Service Design)
Eine Technik, die zur Ermittlung einer Kette von Ereignissen eingesetzt werden kann, die zu einem Incident geführt hat oder zu einem Incident in der Zukunft führen könnte. Die Fault Tree Analysis bildet eine Kette von Ereignissen anhand einer Boole'schen Notation in einem Diagramm ab.

Fähigkeit (capability)
(ITIL Service Strategy)
Die Fähigkeit einer Organisation, einer Person, eines Prozesses, einer Anwendung, eines Configuration Item oder eines IT Service zur Durchführung einer Aktivität. Fähigkeiten gehören zu den nicht greifbaren Assets einer Organisation. Siehe Ressource.

Fehler (error)
(ITIL Service Operation)
Ein mangelhaftes Design oder eine Fehlfunktion, die zum Ausfall eines oder mehrerer Configuration Items oder IT Services führt. Bei einem Versehen einer Person oder einem gestörten Prozess mit

Auswirkungen auf ein CI oder einen IT Service handelt es sich ebenfalls um einen Fehler.

Fehlerkorrektur (remediation)
(ITIL Service Transition)
Aktionen für die Wiederherstellung nach einem fehlgeschlagenen Change oder Release. Die Fehlerkorrektur kann ein Backout, das Auslösen von Service Continuity Plänen oder andere Aktionen beinhalten, die konzipiert sind, um die Fortsetzung des Business-Prozesses zu ermöglichen.

Fehlertoleranz (fault tolerance)
(ITIL Service Design)
Die Fähigkeit eines IT Service oder Configuration Item, nach einem Ausfall einer Komponente den Betrieb korrekt aufrechtzuerhalten. Siehe Ausfallsicherheit; Gege maßnahme.

Feste Anlage (fixed facility)
(ITIL Service Design)
Ein feststehendes Gebäude, das im Bedarfsfall für einen IT Service Continuity Plan verfügbar ist. Siehe Bewegliche Anlage; Wiederherstellungsoption.

Fiktive Leistungsverrechnung (notional charging)
(ITIL Service Strategy)
Ein Ansatz zur Leistungsverrechnung für IT Services. Dabei wird eine Leistungsverrechnung für die Kunden durchgeführt, und die Kunden werden über die Kosten informiert, es erfolgt jedoch kein eigentlicher Transfer von Geldmitteln. Über eine fiktive Leistungsverrechnung kann sichergestellt werden, dass sich die Kunden der angefallenen Kosten bewusst sind. Sie kann auch als Phase bei der Einführung einer realen Leistungsverrechnung eingesetzt werden.

Finanzmanagement (financial management)
(ITIL Service Strategy)
Ein generischer Begriff zur Beschreibung der Funktion und Prozesse, die verantwortlich für das Management der Anforderungen an die Budgetplanung, Kostenrechnung und Leistungsverrechnung einer Organisation sind. Unternehmensfinanzmanagement ist der spezifische Begriff zur Beschreibung der Funktion und Prozesse aus der Perspektive der Gesamtorganisation.

Financial Management for IT Services ist der spezifische Begriff zur Beschreibung der Funktion und Prozesse aus der Perspektive des IT Service Providers.

Financial Management for IT Services
(ITIL Service Strategy)
Die Funktion und Prozesse, die für das Management der Anforderungen an die Budgetplanung, Kostenrechnung und Leistungsverrechnung eines IT Service Providers verantwortlich sind. Financial Management for IT Services sichert eine ausreichende Finanzierung, um Services zu konzipieren, zu entwickeln und zu liefern, die die Strategie der Organisation in wirtschaftlicher Weise erfüllen. Siehe Unternehmensfinanzmanagement.

Finanzplanung (budgeting)
Die Aktivität, bei der die Ausgabe von Geldmitteln prognostiziert und gesteuert wird. Umfasst einen periodischen Verhandlungszyklus, um zukünftige Budgets festzulegen (in der Regel jährlich) sowie die laufende Überwachung und Anpassung des aktuellen Budgets.

First-Level Support (first-line support)
(ITIL Service Operation)
Die erste Ebene in einer Hierarchie von Support-Gruppen, die an der Lösung von Incidents beteiligt sind. Mit jeder Ebene sind mehr Know-how und Fertigkeiten von Experten vorhanden bzw. mehr Zeit oder andere Ressourcen verfügbar. Siehe Eskalation.

Fischgrätendiagramm (fishbone diagram)
Siehe Ishikawa-Diagramm.

Fixkosten (fixed cost)
(ITIL Service Strategy)
Kosten, die beim Einsatz eines IT Service nicht variieren. Beispielsweise die Kosten der Server-Hardware. Siehe Variable Kosten.

Follow the Sun (Weltweit reibungslose Abwicklung)
(ITIL Service Operation)
Eine Methode, bei der Service Desks und Support-Gruppen weltweit eingesetzt werden, um einen reibungslosen Service, 24 Stunden am Tag und an sieben Tagen in der Woche bereitstellen zu können. Anrufe, Incidents, Probleme und Service Requests werden zwischen

den Gruppen in unterschiedlichen Zeitzonen weitergeleitet.

Fulfilment

Ausführung von Aktivitäten, um einem Bedürfnis oder einer Anforderung gerecht zu werden. Kann beispielsweise durch die Bereitstellung eines neuen IT Service oder dem Nachkommen eines Service Request erfolgen.

Funktion

Ein Team oder eine Gruppe von Personen und die Hilfsmittel, Tools oder anderen Ressourcen, die eingesetzt werden, um einen oder mehrere Prozesse oder Aktivitäten durchzuführen. Ein Beispiel dafür ist der Service Desk.

Der Begriff „Funktion" hat darüber hinaus zwei weitere Bedeutungen:

- Zweck, der mit einem Configuration Item, einer Person, einem Team, einem Prozess oder einem IT Service verfolgt wird. Eine Funktion eines E-Mail-Services kann beispielsweise das Speichern und Weiterleiten ausgehender EMails sein, und eine Funktion eines Business-Prozesses kann die Verteilung von Waren an Kunden beinhalten.
- Korrekte Ausführung in Bezug auf den beabsichtigten Zweck („Der Computer funktioniert").

Funktionale Eskalation (functional escalation)

(ITIL Service Operation)

Weiterleiten eines Incident, Problems oder Change an ein technisches Team mit einem erweiterten Erfahrungsschatz, das Unterstützung bei einer Eskalation bieten soll.

G

Gap-Analyse (Lückenanalyse) - (gap analysis)

(ITIL Continual Service Improvement)

Eine Aktivität, bei der zwei Datengruppen miteinander verglichen und die Unterschiede identifiziert werden. Die Gap-Analyse wird verbreitet genutzt, um einen Satz an Anforderungen mit dem Ist-Ergebnis zu vergleichen. Siehe Benchmarking.

Gegenmaßnahme (countermeasure)

Kann sich auf einen beliebigen Typ der Steuerung beziehen.

Der Begriff „Gegenmaßnahme“ wird häufig in Bezug auf Aktivitäten verwendet, die die Ausfallsicherheit, Fehlertoleranz oder Zuverlässigkeit eines IT Service erhöhen.

Gegenseitige Vereinbarung (reciprocal arrangement)
(ITIL Service Design)
Eine Wiederherstellungsoption. Eine Vereinbarung zwischen zwei Organisationen zur gemeinsamen Nutzung von Ressourcen bei Notfällen, beispielsweise einer Hochgeschwindigkeits-Druckanlage oder Fläche in einem Computerraum.

Gemeinkosten (overhead)
Siehe indirekte Kosten.

Geplante Nicht-Verfügbarkeit (planned downtime)
(ITIL Service Design)
Vereinbarte Zeit, zu der ein IT Service nicht verfügbar ist. Die geplante Nicht-Verfügbarkeit wird häufig für Wartungsarbeiten, Upgrades und Tests eingesetzt. Siehe Change-Zeitfenster; Ausfallzeit.

Geschäftsbereich (business unit)
(ITIL Service Strategy)
Ein Segment des Business mit eigenen Plänen, Messgrößen, Einnahmen und Kosten. Jeder Geschäftsbereich verfügt über Assets, die zur Wertschöpfung für den Kunden in Form von Waren und Services eingesetzt werden.

Geschäftsjahr (financial year)
(ITIL Service Strategy)
Eine Rechnungsperiode, die zwölf aufeinanderfolgende Monate abdeckt. Ein Geschäftsjahr kann an jedem Datum beginnen (z. B. 1. April bis 31. März).

Geschlossen (closed)
(ITIL Service Operation)
Der endgültige Status im Lebenszyklus eines Incident, Problems, Change etc. Im Status „Geschlossen“ werden keine weiteren Schritte mehr vorgenommen.

Gleichzeitigkeit (concurrency)
Ein Maß für die Anzahl der Anwender, die zur selben Zeit mit demselben Betriebsablauf beschäftigt sind.

Governance
Sicherstellen, dass Richtlinien und Strategien auch tatsächlich

implementiert werden und die erforderlichen Prozesse korrekt eingehalten werden. Die Governance umfasst die Definition von Rollen und Verantwortlichkeiten, Maßnahmen und Berichte sowie Aktionen zur Lösung aller identifizierten Anliegen.

Grenzkosten (marginal cost)
(ITIL Service Strategy)
Die Steigerung oder Verminderung der Kosten wenn eine zusätzliche Einheit oder eine Einheit weniger produziert wird, beispielsweise die Kosten, um einen weiteren Anwender zu unterstützen.

Grenzwert (threshold)
Der Wert einer bestimmten Messgröße, die einen Alarm auslösen oder Maßnahmen durch das Management zur Folge haben sollte. Beispiele: „Incident mit Priorität 1 wurde nicht innerhalb von vier Stunden gelöst"; „mehr als 5 Datenträgerfehler in einer Stunde"; „mehr als 10 fehlgeschlagene Changes in einem Monat"

H

Handhabbarkeit (manageability)
Ein informelles Maß dafür, wie leicht und effektiv ein IT Service oder eine andere Komponente gemanagt werden kann.

Hierarchische Eskalation (hierarchic escalation)
(ITIL Service Operation)
Informieren oder Einbeziehen höherer Management-Ebenen zur Unterstützung bei einer Eskalation.

Hochverfügbarkeit (high availability)
(ITIL Service Design)
Ein Ansatz oder ein Design, bei dem die Folgen eines Configuration Item Ausfalls auf die Anwender eines IT Services minimiert werden oder nicht mehr relevant sind. Hochverfügbarkeitslösungen sind so konzipiert, dass ein vereinbarter Verfügbarkeits-Level erreicht wird, und verwenden Techniken wie Fehlertoleranz, Ausfallsicherheit und schnelle Wiederherstellung, um die Anzahl und Auswirkungen von Incidents zu reduzieren.

Hot Standby
Siehe schnelle Wiederherstel-

lung; sofortige Wiederherstellung; sofortige Wiederherstellung.

I

Identität (identity)
(ITIL Service Operation)
Ein eindeutiger Name, um einen Anwender, eine Person oder eine Rolle zu identifizieren. Die Identität wird eingesetzt, um diesem Anwender, dieser Person oder dieser Rolle bestimmte Rechte zu gewähren. Beispiele für Identitäten sind der Anwendername „SchneiderJ" oder die Rolle „Change Manager".

In Arbeit (Work in Progress, WIP)
Ein Status, der besagt, dass Aktivitäten zwar begonnen wurden, aber noch nicht abgeschlossen sind. WIP wird häufig als Status für Incidents, Problems, Changes etc. verwendet.

Incident
(ITIL Service Operation)
Eine nicht geplante Unterbrechung eines IT Service oder eine Qualitätsminderung eines IT Service. Auch ein Ausfall eines Configuration Item ohne bisherige Auswirkungen auf einen Service ist ein Incident. Beispiel: Ein Ausfall einer oder mehrerer Festplatten in einer gespiegelten Partition.

Incident Management
(ITIL Service Operation)
Der Prozess, der für das Management des Lebenszyklus aller Incidents verantwortlich ist. Das Incident Management stellt die schnellstmögliche Wiederherstellung des normalen Servicebetriebes und die Minimierung der Auswirkungen auf das Business sicher.

Incident Record
(ITIL Service Operation)
Ein Record, der die Details zu einem Incident enthält. Jeder Incident Record dokumentiert den Lebenszyklus eines einzelnen Incident.

Indirekte Kosten (indirect cost)
(ITIL Service Strategy)
Kosten für die Bereitstellung eines IT Service, die nicht in voller Höhe einem bestimmten Kunden zugeordnet werden können. Dazu können beispielsweise Kosten für die Bereitstellung gemeinsam genutzter Server oder Softwarelizenzen gehören. Auch als Ge-

meinkosten bezeichnet. Siehe Direkte Kosten.

Information Security Management (ISM)
(ITIL Service Design)
Der Prozess, der sicherstellt, dass die Vertraulichkeit, Integrität und Verfügbarkeit der Assets, Informationen, Daten und IT Services einer Organisation die vereinbarten Bedürfnisse des Business erfüllen. Das Information Security Management unterstützt die Business-Sicherheit und geht über den Bereich des IT Service Providers hinaus. Es umfasst das Management papierbasierter Dokumente, Zutrittsrechte, Telefonanrufe etc. für die gesamte Organisation. Siehe Security Management Information System.

Information Security Management System (ISMS)
(ITIL Service Design)
Das Framework von Richtlinien, Prozessen, Funktionen, Standards, Leitlinien und Hilfsmitteln und Tools, das sicherstellt, dass eine Organisation ihre Ziele in Bezug auf das Information Security Management erreichen kann. Siehe Security Management Information System.

Information Security Policy (Richtlinie zur Informationssicherheit)
(ITIL Service Design)
Die Richtlinie, die den Ansatz der Organisation für das Information Security Management steuert.

Informationssystem (information system)
Siehe Management-Informationssystem.

Informationstechnologie (IT)
Der Einsatz der Technologie zum Speichern, zur Kommunikation und zur Verarbeitung von Informationen. Die Technologie schließt in der Regel Computer, Telekommunikationseinrichtungen, Anwendungen und andere Software ein. Die Informationen können allgemeine Business-Daten, Sprachdaten, Abbildungen, Videos etc. umfassen. Die Informationstechnologie wird häufig eingesetzt, um Business-Prozesse durch IT Services zu unterstützen.

Infrastrukturservice (infrastructure service)
Ein Typ von unterstützendem Service, der Hardware-, Net-

zwerk- oder andere Rechenzentrumskomponenten liefert. Der Begriff wird auch als Synonym für "Unterstützender Service" genutzt.

Insourcing (Interne Vergabe)
(ITIL Service Strategy)
Die Nutzung eines internen Service Providers um IT Services zu managen. Der Begriff Insourcing wird auch genutzt, um den Vorgang der Überführung der Servicebereitstellung von einem externen Service Provider zu einem internen Service Provider zu beschreiben. Siehe Service Sourcing.

Instandsetzung (recovery)
(ITIL Service Design) (ITIL Service Operation)
Das Zurücksetzen eines Configuration Item oder eines IT Service in einen funktionierenden Zustand. Die Instandsetzung eines IT Service beinhaltet häufig die Wiederherstellung von Daten im zuletzt bekannten konsistenten Zustand. Nach der Wiederherstellung sind ggf. weitere Schritte erforderlich, damit der IT Service den Anwendern verfügbar gemacht werden kann (Wiederherstellung).

Integrität (integrity)
(ITIL Service Design)
Ein Sicherheitsprinzip, das sicherstellt, dass Daten und Configuration Items nur durch autorisierte Mitarbeiter und Aktivitäten modifiziert werden. Die Integrität berücksichtigt alle möglichen Ursachen einer Modifikation, wie Ausfälle von Software oder Hardware, Umgebungs-Events und Eingriffe durch Personen.

Interaktive Spracherkennung (Interactive Voice Response, IVR)
(ITIL Service Operation)
Eine Form der Automatic Call Distribution, die Eingaben vom Anwender wie einen Tastendruck oder gesprochene Befehle akzeptiert, um das korrekte Ziel für eingehende Anrufe zu identifizieren.

International Organization for Standardization (ISO) - (International Standards Organization)
Die International Organization for Standardization (ISO) ist der weltweit größte Entwickler von Standards. Die ISO ist eine regierungsunabhängige Organisation, die aus einem Netzwerk nationaler

Standardisierungsinstitute aus 156 Ländern besteht. Weitere Informationen zu ISO finden Sie unter www.iso.org.

Internationale Standardisierungsorganisation
Siehe International Organization for Standardization (ISO).

Interner Kunde (internal customer)
Ein Kunde, der für dasselbe Business wie der IT Service Provider tätig ist. Siehe Externer Kunde; Interner Service Provider.

Interne Messgröße (internal metric)
Eine Messgröße, die vom IT Service Provider eingesetzt wird, um die Effizienz, Effektivität oder Wirtschaftlichkeit der internen Prozesse des IT Service Providers zu überwachen. Interne Messgrößen werden in der Regel nicht an den Kunden des IT Service berichtet. Siehe Externe Messgröße.

Interner Service Provider
(ITIL Service Strategy)
Ein IT Service Provider, der Teil derselben Organisation wie der Kunde ist. Ein IT Service Provider kann sowohl über interne Kunden als auch über externe Kunden verfügen. Siehe Insourcing; Typ I Service Provider; Typ II Service Provider.

Interne Zinsfuß-Methode (Internal Rate of Return, IRR)
(ITIL Service Strategy)
Eine Technik zur Unterstützung von Entscheidungen zu Investitionsausgaben. Die Interne Zinsfuß-Methode errechnet eine Zahl, mit der zwei oder mehr alternative Investitionen verglichen werden können. Ein größerer IRR steht für eine bessere Investition. Siehe Barwert-Methode; Return on Investment.

Internet Service Provider (ISP)
Ein externer Service Provider, der einen Zugriff auf das Internet bereitstellt. Die meisten ISP's bieten auch andere IT Services wie Web-Hosting an.

Investitionsausgaben (Capital Expenditure, CAPEX)
Siehe Investitionskosten.

Investitionskosten (capital cost)
(ITIL Service Strategy)
Die Anschaffungskosten von etwas, das als Anlagevermö-

gen aktiviert wird, beispielsweise Computer Ausstattung oder ein Gebäude. Der Wert dieser Vermögensgüter wird über mehrere Rechnungsperioden abgeschrieben. Siehe Betriebskosten.

Ishikawa-Diagramm
(ITIL Continual Service Improvement)
(ITIL Service Operation)
Eine Technik, die ein Team dabei unterstützt, alle möglichen Ursachen eines Problems zu identifizieren. Die ursprünglich von Kaoru Ishikawa konzipierte Technik liefert Ergebnisse in einem Diagramm, das optisch an eine Fischgräte erinnert.

ISO 9000
Ein allgemeiner Begriff, der sich auf eine Reihe von internationalen Standards und Leitlinien für Quality Management Systeme bezieht. Weitere Informationen dazu finden Sie unter www.iso.org. Siehe International Organization for Standardization.

ISO 9001
Ein internationaler Standard für Quality Management Systeme. Siehe ISO 9000; Standard.

ISO/IEC 20000
Ein internationaler Standard für das IT Service Management.

ISO/IEC 27001
(ITIL Continual Service Improvement)
(ITIL Service Design)
Eine internationale Spezifikation für das Information Security Management. Der zugehörige Code of Practice lautet ISO/IEC 27002. Siehe Standard.

ISO/IEC 27002
(ITIL Continual Service Improvement)
Ein internatioaler Code of Practice für das Information Security Management. Die zugehörige Spezifikation lautet ISO/IEC 27001. Siehe Standard.

IT-Betrieb (IT operations)
(ITIL Service Operation)
Aktivitäten, die von IT Operations Control durchgeführt werden, einschließlich Konsolenmanagement/Operations Bridge, Job Scheduling, Backup und Wiederherstellung und Druck- und Ausgabemanagement. „IT-Betrieb“ ist darüber hinaus ein Synonym für Service Operation (Servicebetrieb).

IT Kostenrechnung (IT accounting)
Siehe Kostenrechnung.

IT-Infrastruktur (IT infrastructure)
Die Gesamtheit der Hardware, Software, Netzwerke, Anlagen etc. die für Entwicklung, Tests, Bereitstellung, Monitoring, Steuerung oder Support von Anwendungen und IT Services erforderlich sind. Der Begriff „IT-Infrastruktur" umfasst die gesamte Informationstechnologie, nicht jedoch die zugehörigen Mitarbeiter, Prozesse und Dokumentationen.

IT Operations Control (Steuerung des IT-Betriebs)
(ITIL Service Operation)
Die Funktion, die für das Monitoring und die Steuerung der IT Services und IT-Infrastruktur verantwortlich ist. Siehe Operations Bridge.

IT Operations Management
(ITIL Service Operation)
Die Funktion innerhalb des IT Service Providers, die die täglichen Aktivitäten durchführt, die für das Management von IT Services und Unterstützung der IT-Infrastruktur erforderlich sind. Zum IT Operations Management gehören IT Operations Control und das Facilities Management.

IT Service
Ein Service, der von einem IT Service Provider bereitgestellt wird. Ein IT Service wird durch eine Kombination von Informationstechnologie, Menschen und Prozessen gebildet. Ein Kundengerichteter IT Service unterstützt direkt die Business-Prozesse eines oder mehrerer Kunden und seine Service Level Ziele sollten in einem Service Level Agreement definiert werden. Andere, unterstützende Services genannte IT Services werden nicht direkt durch das Business genutzt, werden aber durch den Service Provider benötigt, um Kunden-gerichtete Services zu liefern. Siehe Core Service; Ermöglichender Service; Erweiternder Service; Service; Service Package.

IT Service Continuity Management (ITSCM)
(ITIL Service Design)
Der Prozess, der für das Management von Risiken verantwortlich ist, die zu schwerwiegenden Auswirkungen auf IT Services führen können.

Das ITSCM stellt sicher, dass der IT Service Provider stets ein Mindestmaß an vereinbarten Service Levels bereitstellen kann, indem die Risiken auf ein akzeptables Maß reduziert werden und eine Wiederherstellungsplanung für IT Services erfolgt. Das ITSCM unterstützt das Business Continuity Management.

IT Service Continuity Plan
(ITIL Service Design)
Ein Plan, der die erforderlichen Schritte für eine Wiederherstellung eines oder mehrerer IT Services definiert. Der Plan identifiziert darüber hinaus die Bedingungen für das Auslösen des Plans, die darin zu berücksichtigenden Personen, Kommunikationsaspekte etc. IT Service Continuity Pläne sollten Teil eines Business Continuity Plans sein.

IT Service Management (ITSM)
Die Implementierung und das Management von qualitätsbasierten IT Services, die den Anforderungen des Business gerecht werden. Das IT Service Management wird von IT Service Providern mithilfe einer geeigneten Kombination aus Personen, Prozessen und Informationstechnologie durchgeführt. Siehe Service Management.

IT Service Management Forum (itSMF)
Beim IT Service Management Forum handelt es sich um eine unabhängige Organisation, die sich der Förderung und Verbreitung eines professionellen Ansatzes für das IT Service Management widmet. Das itSMF ist eine nicht gewinnorientierte Mitgliederorganisation mit Vertretern aus zahlreichen Ländern weltweit (itSMF Verbände). Das itSMF und seine Mitglieder unterstützen die Entwicklung von ITIL sowie der zugehörigen IT Service Management Standards.
Weitere Informationen dazu finden Sie unter www.itsmf.de.

IT Service Provider
(ITIL Service Strategy)
Ein Service Provider, der IT Services für interne oder externe Kunden bereitstellt.

IT Steering Group (ISG)
(ITIL Service Design)
(ITIL Service Strategy)
Eine formale Gruppe, die sicherstellen soll, dass die

Strategien und Pläne von Business und IT Service Provider eng aufeinander abgestimmt sind. Zu einer IT Steering Group gehören Vertreter des oberen Managements aus dem Business und dem IT Service Provider. Die IT Steering Group ist auch als IT Strategy Group oder IT Steering Committee bekannt.

ITIL®

Eine Reihe von Best Practice Publikationen für IT Service Management. ITIL liefert Leitlinien für die Bereitstellung hochwertiger IT Services und zu den Prozessen, Funktionen und anderen Fähigkeiten, die für ihre Unterstützung erforderlich sind. Das ITIL Framework basiert auf einem Servicelebenszyklus und besteht aus fünf Phasen (Service Strategy, Service Design, Service Transition, Service Operation und Continual Service Improvement). Zu jeder Phase gibt es eine eigene Publikation. Darüber hinaus gibt es eine Reihe ergänzender ITIL Publikationen, die Leitlinien zu spezifischen Branchen, Organisationstypen, Betriebsmodellen und Technologiearchitekturen bieten. Weitere Informationen dazu finden Sie unter www.itilofficialsite.com.

J

Job Scheduling (Auftragsplanung)

(ITIL Service Operation)

Planung und Management der Ausführung von Software-Aufgaben, die als Teil eines IT Service erforderlich sind. Das Job Scheduling wird vom IT Operations Management durchgeführt und häufig mithilfe von Software-Tools automatisiert, die Batch-Verarbeitungs- oder Online-Aufgaben zu bestimmten Zeiten pro Tag, pro Woche, pro Monat oder pro Jahr ausführen.

K

Kano-Modell

(ITIL Service Strategy)

Ein von Noriaki Kano entwickeltes Modell als Hilfestellung zum Verständnis der Kundenpräferenzen. Das Kano-Modell betrachtet die Attribute eines IT Service, die in bestimmte Bereiche gruppiert werden, wie Basisfaktoren, Begeisterungsmerkmale, Leistungsfaktoren etc.

Kapazität (capacity)
(ITIL Service Design)
Der maximale Durchsatz, den ein Configuration Item oder IT Service liefern kann. Bei einigen Typen von CI's kann sich die Kapazität auf die Größe oder das Volumen beziehen, beispielsweise bei einer Festplatte.

Kapital-Budgetierung (capital budgeting)
(ITIL Service Strategy)
Die heutige Finanzierungzusage, um einen Ertrag in der Zukunft in der Form zusätzlicher Mittelzuflüsse oder verminderter Mittelabflüsse zu erhalten.

Kategorie (category)
Eine benannte Gruppe von Elementen mit bestimmten Gemeinsamkeiten. Kategorien werden bei einer Gruppierung ähnlicher Elemente eingesetzt. Ähnliche Kosten werden beispielsweise in Kostenarten zusammengefasst. Ähnliche Typen von Incidents werden in Incident-Kategorien gruppiert; ähnliche Typen von Configuration Items werden als CI-Typen gruppiert.

Kepner-Tregoe-Analyse
(ITIL Service Operation)
Ein strukturierter Ansatz zur Lösung von Problemen. Das Problem wird hinsichtlich der Aspekte „Was“, „Wo“, „Wann“ und „Ausmaß“ analysiert. Dabei werden mögliche Ursachen identifiziert. Die wahrscheinlichste Ursache wird getestet, um die tatsächliche Ursache zu ermitteln.

Key Performance Indicator (KPI)
(ITIL Continual Service Improvement)
(ITIL Service Design)
Eine Messgröße, die das Management eines IT Services, Prozesses, Plans, Projektes oder einer Aktivität unterstützen soll. Key Performance Indicator werden genutzt, um das Erreichen kritischer Erfolgsfaktoren zu messen. Es können viele Messgrößen gemessen werden, es werden jedoch nur die wichtigsten dieser Größen als KPI's definiert und für ein aktives Management und Berichtswesen in Bezug auf den Prozess, den IT Service oder die Aktivität eingesetzt. Bei der Auswahl der KPI's sollte die Sicherstellung von Effizienz, Effektivität und Wirtschaftlichkeit berücksichtigt werden.

Klassifizierung (classification)
Zuordnung einer Kategorie zu einem Element. Die Klassifizierung soll ein konsistentes Management und Berichtswesen sicherstellen. CI's, Incidents, Problems, Changes etc. werden in der Regel klassifiziert.

Knowledge Base (Wissensdatenbank)
(ITIL Service Transition)
Eine logische Datenbank, die Daten und Informationen enthält, welche vom Service Knowledge Management System genutzt werden.

Knowledge Management
(ITIL Service Transition)
Der Prozess, der dafür verantwortlich ist, Perspektiven, Ideen, Erfahrungen und Informationen zu teilen und sicherzustellen, dass diese zur richtigen Zeit am richtigen Platz verfügbar sind. Der Knowledge Management Prozess ermöglicht fundierte Entscheidungen und steigert die Effizienz, indem bereits vorhandenes Wissen nicht erneut entwickelt werden muss. Siehe Data-to-Information-to-Knowledge-to-Wisdom; Service Knowledge Management System.

Known Error
(ITIL Service Operation)
Ein Problem, für das die Ursache und ein Workaround dokumentiert wurden. Das Problem Management ist verantwortlich zur Erstellung und für das Management von bekannten Fehlern während ihres gesamten Lebenszyklus. Known Error können auch von der Entwicklung oder den Suppliern identifiziert werden.

Known Error Datenbank (KEDB)
(ITIL Service Operation)
Eine Datenbank, die Records aller Known Errors enthält. Diese Datenbank wird vom Problem Management erstellt und vom Incident und Problem Management genutzt. Die Known Error Database kann Teil des Configuration Management Systems sein oder an anderer Stelle im Service Knowledge Management System gespeichert werden.

Known Error Record
(ITIL Service Operation)
Ein Record, der die Details zu einem Known Error enthält. Jeder Record eines Known Error dokumentiert den Lebenszyklus eines Known Error,

einschließlich des Status, der Ursache und des Workaround. In einigen Implementierungen wird ein Known Error unter Verwendung zusätzlicher Felder in einem Problem Record dokumentiert.

Kompetenzmatrix (authority matrix)
Siehe RACI.

Komponente (component)
Ein allgemeiner Begriff für einen Teil eines komplexeren Elements. Beispielsweise ein Computersystem kann eine Komponente eines IT Service sein, eine Anwendung eine Komponente einer Release Unit. Bei Komponenten, die gemanagt werden müssen, handelt es sich um Configuration Items.

Komponenten-CI (component CI)
(ITIL Service Transition)
Ein Configuration Item, das Teil einer Komponentengruppe ist. Ein Prozessoroder Arbeitsspeicher-CI kann beispielsweise Teil eines Server-CI sein.

Komponentengruppe (assembly)
(ITIL Service Transition)
Ein Configuration Item, das sich aus einer Reihe von anderen CI's zusammensetzt. Ein Server-CI kann beispielsweise die CI's Prozessor, Festplatte, Arbeitsspeicher etc. enthalten. Ein IT Service CI kann mehrere Hardware-, und Softwarekomponenten und andere CI's umfassen. Siehe Komponenten-CI; Build.

Kontinuierlicher Betrieb (continuous operation)
(ITIL Service Design)
Ein Ansatz oder Entwurf, um eine geplante Nicht-Verfügbarkeit eines IT Service zu vermeiden. Dabei ist zu beachten, dass es zu einer Nicht-Verfügbarkeit einzelner Configuration Items kommen kann, auch wenn der IT Service verfügbar ist.

Kontinuierliche Verfügbarkeit (continuous availability)
(ITIL Service Design)
Ein Ansatz oder Entwurf, um eine Verfügbarkeit von 100 % zu erreichen. Für einen kontinuierlich verfügbaren IT Service besteht keine geplante oder nicht geplante Nicht-Verfügbarkeit.

Korrelierende Messgrößen (tension metrics)
(ITIL Continual Service Improvement)
Eine Reihe zueinander in Beziehung stehender Messgrößen, bei denen Verbesserungen an einer Messgröße negative Auswirkungen bei einer anderen zur Folge haben. Korrelierende Messgrößen sollen sicherstellen, dass ein stabiles Gleichgewicht hergestellt wird.

Kosten (cost)
Der Betrag an Geldmitteln, der für eine bestimmte Aktivität, einen bestimmten IT Service oder einen bestimmten Geschäftsbereich ausgegeben wurde. Zu Kosten gehören Realkosten (Geld), fiktive Kosten (wie die Zeit von Personen) und Abschreibungen.

Kostenart (cost type)
(ITIL Service Strategy)
Die höchste Kategorie-Ebene, auf der eine Zuweisung von Kosten bei der Budgetierung und der Kostenrechnung erfolgt. Zu den Beispielen dafür zählen Hardware, Software, Mitarbeiter, Räumlichkeiten, externe Kosten und Transport. Siehe Kostenelement; Kosteneinheit.

Kosteneinheit (cost unit)
(ITIL Service Strategy)
Die niedrigste Kategorie-Ebene, auf der eine Zuweisung von Kosten erfolgt. Kosteneinheiten umfassen in der Regel einfach zählbare Elemente (wie die Anzahl der Mitarbeiter oder Softwarelizenzen) oder einfach messbare Elemente (wie Prozessorauslastung oder Energieverbrauch). Kosteneinheiten sind ein Bestandteil der Kostenelemente. Das Kostenelement „Spesen" könnte beispielsweise folgende Kosteneinheiten enthalten: Übernachtung, Fahrtkosten, Mahlzeiten etc. Siehe Kostenart.

Kostenelement (cost element)
(ITIL Service Strategy)
Die mittlere Kategorie-Ebene, auf der eine Zuweisung von Kosten während der Budgetierung und der Kostenrechnung erfolgt. Bei der höchsten Ebene der Kategorien handelt es sich um die Kostenart. Die Kostenart „Mitarbeiter" könnte beispielsweise folgende Kostenelemente enthalten: Gehalt, Arbeitgeberleistungen, Spesen, Schulungskosten, ausbezahlte Überstunden etc.

Es kann dann eine weitere Unterteilung der Kostenelemente erfolgen, um Kosteneinheiten zu erhalten. Das Kostenelement „Spesen" könnte beispielsweise folgende Kosteneinheiten umfassen: Übernachtung, Fahrtkosten, Mahlzeiten etc.

Kostenmanagement (cost management)
(ITIL Service Strategy)
Ein allgemeiner Begriff in Bezug auf die Budgetierung und Kostenrechnung. Manchmal auch als Synonym für Financial Management verwendet.

Kostenmodell (cost model)
(ITIL Service Strategy)
Ein Framework, das in der Budgetplanung und Kostenrechnung genutzt wird und in dem alle bekannten Kosten erfasst, kategorisiert und spezifischen Kunden, Geschäftsbereichen oder Projekten zugeordnet werden können. Siehe Kostenart; Kostenelement; Kosteneinheit.

Kosten-Nutzen- Analyse (cost benefit analysis)
Eine Aktivität, die Kosten und Nutzen einer oder mehrerer alternativer Möglichkeiten für den Verlauf von Aktionen analysiert und vergleicht. Siehe Business Case; Barwert-Methode; Interne Zinsfuß-Methode; Return on Investment; Value on Investment.

Kosten-Nutzen-Verhältnis (value for money)
Ein informelles Maß für die Wirtschaftlichkeit. Das Kosten-Nutzen-Verhältnis basiert häufig auf einem Vergleich mit den Kosten, die für bestimmte Alternativen anzusetzen wären. Siehe Kosten-Nutzen-Analyse.

Kostenrechnung (accounting)
(ITIL Service Strategy)
Der Prozess, bei dem die Ist-Kosten für die Bereitstellung von IT Services identifiziert und mit den Kosten aus der Finanzplanung verglichen werden, um Budget- Abweichungen zu handhaben.

Krisenmanagement (crisis management)
Der Prozess, bei dem umfangreichere Auswirkungen auf die Geschäftskontinuität gemanagt werden. Ein Krisenmanagement-Team ist verantwortlich für strategische Aspekte, wie den Umgang mit den Medien und dem Vertrauen der Anteilseigner, und entscheidet, wann Busi-

ness Continuity Pläne in Kraft treten sollen.

Kritischer Erfolgsfaktor

Etwas, das passieren muss, wenn ein IT Service, Prozess, Plan, Projekt oder eine andere Aktivität erfolgreich sein soll. Um das Erreichen eines CSF zu messen, werden Key Performance Indicator eingesetzt. Ein CSF in Bezug auf den „Schutz von IT Services bei der Durchführung von Changes“ könnte von Key Performance Indicator wie „Verringerung des Anteils nicht erfolgreicher Changes“ und „Verringerung der Changes, die Incidents verursachen, in Prozent“ etc. gemessen werden.

Kultur (culture)

Ein Satz gemeinsamer Werte von einer Gruppe von Personen, einschließlich der Erwartungen an das Verhalten dieser Personen sowie Vorstellungen, Überzeugungen und Gepflogenheiten und Bräuche.
Siehe Vision.

Kunde (customer)

Person, die Waren oder Services erwirbt. Der Kunde eines IT Service Providers ist die Person oder Gruppe, mit der die Service Level Ziele definiert und vereinbart werden. Der Begriff „Kunde“ kann sich in einem informellen Kontext auch auf „Anwender“ beziehen, z. B.: „Das ist eine kundenorientierte Organisation“.

Kunden-Asset (customer asset)

Eine Ressource oder Fähigkeit eines Kunden. Siehe Asset.

Kunden-gerichteter Service (customer-facing service)

(ITIL Service Design)

Ein IT Service, der für den Kunden sichtbar ist. Dies sind normalerweise Services, die die Business-Prozesse des Kunden unterstützen und ein oder mehrere durch den Kunden angestrebte Ergebnisse fördern. Alle Kunden-gerichteten Services, die im Betrieb sind, oder die, die für das Deployment zur Verfügung stehen, sind im Servicekatalog erfasst. Für den Kunden sichtbar sind hier Informationen über Ergebnisse, Preise, Kontaktpunkte, Bestell- und Abrufprozesse. Andere Informationen, wie Beziehungen zu unterstützenden Services und anderen CI's werden für den internen Gebrauch des IT Service Providers ebenfalls erfasst.

Kundenportfolio (customer portfolio)
(ITIL Service Strategy)
Eine Datenbank oder ein strukturiertes Dokument zum Erfassen aller Kunden des IT Service Providers. Das Kundenportfolio stellt die Kunden, die Services vom IT Service Provider erhalten, aus dem Blickwinkel des Business Relationship Managers dar. Siehe Kundenvereinbarungs-Portfolio; Servicekatalog; Serviceportfolio.

Kundenvereinbarungs-Portfolio (customer agreement portfolio)
(ITIL Service Strategy)
Eine Datenbank oder ein strukturiertes Dokument, die bzw. das verwendet wird, um Serviceverträge oder Vereinbarungen zwischen einem IT Service Provider und dessen Kunden zu managen. Für jeden für einen Kunden bereitgestellten IT Service sollte ein Vertrag oder eine sonstige Vereinbarung bestehen, der bzw. die im Kundenvereinbarungs-Portfolio aufgeführt ist. Siehe Kunden-gerichteter Service; Servicekatalog; Serviceportfolio.

Kurskorrekturen (course corrections)
Änderungen an einem Plan oder einer Aktivität, der bzw. die bereits gestartet wurde, um sicherzustellen, dass die zugehörigen Ziele erreicht werden können. Kurskorrekturen werden als Ergebnis eines laufenden Monitoring durchgeführt.

L

Laufende Kosten (running costs)
Siehe Betriebskosten.

Lebenszyklus (lifecycle)
Die unterschiedlichen Phasen während der Lebensdauer eines IT Service, Configuration Item, Incident, Problems, Change etc. Der Lebenszyklus definiert die Statuskategorien sowie die erlaubten Statusübergänge. Beispiel:

- Der Lebenszyklus einer Anwendung umfasst: Anforderungen, Design, Build, Deployment, Betrieb und Optimierung.
- Der erweiterte Incident-Lebenszyklus umfasst: Erkennung, Diagnose, Reparatur, Instandsetzung und Wiederherstellung.

- Der Lebenszyklus eines Servers kann Folgendes umfassen: Bestellt, Erhalten, Testphase, Live-Phase, Entsorgt etc.

Leistungsverrechnung (charging)
(ITIL Service Strategy)
Bezahlung für IT Services einfordern. Für IT Services ist eine Leistungsverrechnung optional, und viele Organisationen führen ihren IT Service Provider als Cost Center. Siehe Leistungsverrechnungsprozess; Leistungsverrechnungsrichtlinie.

Leistungsverrechnungsrichtlinie (charging policy)
(ITIL Service Strategy)
Eine Richtlinie, die das Ziel des Leistungsverrechnungsprozesses und die Kalkulation der Abrechnungen spezifiziert. Siehe Kosten.

Leistungsverrechnungsprozess (charging process)
(ITIL Service Strategy)
Der Prozess, der für die Entscheidung, wie viel der Kunde bezahlen muss (Preisgestaltung) und die Begleichung der Forderungen durch die Kunden (Abrechnung) verantwortlich ist. Dieser Prozess wird nicht im Detail in den ITIL Kernpublikationen beschrieben.

Leitlinie (guideline)
Ein Dokument, das die Best Practice beschreibt, die Empfehlungen für auszuführende Aktionen gibt. In der Regel besteht keine zwingende Konformität mit einer Leitlinie. Siehe Standard.

Live
(ITIL Service Transition)
Bezieht sich auf einen IT Service oder ein Configuration Item, der bzw. das eingesetzt ist, um einen Service für einen Kunden bereitzustellen.

Live-Umgebung (live environment)
(ITIL Service Transition)
Eine gesteuerte Umgebung mit Live Configuration Items, die eingesetzt werden, um IT Services für Kunden bereitzustellen.

Lösung (resolution)
(ITIL Service Operation)
Maßnahme zur Behebung der Ursache eines Incident oder Problems oder zur Implementierung eines Workaround. Beim Standard ISO/IEC 20000 handelt es sich bei den Lösungsprozessen (Resolution Processes) um die Prozessgruppe, die das Incident Management und Problem Management beinhaltet.

M

Major Incident (Schwerwiegender Incident)
(ITIL Service Operation)
Die höchste Kategorie eines Incident in Bezug auf die Auswirkung. Major Incidents führen zu einer erheblichen Unterbrechung für das Business.

Management-Informationen (management information)
Informationen, die zur Unterstützung der Entscheidungsfindung von Managern eingesetzt werden. Management-Informationen werden häufig automatisch von Tools generiert, die die verschiedenen IT Service Management Prozesse unterstützen. Management-Informationen beinhalten häufig die Werte von KPI's wie „Prozentsatz von Changes, die zu Incidents führen" oder „Erstbehebungsrate".

Management-Informationssystem (management information system MIS)
(ITIL Service Design)
Eine Kombination von Tools, Daten und Informationen, die zur Unterstützung eines Prozesses oder einer Funktion genutzt werden. Beispiele sind das Availability Management Information System und das Supplier and Contract Management Information System. Siehe Service Knowledge Management System.

Management of Risk (M_o_R®)
M_o_R beinhaltet sämtliche Aktivitäten, die erforderlich sind, um potenzielle Risiken zu identifizieren und zu steuern, die sich auf die Erreichung der Business-Ziele einer Organisation auswirken können. Weitere Informationen dazu finden Sie unter www.mor-officialsite.com.

Management-System
Das Framework mit Richtlinien, Prozessen, Funktionen, Standards, Leitlinien und Hilfsmitteln und Tools, welches sicherstellt, dass eine Organisation oder Teile einer Organisation ihre Ziele erreichen kann. Der Begriff wird auch mit kleinerem Umfang für die Unterstützung eines bestimmten Prozesses oder einer bestimmten Aktivität genutzt, beispielsweise ein Event Management System oder ein Risikomanagementsystem. Siehe System.

Manueller Workaround (manual workaround)
(ITIL Continual Service Improvement)
Ein Workaround, der ein manuelles Eingreifen erfordert. Ein manueller Workaround wird als Bezeichnung für eine Wiederherstellungsoption verwendet, in der der Business-Prozess ohne den Einsatz von IT Services betrieben wird. Stellt eine temporäre Maßnahme dar und wird in der Regel mit einer anderen Wiederherstellungsoption kombiniert.

Marktraum (market space)
(ITIL Service Strategy)
Möglichkeiten, die ein IT Service Provider nutzen könnte, um den Business-Anforderungen der Kunden gerecht zu werden. Markträume identifizieren die möglichen IT Services, deren Bereitstellung sich der IT Service Provider vorstellen könnte.

Maximale Wiederherstellungszeit nach einem Ausfall (Recovery Time Objective (RTO)
(ITIL Service Design)
(ITIL Service Operation)
Die maximal zulässige Zeitspanne für die Wiederherstellung eines IT Service im Anschluss an eine Unterbrechung. Der einzuhaltende Service Level kann dabei unter den normalen Service Level Zielen liegen. RTO's sollten für jeden IT Service verhandelt, vereinbart und dokumentiert werden. Siehe Business-Auswirkungsanalyse.

Mean Time Between Failures (Durchschnittliche Zeit zwischen zwei Ausfällen, MTBF)
(ITIL Service Design)
Eine Messgröße, die für die Messung und Berichte in Bezug auf die Zuverlässigkeit eingesetzt wird. Die MTBF ist die durchschnittliche Zeit, während derer ein Configuration Item oder IT Service mit der vereinbarten Funktionalität ohne Unterbrechung betrieben oder bereitgestellt werden kann. Diese wird ab dem Zeitpunkt, an dem der Betrieb des CI oder des IT Service gestartet wird, bis zu dem Zeitpunkt des nächsten Ausfalls gemessen.

Mean Time Between Service Incidents (Durchschnittliche Zeit zwischen zwei Service-Incidents, MTBSI)
(ITIL Service Design)
Eine Messgröße, die für die Messung und Berichte in Bezug auf die Zuverlässigkeit eingesetzt wird. Die MTBSI ist die durchschnittliche Zeit zwischen einem Ausfall eines Systems oder IT Service bis zum nächsten Ausfall. MTBSI entspricht MTBF + MTRS.

Mean Time To Repair (Durchschnittliche Zeit bis zur Reparatur, MTTR)
Die durchschnittliche Zeit, die für die Reparatur eines Configuration Item oder IT Service nach einem Ausfall benötigt wird. Die MTTR wird ab dem Zeitpunkt des Ausfalls des CI oder IT Service bis zur Fertigstellung der Reparatur gemessen. Die MTTR umfasst nicht die Zeit, die zur Instandsetzung oder Wiederherstellung selbst erforderlich ist. Die MTTR wird manchmal fälschlicherweise anstelle von Mean Time to Restore Service verwendet.

Mean Time to Restore Service (Durchschnittliche Zeit bis zur Wiederherstellung des Service, MTRS)
Die durchschnittliche Zeit, die für die Wiederherstellung eines Configuration Item oder IT Service nach einem Ausfall benötigt wird. Die MTRS wird ab dem Zeitpunkt des Ausfalls des CI oder IT Service bis zur vollständigen Wiederherstellung der normalen Funktionalität gemessen. Siehe Wartbarkeit; Mean Time to Repair.

Messgröße (metric)
(ITIL Continual Service Improvement)
Ein Merkmal, das gemessen und berichtet wird, um das Management eines Prozesses, eines IT Service oder einer Aktivität zu unterstützen. Siehe KPI.

Middleware
(ITIL Service Design)
Software, die zwei oder mehr Komponenten aus Software-Elementen oder Anwendungen verbindet. Middleware wird häufiger von einem Supplier erworben als vom IT Service Provider entwickelt. Siehe Commercial off the Shelf.

Mission
Eine kurze aber vollständige Beschreibung des allgemeinen Zwecks und der allgemeinen Absichten einer Organisation. Sie sagt aus, was erreicht werden soll, beschreibt jedoch nicht die erforderlichen Schritte dazu. Siehe Vision.

Modell (model)
Eine Darstellung eines Systems, Prozesses, IT Service, Configuration Item etc., die ein einfacheres Verständnis oder Prognosen zu zukünftigem Verhalten unterstützen soll.

Modelling (Modellierung)
Eine Technik, die zur Prognostizierung von zukünftigem Verhalten eines Systems, Prozesses, IT Service, Configuration Item etc. verwendet wird. Das Modelling wird häufig im Financial Management, Capacity Management und Availability Management eingesetzt.

Monitor Control Loop (Überwachungs-/ Steuerungskreislauf)
(ITIL Service Operation)
Das Monitoring des Ergebnisses einer Aufgabe, eines Prozesses, eines IT Service oder eines Configuration Item. Dieses Ergebnis wird dann mit einem vordefinierten Standard verglichen, anschließend werden basierend auf diesem Vergleich entsprechende Aktionen durchgeführt.

Monitoring (Überwachung)
(ITIL Service Operation)
Wiederholte Beobachtung eines Configuration Item, IT Service oder Prozesses, um Events zu ermitteln, und sicherzustellen, dass der aktuelle Status bekannt ist.

Motivation, Antrieb (driver)
Element, das die Strategie, Ziele oder Anforderungen beeinflusst. Beispielsweise eine neue Gesetzgebung oder Aktionen von Wettbewerbern.

N

Nearshore (Nahverlagerung)
(ITIL Service Strategy)
Bereitstellung von Services von einem Land aus, das sich in der Nähe des Landes mit dem Sitz des Kunden befindet. Dabei kann es sich um die Erbringung eines IT Service oder um unterstützende Funktionen wie den Service Desk handeln. Siehe Offshore; Onshore.

Normaler Change (normal change)
(ITIL Service Transition)
Ein Change, der kein Notfall Change und kein Standard Change ist. Normale Changes folgen den definierten Schritten des Change Management Prozesses.

Normaler Servicebetrieb (normal service operation)
(ITIL Service Operation)
Ein operativer Zustand, in dem Services und Configuration Items innerhalb ihrer vereinbarten Service Level und Operational Level laufen.

Notfall-Change (emergency change)
(ITIL Service Transition)
Ein Change, der so bald wie möglich eingeführt werden muss, beispielsweise um einen Major Incident zu lösen oder ein Sicherheits-Patch zu installieren. Der Change Management Prozess bietet in der Regel ein bestimmtes Verfahren für die Behandlung von Notfall-Changes. Siehe Emergency Change Advisory Board (ECAB).

Nutzbarkeit (usability)
(ITIL Service Design)
Die Nutzbarkeit gibt an, wie einfach eine Anwendung, ein Produkt oder ein IT Service verwendet werden kann. Anforderungen an die Nutzbarkeit werden häufig in einem Statement of Requirements festgehalten.

O

Office of Government Commerce (OGC)
Das OGC (früherer Inhaber der Best Management Practices).

Offshore (Auslandsverlagerung)
(ITIL Service Strategy)
Bereitstellung von Services von einem Standort aus, der sich außerhalb des Landes mit dem Sitz des Kunden, häufig auf einem anderen Kontinent, befindet. Dabei kann es sich um die Erbringung eines IT Service oder um unterstützende Funktionen wie den Service Desk handeln. Siehe Nearshore; Onshore.

Off the Shelf (Serienfertigung)
Siehe Commercial off the Shelf.

Onshore (Inlandsverlagerung)
(ITIL Service Strategy)
Bereitstellung von Services von einem Standort aus, der sich innerhalb des Landes mit dem Sitz des Kunden befindet. Siehe Nearshore; Offshore.

Operativ (operational)
Die niedrigste der drei Planungs- und Bereitstellungsebenen (strategisch, taktisch, operativ). Operative Aktivitäten umfassen die tägliche oder kurzfristige Planung oder die Bereitstellung eines Business-Prozesses oder IT Service Management Prozesses. Der Begriff operativ ist auch ein Synonym für Live.

Operational Level Agreement (Vereinbarung auf Betriebsebene, OLA)
(ITIL Continual Service Improvement)
(ITIL Service Design)
Eine Vereinbarung zwischen einem IT Service Provider und einem anderen Teil derselben Organisation. Ein OLA unterstützt die Bereitstellung von IT Services durch den IT Service Provider für den Kunden. Das OLA definiert die zu liefernden Waren oder Services und die Verantwortlichkeiten der beiden Parteien. Ein OLA könnte beispielsweise bestehen zwischen:

- dem IT Service Provider und einer Einkaufsabteilung, um Hardware innerhalb vereinbarter Zeitspannen zu erhalten.
- dem Service Desk und einer Support-Gruppe, um eine Incident-Lösung innerhalb der vereinbarten Zeit zu erreichen Siehe Service Level Agreement.

Operations Bridge
(ITIL Service Operation)
Ein physischer Standort, an dem IT Services und die IT-Infrastruktur überwacht und gemanagt werden.

Operations Management
Siehe IT Operations Management.

Opportunitätskosten (opportunity cost)
(ITIL Service Strategy)
Kosten, die bei der Entscheidung zwischen Investitionsalternativen angewendet werden. Opportunitätskosten stellen den Erlös dar, der bei einem anderweitigen Einsatz der Ressourcen hätte erzielt werden können. Die

Opportunitätskosten für den Einkauf eines neuen Servers könnten beispielsweise beinhalten, dass eine bestimmte Serviceverbesserungsaktivität nicht durchgeführt wurde, für die das Geld stattdessen hätte aufgewendet werden können. Opportunitätskostenanalysen werden als Teil eines Entscheidungsfindungsprozesses eingesetzt, Opportunitätskosten erscheinen in einer Bilanz jedoch nicht als Ist-Kosten.

Optimieren (optimize)
Review, Planung und Anforderung von Changes, um die maximale Effizienz und Effektivität in einem Prozess, einem Configuration Item, einer Anwendung etc. zu erzielen.

Organisation (organization)
Ein Unternehmen, eine juristische Einheit oder eine andere Institution. Der Begriff „Organisation" kann auch verwendet werden, um eine Einheit aus Personen, Ressourcen und Budget zu bezeichnen, beispielsweise bei einem Projekt oder einem Geschäftsbereich.

Outsourcing
(ITIL Service Strategy)
Einsatz eines externen Service Providers für das Management von IT Services. Siehe Service Sourcing.

P

Pareto-Prinzip (Pareto principle)
(ITIL Service Operation)
Eine Technik, die für die Priorisierung von Aktivitäten eingesetzt wird. Laut Pareto-Prinzip kann 80 % der Wertschöpfung durch Aktivitäten mit 20 % des gesamten Aufwands erreicht werden. Die Pareto-Analyse wird darüber hinaus im Problem Management für eine Priorisierung möglicher Ursachen für Probleme eingesetzt, um diese genauer untersuchen zu können.

Partnerschaft (partnership)
Eine Beziehung zwischen zwei Organisationen mit dem Zweck einer engen Zusammenarbeit, zum Erreichen gemeinsamer Ziele oder zum gegenseitigen Nutzen. Der IT Service Provider sollte mit dem Business Partnerschaften eingehen, sowie mit Drittparteien, die für die Bereitstellung von IT Ser-

vices entscheidend sind. Siehe Wertenetzwerk.

Passives Monitoring (Passive Überwachung)
(ITIL Service Operation)
Monitoring eines Configuration Item, eines IT Service oder eines Prozesses, das sich auf einen Alarm oder eine Benachrichtigung stützt, um den aktuellen Status zu ermitteln. Siehe Aktives Monitoring.

Performance
Ein Maß dafür, was von einem System, einer Person, einem Team, einem Prozess oder einem IT Service erreicht oder bereitgestellt wird.

Performance Management
Aktivitäten, die sicherstellen, dass etwas seine erwarteten Ergebnisse in effizienter und konsistenter Weise erreicht.

Pilottest (pilot)
(ITIL Service Transition)
Ein eingeschränktes Deployment eines IT Service, eines Release oder eines Prozesses in die Live-Umgebung. Ein Pilottest wird verwendet, um Risiken zu minimieren, Feedback der Anwender einzuholen und die Akzeptanz der Anwender zu erreichen. Siehe Evaluation; Test.

Plan
Ein detaillierter Vorschlag, in dem die Aktivitäten und Ressourcen beschrieben werden, die zum Erreichen eines Ziels erforderlich sind. Beispielsweise ein Plan zur Implementierung eines neuen IT Service oder Prozesses. ISO/IEC 20000 fordert für das Management eines jeden IT Service Management Prozesses einen Plan.

Plan-Do-Check-Act (Planen-Durchführen Überprüfen-Handeln, PDCA)
(ITIL Continual Service Improvement)
Ein Zyklus in vier Phasen für das Prozessmanagement, der auf Edward Deming zurückgeführt wird. „Plan-Do-Check-Act" wird auch als Deming-Kreis bezeichnet.
PLAN (Planen): Design oder Überarbeitung von Prozessen, die die IT Services unterstützen.
DO (Durchführen): Implementierung des Plans und Management der Prozesse.
CHECK (Überprüfen): Messung der Prozesse und IT Services, Vergleich mit den Zielen und

Erstellung von Berichten.
ACT (Handeln): Planung und Implementierung von Changes, um die Prozesse zu verbessern

Planung (planning)
Eine Aktivität, die für die Erstellung eines oder mehrerer Pläne verantwortlich ist. Beispielsweise Capacity-Planung.

Post Implementation Review, PIR
Ein Review, der nach der Implementierung eines Change oder eines Projekts erfolgt. Ein PIR stellt fest, ob der Change oder das Projekt erfolgreich ist und identifiziert Verbesserungsmöglichkeiten.

Practice (Praxis)
Arbeitsweise oder Methode, wie die Arbeit auszuführen ist. Practices können Aktivitäten, Prozesse, Funktionen, Standards und Leitlinien sein. Siehe Best Practice.

Voraussetzung für den Erfolg (Prerequisite for Success, PFS) Eine auszuführende Aktivität oder einzuhaltende Bedingung, um eine erfolgreiche Implementierung eines Plans oder Prozesses zu ermöglichen. Eine PFS ist häufig der Output eines Prozesses, der als Input für einen anderen Prozess erforderlich ist.

Preisgestaltung (pricing)
(ITIL Service Strategy)
Die Aktivität, bei der ermittelt wird, wie viel dem Kunden in Rechnung gestellt wird.

PRINCE2®
Siehe PRojects IN Controlled Environments.

Priorität (priority)
(ITIL Service Operation)
(ITIL Service Transition)
Eine Kategorie, die verwendet wird, um die relative Wichtigkeit eines Incident, Problems oder Change zu identifizieren. Die Priorität basiert auf der Auswirkung und Dringlichkeit und wird eingesetzt, um den erforderlichen Zeitbedarf für die auszuführenden Aktionen zu ermitteln. Ein SLA kann beispielsweise angeben, dass Incidents der Priorität 2 innerhalb von 12 Stunden behoben werden müssen.

Proaktives Monitoring (Proaktive Überwachung)
(ITIL Service Operation)
Monitoring, bei dem versucht wird, Event-Muster zu ermit-

teln, um mögliche zukünftige Ausfälle zu prognostizieren. Siehe Reaktives Monitoring.

Proactive Problem Management
(ITIL Service Operation)
Teil des Problem Management Prozesses. Das Ziel des proaktiven Problem Management ist die Identifizierung von Problemen, die andernfalls übersehen werden könnten. Das proaktive Problem Management analysiert Incident Records und verwendet Daten, die von anderen IT Service Management Prozessen gesammelt werden, um Trends oder maßgebliche Probleme zu identifizieren.

Problem
(ITIL Service Operation)
Die Ursache für einen oder mehrere Incidents. Zum Zeitpunkt der Erstellung eines Problem Record ist die Ursache in der Regel unbekannt. Für die weitere Untersuchung ist der Problem Management Prozess verantwortlich.

Problem Management
(ITIL Service Operation)
Der Prozess, der für das Management des Lebenszyklus aller Probleme verantwortlich ist. Problem Management verhindert proaktiv Incidents und minimiert die Auswirkungen von Incidents, die nicht verhindert werden können.

Problem Record
(ITIL Service Operation)
Ein Record, der die Details zu einem Problem enthält. Jeder Problem Record dokumentiert den Lebenszyklus eines einzelnen Problems.

Prozess (process)
Ein strukturierter Satz an Aktivitäten, mit deren Hilfe ein bestimmtes Ziel erreicht werden soll. Ein Prozess wandelt einen oder mehrere definierte Inputs in definierte Outputs um. Ein Prozess kann beliebige Rollen, Verantwortlichkeiten, Hilfsmittel, Tools und Steuerungen für das Management enthalten, die für eine zuverlässige Bereitstellung der Outputs erforderlich sind. Ein Prozess kann den Anforderungen entsprechend Richtlinien, Standards, Leitlinien, Aktivitäten und Arbeitsanweisungen definieren.

Prozesssteuerung (process control)
Die Aktivität der Planung und Regulierung eines Prozesses, mit dem Ziel, den Prozess effektiv, effizient und konsistent auszuführen.

Prozess-Manager
Eine Rolle, die für das operative Management eines Prozesses verantwortlich ist. Zu den Verantwortlichkeiten des Prozess-Managers gehören die Planung und die Koordination aller Aktivitäten, die zur Ausführung, dem Monitoring und der Berichtserstellung in Bezug auf einen Prozess erforderlich sind. Es können mehrere Prozess-Manager für einen Prozess vorhanden sein, z. B. regionale Change Manager oder IT Service Continuity Manager für jedes Rechenzentrum. Die Rolle des Prozess-Managers wird häufig der Person zugewiesen, der bereits die Rolle des Process Owners zugewiesen ist. In größeren Organisationen können diese Rollen jedoch separat zugewiesen sein.

Process Owner (Prozessverantwortlicher)
Eine Rolle, die ergebnisverantwortlich für die Sicherstellung der Zweckmäßigkeit eines Prozesses ist. Zu den Verantwortlichkeiten des Process Owners gehören das Sponsorship, das Design, das Change Management sowie die kontinuierliche Verbesserung des Prozesses und seiner Messgrößen. Diese Rolle kann derselben Person zugewiesen werden, der bereits die Rolle des Prozess-Managers zugewiesen ist. In größeren Organisationen können diese Rollen jedoch separat zugewiesen sein.

Produktionsumgebung (production environment)
Siehe Live-Umgebung.

Profit Center
(ITIL Service Strategy)
Ein Geschäftsbereich, der bereitgestellte Services in Rechnung stellt. Ein Profit Center kann mit dem Ziel eingerichtet werden, Gewinne zu erzielen, Kosten auszugleichen oder Verluste zu generieren. Ein IT Service Provider kann als Cost Center oder als Profit Center betrieben werden.

pro-forma
Eine Vorlage oder ein Beispiel für ein Dokument, das Beispiel-

daten enthält, die mit den echten Werten ersetzt werden, sobald diese verfügbar sind.

Programm (programme)
Eine Reihe von Projekten und Aktivitäten, die zusammen geplant und gesteuert werden, um eine Reihe zusammenhängender Ziele und andere Ergebnisse zu erreichen.

Projekt (project)
Eine temporäre Organisation, bei der durch das Zusammenwirken von Personen und anderen Assets ein bestimmtes Ziel oder ein bestimmtes Ergebnis erreicht werden soll. Jedes Projekt verfügt über einen eigenen Lebenszyklus, der in der Regel Projektstart, Planung, Ausführung und Abschluss umfasst. Projekte werden häufig mit Hilfe einer formalen Methodik wie PRojects IN Controlled Environments (PRINCE2) oder Project Management Body of Knowledge (PMBOK) gesteuert. Siehe Charter; Projektmanagement Office; Projektportfolio.

Projekt-Charter
Siehe Charter

Project Management Body of Knowledge (PMBOK)
Ein Projektmanagement-Standard, der vom Project Management Institute gemanagt wird. Weitere Informationen dazu finden Sie unter www.pmi.org. Siehe PRojects IN Controlled Environments (PRINCE2).

Project Management Institute (PMI)
Eine Mitgliedervereinigung, die den Beruf des Projektmanagements durch weltweit anerkannte Standards und Zertifizierungen, zusammenarbeitende Gemeinschaften, ein umfangreiches Forschungsprogramm und berufliche Entwicklungsmöglichkeiten fördert. Das PMI ist eine gemeinnützige Mitgliederorganisation mit Vertretungen in vielen Ländern auf der ganzen Welt. Das PMI pflegt und veröffentlicht den Project Management Body of Knowledge (PMBOK). Weitere Informationen finden Sie unter www.pmi.org. Siehe PRojects IN Controlled Environments (PRINCE2).

Projektmanagement Office (PMO)
(ITIL Service Design)
(ITIL Service Strategy)
Eine Funktion oder Gruppe, die für das Management des Lebenszyklus von Projekten verantwortlich ist. Siehe Charter, Projektportfolio.

Projektportfolio (project portfolio)
(ITIL Service Design)
(ITIL Service Strategy)
Eine Datenbank oder ein strukturiertes Dokument, die bzw. das für das Management von Projekten über ihren Lebenszyklus genutzt wird. Das Projektportfolio wird eingesetzt, um Projekte zu koordinieren und sicherzustellen, dass sie ihre Ziele auf wirtschaftliche Weise und zeitgerecht erreichen. In größeren Organisationen wird das Projektportfolio typischerweise von einem Projektmanagement Office definiert und gepflegt. Das Projektportfolio ist wichtig für das Service Portfolio Management, da neue Services und signifikante Changes normalerweise als Projekte gemanagt werden. Siehe Charter.

Projected Service Outage (Voraussichtliche Serviceunterbrechung, PSO)
(ITIL Service Transition)
Ein Dokument, das die Auswirkungen geplanter Changes, Wartungsaktivitäten und Testpläne auf vereinbarte Service Levels identifiziert.

PRojects IN Controlled Environments (PRINCE2)
Die Standardmethodik der britischen Regierung für das Projektmanagement. Weitere Informationen dazu finden Sie unter www.prince-officialsite.com. Siehe Project Management Body of Knowledge (PMBOK).

Q

Qualifizierung (qualification)
(ITIL Service Transition)
Eine Aktivität, die sicherstellt, dass die IT-Infrastruktur für die Unterstützung einer Anwendung oder eines IT Service geeignet und richtig konfiguriert ist. Siehe Validation.

Qualität (quality)
Die Fähigkeit eines Produkts, Service oder Prozesses, die gewünschte Wertschöpfung zu generieren. Eine Hardwarekomponente kann beispiels-

weise von hoher Qualität sein, wenn sie wie erwartet funktioniert und die erforderliche Zuverlässigkeit bietet. Zur Sicherung der Qualität eines Prozesses müssen dessen Effektivität und Effizienz überwacht und ggf. verbessert werden können. Siehe Quality Management System.

Qualitätssicherung (Quality Assurance, QA)
(ITIL Service Transition)
Der Prozess, bei dem sichergestellt wird, dass die Qualität eines Services, Prozesses oder eines anderen Service Assets die gewünschte Wertschöpfung liefert. Der Begriff Qualitätssicherung wird auch genutzt, um eine Funktion oder ein Team zu bezeichnen, die bzw. das Qualitätssicherungen durchführt. Dieser Prozess wird in den ITIL Kernpublikationen nicht im Detail beschrieben. Siehe Service Validation and Testing.

Quality Management System (QMS)
(ITIL Continual Service Improvement)
Das Framework von Richtlinien, Prozessen, Funktionen, Standards, Leitlinien und Hilfsmitteln und Tools, das sicherstellt, dass die Qualität in einer Organisation geeignet ist, um Business-Ziele oder Service Levels zuverlässig zu erreichen. Siehe ISO 9000.

Quick Win
(ITIL Continual Service Improvement)
Eine Verbesserungsaktivität, die innerhalb eines kurzen Zeitraums mit relativ niedrigen Kosten und geringem Aufwand einen Return on Investment erzielen soll. Siehe Pareto-Prinzip.

R

RACI
(ITIL Service Design)
Ein Modell, mit dessen Hilfe Rollen und Verantwortlichkeiten definiert werden. RACI steht für „Responsible" (zuständig für die Durchführung), „Accountable" (letztlich verantwortlich für die Aktivität), „Consulted" (muss/soll beteiligt werden, liefert Input) und „Informed" (muss über den Fortschritt informiert werden).

Reaktives Monitoring (Reaktive Überwachung)
(ITIL Service Operation)
Monitoring, das als Reaktion auf ein bestimmtes Event entsprechende Maßnahmen einleitet. Beispielsweise die Auslösung eines Batchjobs, sobald ein vorheriger Batchjob abgeschlossen wurde, oder die Erfassung eines Incident, wenn ein Fehler auftritt. Siehe Proaktives Monitoring.

Reale Leistungsverrechnung (real charging)
(ITIL Service Strategy)
Eine Leistungsverrechnungsrichtlinie, bei der tatsächlich Geld vom Kunden an den Service Provider überwiesen wird, um die Lieferung von IT Services zu bezahlen. Siehe fiktive Leistungsverrechnung.

Rechnungsstellung (billing)
(ITIL Service Strategy)
Teil des Leistungsverrechnungsprozesses. Rechnungsstellung ist die Aktivität, die für die Erstellung einer Rechnung oder Abrechnung und die Begleichung der Forderung durch die Kunden verantwortlich ist. Siehe Preisgestaltung.

Record (Aufzeichnung)
Ein Dokument, das die Ergebnisse oder andere Outputs eines Prozesses oder einer Aktivität enthält. Records dienen als Beleg dafür, dass eine Aktivität ausgeführt wurde. Sie können auf Papier oder in elektronischer Form vorliegen. Beispielsweise der Bericht eines Audits, ein Incident Record oder das Protokoll eines Meetings.

Redundanz (redundancy)
(ITIL Service Design)
Der Einsatz von einem oder mehr zusätzlichen Configuration Items um Fehlertoleranz bereitzustellen. Im allgemeinen Sprachgebrauch wird der Begriff „Redundanz“ auch für ein veraltetes, hinfälliges oder überflüssiges Element verwendet.

Reife (maturity)
(ITIL Continual Service Improvement)
Ein Maß für die Zuverlässigkeit, Effizienz und Effektivität eines Prozesses, einer Funktion, einer Organisation etc. Die ausgereiftesten Prozesse und Funktionen sind förmlich mit den Business-Zielen und Strategien abgestimmt und werden

von einem Framework für kontinuierliche Verbesserungen unterstützt.

Reifegrad (maturity level)
Eine bestimmte Ebene im Reife-Modell, wie die Capability Maturity Model Integration von der Carnegie Mellon University in den USA.

Relationship Processes
Die Prozessgruppe des Standards ISO/IEC 20000, die das Business Relationship Management und das Supplier Management umfasst.

Release
(ITIL Service Transition)
Ein oder mehr Changes an einem IT Service, deren Build, Test und Deployment gemeinsam durchgeführt werden. Ein einzelnes Release kann Changes an Hardware-, Software-, Dokumentation, Prozessen oder anderen Komponenten enthalten.

Release and Deployment Management
(ITIL Service Transition)
Der Prozess, der die Planung, Zeitplanung und Steuerung von Build, Test und Deployment von Releases sowie für die Bereitstellung neuer Funktionalitäten, die durch das Business benötigt werden, verantwortlich ist und zugleich die Integrität der existierenden Services schützt.

Release-Identifikation
(ITIL Service Transition)
Eine Namenskonvention zur eindeutigen Identifizierung eines Release. Die Release-Identifikation beinhaltet in der Regel einen Verweis auf das Configuration Item und eine Versionsnummer, z. B. Microsoft Office 2010 SR2.

Release Management
Siehe Release and Deployment Management.

Release Package
(ITIL Service Transition)
Eine Kombination von Configuration Items, deren Build, Test und Deployment in einem einzelnen Release durchgeführt werden. Jedes Relase Package enthält für gewöhnlich ein oder mehrere Release Units.

Release Record
(ITIL Service Transition)
Ein Record, der den Inhalt eines Release definiert. Ein Release Record verfügt über

Beziehungen zu allen Configuration Items, die vom jeweiligen Release betroffen sind. Release Records können im Configuration Management System, oder an einer anderen Stelle im Service Knowledge Management System gespeichert werden.

Release Unit
(ITIL Service Transition)
Komponenten eines IT Service, die üblicherweise im selben Release veröffentlicht werden. Eine Release Unit umfasst in der Regel genügend Komponenten, um eine nützliche Funktion auszuführen. Eine Release Unit könnte z. B. ein Desktop-PC mit Hardware, Software, Lizenzen, Dokumentation usw. sein. Eine weitere Release Unit könnte die gesamte Anwendung für die Lohnbuchhaltung sein, einschließlich IT-Betriebsverfahren und Anwendertrainings.

Release-Zeitfenster (release window)
Siehe Change-Zeitfenster.

Reparatur (repair)
(ITIL Service Operation)
Der Austausch oder die Korrektur eines fehlerhaften Configuration Item.

Request for Change (RFC)
(ITIL Service Transition)
Der formale Antrag zur Durchführung eines Change. Ein RFC beinhaltet Details zum beantragten Change und kann auf Papier oder elektronisch erfasst werden. Der Begriff „RFC" wird häufig fälschlicherweise für einen Change Record oder den Change selbst verwendet.

Request Fulfilment
(ITIL Service Operation)
Der Prozess, der für das Management des Lebenszyklus aller Service Requests verantwortlich ist.

Request-Modell
(ITIL Service Operation)
Eine wiederholbare Vorgehensweise, um eine bestimmte Kategorie von Service Requests zu bearbeiten. Ein Request-Modell definiert spezifische, vereinbarte Schritte, die für eine Service Request Kategorie zu befolgen sind. Bei Request-Modellen kann es sich um sehr einfache Modelle handeln, für die keine Genehmigung erforderlich ist (wie z. B. das Zurücksetzen von Passwörtern), oder um sehr komplexe Modelle, die zahlreiche genehmigungspflichtige Schritte umfassen (wie z. B.

die Bereitstellung eines existierenden IT Services). Siehe Request Fulfilment.

Resolution Processes
Die Prozessgruppe des Standards ISO/IEC 20000, die das Incident Management und Problem Management beinhaltet.

Ressource
(ITIL Service Strategy)
Ein allgemeiner Begriff, der die IT-Infrastruktur, Personen, Geld oder andere Elemente umfasst, die zur Erbringung eines IT Service beitragen können. Ressourcen werden als Assets einer Organisation betrachtet. Siehe Fähigkeit, Service-Asset.

Reaktionsfähigkeit (responsiveness)
Beschreibt die Geschwindigkeit, mit der auf bestimmte Ereignisse reagiert wird. Dies könnte die Antwortzeit bei einer Transaktion sein oder die Geschwindigkeit, mit der ein IT Service Provider auf einen Incident oder Request for Change usw. reagiert.

Rechnungsperiode (accounting period)
(ITIL Service Strategy)
Die Zeitspanne (für gewöhnlich ein Jahr), für die Budgets, Abrechnungen, Abschreibungen und andere Finanzkalkulationen erstellt werden. Siehe Geschäftsjahr.

Return on Assets (Asset-Ertrag, ROA)
(ITIL Service Strategy)
Eine Messgröße für die Rentabilität eines Geschäftsbereiches oder einer Organisation. Return on Assets wird durch die Division des Jahresüberschusses durch den Gesamtwert der Assets berechnet. Siehe Return on Investment.

Return on Investment (Investitionsertrag, ROI)
(ITIL Continual Service Improvement)
(ITIL Service Strategy)
Eine Messgröße für den erwarteten Nutzen einer Investition. Einfach ausgedrückt handelt es sich beim ROI um Nettoerlös dividiert durch den Nettowert der investierten Assets. Siehe Barwert-Methode; Value on Investment.

Rückkehr zum Regelbetrieb (return to normal)
(ITIL Service Design)
Die Phase eines IT Service Continuity Plans, während der

alle normalen Betriebsabläufe wieder aufgenommen werden. Wenn beispielsweise auf ein alternatives Rechenzentrum ausgewichen wurde, wird in dieser Phase das ursprüngliche Rechenzentrum wieder in Betrieb genommen, und die Möglichkeit, IT Service Continuity Pläne einzuleiten, steht wieder zur Verfügung.

Review

Die Evaluierung eines Change, Problems, Prozesses, Projekts usw. Reviews werden in der Regel an bestimmten vorher festgelegten Punkten des Lebenszyklus durchgeführt, vor allem nach dem Abschluss. Zweck eines Reviews ist die Sicherstellung, dass alle Ergebnisse erbracht worden sind, sowie die Identifizierung von Verbesserungsmöglichkeiten. Siehe Change Evaluation; Post Implementation Review

Rechte (rights)

(ITIL Service Operation)

Die Berechtigungen oder Befugnisse, die einem Anwender oder einer Rolle gewährt werden. Beispielsweise die Berechtigung zum Modifizieren bestimmter Daten oder zur Autorisierung eines Change.

Richtlinie (policy)

Formal dokumentierte Erwartungen und Absichten des Managements. Richtlinien werden eingesetzt, um die Richtung vorzugeben und eine konsistente und angemessene Entwicklung und Implementierung von Prozessen, Standards, Rollen, Aktivitäten, der IT-Infrastruktur etc. sicherzustellen.

Risiko (risk)

Ein mögliches Ereignis, das zu einem Schaden oder Verlust führen oder das Erreichen von Zielen beeinträchtigen könnte. Ein Risiko wird anhand der Wahrscheinlichkeit einer Bedrohung, der Verwundbarkeit des Assets gegenüber dieser Bedrohung und der potenziellen Auswirkungen der Bedrohung gemessen. Risiko kann auch als Unsicherheit eines Ergebnisses definiert werden und im Kontext der Wahrscheinlichkeitsmessung eines positiven als auch eines negativen Ergebnisses genutzt werden.

Risikobewertung (risk assessment)

Die ersten Schritte im Risikomanagement. Dabei wird der Wert von Assets analysiert und die Bedrohungen für diese Assets identifiziert. Gleichzeitig wird bewertet, wie verwundbar die einzelnen Assets gegenüber diesen Bedrohungen sind. Eine Risikobewertung kann quantitativ (auf der Grundlage numerischer Daten) oder qualitativ erfolgen.

Risikomanagement (risk management)
Der Prozess, der für die Identifizierung, Bewertung und Steuerung von Risiken verantwortlich ist. Der Begriff Risikomanagement wird manchmal auch genutzt, um den zweiten Teil des Gesamtprozesses zu bezeichnen, nachdem Risiken identifiziert und bewertet wurden, wie in "Risikobewertung und -management". Dieser Prozess wird in den ITIL Kernpublikationen nicht im Detail beschrieben. Siehe Risikobewertung.

Rolle (role)
Ein Satz von Verantwortlichkeiten, Aktivitäten und Kompetenzen, die einer Person oder einem Team zugewiesen sind. Eine Rolle wird in einem Prozess oder einer Funktion definiert. Einer Person oder einem Team können mehrere Rollen zugewiesen sein. Die Rolle des Configuration Managers und des Change Managers können beispielsweise von ein und derselben Person wahrgenommen werden. Der Begriff Rolle wird auch genutzt, um den Zweck oder den Einsatzbereich von etwas zu beschreiben.

S

Sarbanes-Oxley (SOX)
Ein US-amerikanisches Gesetz, das Finanzpraktiken und die Corporate Governance reguliert.

Schadenswertanalyse (pain value analysis)
(ITIL Service Operation)
Eine Technik, mit der die Auswirkungen auf das Business durch ein oder mehrere Probleme identifiziert werden. Der Schadenswert wird anhand einer Formel berechnet, die auf der Anzahl der betroffenen Anwender, der Dauer der Ausfallzeit, den Auswirkungen auf die jeweiligen Anwender und den Kosten für das Business (sofern bekannt) basiert.

Schätzung (estimation)
Der Einsatz von Erfahrungswerten, um einen ungefähren

Wert für eine Messgröße oder Kosten zu erhalten. Schätzungen werden auch im Capacity und Availability Management als kostengünstigste und am wenigsten exakte Modelling-Methode eingesetzt.

Schnelle Wiederherstellung (fast recovery)
(ITIL Service Design)
Eine Wiederherstellungsoption, die auch als „Hot Standby" bezeichnet wird. Bei der schnellen Wiederherstellung wird üblicherweise eine bestimmte feste Anlage mit Computersystemen und Software eingesetzt, die so konfiguriert sind, dass sie zur Ausführung der IT Services bereitstehen. Eine schnelle Wiederherstellung kann bis zu 24 Stunden in Anspruch nehmen, etwa wenn Daten aus Backups wiederhergestellt werden müssen.

Skalierbarkeit (scalability)
Die Fähigkeit eines IT Service, Prozesses, Configuration Item usw., die dafür vereinbarte Funktion auszuführen, wenn sich die Auslastung oder der Umfang ändern

Second-Level Support
(ITIL Service Operation)
Die zweite Ebene in einer Hierarchie von Support-Gruppen, die mit der Lösung von Incidents und der Untersuchung von Problemen befasst sind. Mit jeder Ebene sind mehr Know-how und Fertigkeiten von Experten bzw. mehr Zeit oder weitere Ressourcen verfügbar.

Sicherheit (Security)
Siehe Information Security Management.

Security Management
Siehe Information Security Management.

Security Management Information System (SMIS)
(ITIL Service Design)
Eine Kombination von Tools, Daten und Informationen, die zur Unterstützung des Information Security Management genutzt werden. Das Security Management Information System ist ein Teil des Information Security Management Systems. Siehe Service Knowledge Management System.

Servicelinie (Line of Service, LOS)
(ITIL Service Strategy)
Ein Core Service oder Service

Package, der bzw. das über mehrere Service Optionen verfügt. Eine Servicelinie wird vom einem Service Owner gemanagt, und jede Service Option ist für die Unterstützung eines bestimmten Marktsegments konzipiert.

Sicherheitsrichtlinie (security policy)
Siehe Information Security Policy.

Separation of Concerns (SoC)
Ein Ansatz für das Design einer Lösung oder eines IT Service, bei dem das Problem in einzelne Bestandteile zerlegt wird, die unabhängig voneinander behandelt werden können. Bei diesem Ansatz wird unterschieden zwischen dem, „was" getan wird, und „wie" es getan wird.

Server
(ITIL Service Operation)
Ein Computer, der mit einem Netzwerk verbunden ist und Softwarefunktionen zur Verfügung stellt, die von anderen Computern verwendet werden.

Service
Eine Möglichkeit, einen Mehrwert für Kunden zu erbringen, indem das Erreichen der von den Kunden angestrebten Ergebnisse erleichtert oder gefördert wird. Dabei müssen die Kunden selbst keine Verantwortung für bestimmte Kosten und Risiken tragen. Der Begriff Service wird manchmal als Synonym für Core Service, IT Service oder Service Package genutzt. Siehe Utility; Warranty.

Serviceabnahmekriterien (Service Acceptance Criteria, SAC)
(ITIL Service Transition)
Eine Reihe von Kriterien, anhand derer sichergestellt werden soll, dass ein IT Service den geltenden Anforderungen an Funktionalität und Qualität entspricht und dass der IT Service Provider dazu bereit ist, den neuen IT Service nach dessen Deployment zu betreiben. Siehe Abnahme.

Serviceanalytik (service analytics)
(ITIL Service Strategy)
Eine Technik zur Bewertung der Auswirkungen eines Incident auf das Business. Bei der Serviceanalytik werden die Ab-

hängigkeiten zwischen Configuration Items sowie zwischen IT Services und Configuration Items dargestellt.

Service Asset
Jedwede Ressource oder Fähigkeit eines Service Providers. Siehe Asset.

Service Asset and Configuration Management (SACM)
(ITIL Service Transition)
Der Prozess, der verantwortlich dafür ist sicher zu stellen, dass die Assets, die für die Erbringung eines Services erforderlich sind, in geeigneter Weise gesteuert werden. Weiterhin stellt der Prozess sicher, dass genaue und zuverlässige Informationen über diese Assets zur Verfügung stehen - wo und wenn sie benötigt werden. Diese Informationen beinhalten Details darüber, wie die Assets konfiguriert wurden und die Beziehungen zwischen den Assets. Siehe Configuration Management System.

Service Capacity Management (SCM)
(ITIL Continual Service Improvement)
(ITIL Service Design)
Der Teilprozess des Capacity Management, der dafür verantwortlich ist, die Performance und Kapazität von IT Services zu verstehen. Informationen über die Ressourcen, die von jedem IT Service verwendet werden, sowie deren Verwendungsmuster werden für die Nutzung im Capacity-Plan über einen bestimmten Zeitraum erfasst, aufgezeichnet und analysiert. Siehe Business Capacity Management; Component Capacity Management.

Servicekatalog (service catalogue)
(ITIL Service Design)
(ITIL Service Strategy)
Eine Datenbank oder ein strukturiertes Dokument mit Informationen zu allen Live IT Services, einschließlich der Services, die für das Deployment verfügbar sind. Der Servicekatalog ist Teil des Serviceportfolios und enthält Angaben zu zwei Arten von IT Services: Kunden-gerichtete Services, die für das Business sichtbar sind, und unterstützende Services, die für den Service Provider notwendig sind, um Kunden-gerichtete Services bereitzustellen. Siehe Kundenvereinbarungs-Portfolio; Service Catalogue Management.

Service Catalogue Management
(ITIL Service Design)
Der Prozess, der dafür verantwortlich ist, den Servicekatalog bereitzustellen, zu pflegen und sicherzustellen, dass er denjenigen zur Verfügung steht, die für den Zugriff autorisiert sind.

Service Change
Siehe Change.

Service Charter
(ITIL Service Design)
(ITIL Service Strategy)
Ein Dokument, das Details zu einem neuen oder geänderten Service enthält. Die Einführung neuer Services und signifikante Service Changes werden in einer Charter dokumentiert und durch das Service Portfolio Management autorisiert. Service Charter werden an die Lebenszyklusphase Service Design übergeben, in der ein neues oder modifiziertes Service Design Package erstellt wird. Der Begriff Charter wird auch genutzt, um den Vorgang der Autorisierung derjenigen Arbeiten zu beschreiben, die in jeder Phase des Servicelebenszyklus bezüglich des neuen oder geänderten Service erforderlich sind. Siehe Change-Vorschlag; Serviceportfolio; Servicekatalog.

Service Continuity Management
Siehe IT Service Continuity Management.

Servicevertrag
(ITIL Service Strategy)
Ein Vertrag über die Erbringung eines oder mehrerer IT Services. Der Begriff „Servicevertrag" wird für jegliche Vereinbarungen über die Bereitstellung von IT Services verwendet, ganz gleich ob es sich dabei um einen rechtsgültigen Vertrag oder einen SLA handelt. Siehe Kundenvereinbarungs-Portfolio.

Servicekultur (service culture)
Eine kundenorientierte Geschäftskultur. Die wichtigsten Ziele der Servicekultur sind Kundenzufriedenheit und die Unterstützung der Kunden beim Erreichen ihrer Business-Ziele.

Service Design
(ITIL Service Design)
Eine Phase im Lebenszyklus eines Services. Service De-

sign umfasst das Design des Services, der regulierenden Praktiken, Prozesse und Richtlinien, die für die Realisierung der Strategie des Service Providers und zur Unterstützung der Einführung von Services in unterstützte Umgebungen notwendig sind. Service Design umfasst die folgenden Prozesse: Design Coordination, Service Catalogue Management, Service Level Management, Availability Management, Capacity Management, IT Service Continuity Management, Information Security Management und Supplier Management. Auch wenn diese Prozess dem Service Design zugeordnet sind, so beinhalten die meisten Prozesse Aktivitäten in mehreren Phasen des Servicelebenszyklus. Siehe Design.

Service Design Package (SDP)
(ITIL Service Design)
Dokumente, in denen alle Aspekte eines IT Service einschließlich dessen Anforderungen für jede Phase des Lebenszyklus des IT Service definiert sind. Ein Service Design Package wird für neue IT Services, umfassende Changes und die Stilllegung von IT Services erstellt.

Service Desk
(ITIL Service Operation)
Der Single Point of Contact für die Kommunikation zwischen Service Provider und Anwendern. Ein Service Desk bearbeitet in der Regel Incidents und Service Requests und ist für die Kommunikation mit den Anwendern zuständig.

Serviceausfallanalyse (Service Failure Analysis, SFA)
(ITIL Service Design)
Eine Technik, bei der die zugrunde liegenden Ursachen für eine oder mehrere Unterbrechungen von IT Services identifiziert werden. Über die SFA werden nicht nur Möglichkeiten zur Verbesserung der IT-Infrastruktur ermittelt, sondern auch Möglichkeiten zur Verbesserung der Prozesse, Hilfsmittel und Tools des IT Service Providers. SFA ist kein kontinuierlicher Analyseprozess, sondern eine zeitlich begrenzte, projektähnliche Aktivität.

Servicestunden (service hours)
(ITIL Service Design)
Der vereinbarte Zeitraum, innerhalb dessen ein bestimmter IT Service verfügbar sein soll. Zum Beispiel „Montag bis Freitag, 08:00 bis 17:00 Uhr, Feiertage ausgenommen". Servicestunden sollten in einem Service Level Agreement festgelegt werden.

Serviceverbesserungsplan (SIP)
(ITIL Continual Service Improvement)
Ein formeller Plan zur Implementierung von Verbesserungen für einen Prozess oder IT Service.

Service Knowledge Management System (SKMS)
(ITIL Service Transition)
Eine Kombination von Tools und Datenbanken, die für das Management von Wissen, Informationen und Daten eingesetzt werden. Das Service Knowledge Management System schließt das Configuration Management System sowie andere Datenbanken und Informationssysteme ein. Das Service Knowledge Management System beinhaltet Tools für das Sammeln, Speichern, Managen, Aktualisieren, Analysieren und Präsentieren allen Wissens, aller Informationen und Daten, die ein Service Provider für das Management des gesamten Lebenszyklus der IT Services benötigt. Siehe Knowledge Management.

Service Level
Messbare und nachweisbare Ergebnisse, die im Hinblick auf ein oder mehrere Service Level Ziele erreicht werden. Der Begriff „Service Level" wird im Sprachgebrauch auch als Synonym für Service Level Ziel verwendet.

Service Level Agreement (Service Level Vereinbarung, SLA)
(ITIL Continual Service Improvement)
(ITIL Service Design)
Eine Vereinbarung zwischen einem IT Service Provider und einem Kunden. Das SLA beschreibt den jeweiligen IT Service, dokumentiert Service Level Ziele und legt die Verantwortlichkeiten des IT Service Providers und des Kunden fest. Ein einzelnes SLA kann mehrere IT Services oder mehrere Kunden abdecken. Siehe Operational Level Agreement.

Service Level Management (SLM)
(ITIL Service Design)
Der Prozess, der für das Verhandeln von erreichbaren Service Level Agreements sowie deren Einhaltung verantwortlich ist. Das Service Level Management ist verantwortlich dafür sicherzustellen, dass alle IT Service Management Prozesse, Operational Level Agreements und Underpinning Contracts für die vereinbarten Service Level Ziele angemessen sind. Service Level Management überwacht und berichtet über Service Levels, führt regelmäßige Service-Reviews mit Kunden durch und identifiziert erforderliche Verbesserungen.

Service Level Package (SLP)
Siehe Service Option.

Service Level Anforderung (Service Level Requirement, SLR)
(ITIL Continual Service Improvement)
(ITIL Service Design)
Eine Kundenanforderung für einen Aspekt eines IT Service. SLR's basieren auf Business-Zielen und werden zur Aushandlung vereinbarter Service Level Ziele eingesetzt.

Service Level Ziel (service level target)
(ITIL Continual Service Improvement)
(ITIL Service Design)
Eine Verpflichtung, die in einem Service Level Agreement dokumentiert ist. Service Level Ziele basieren auf Service Level Anforderungen und sollen sicherstellen, dass der IT Service in der Lage ist, die Business-Ziele zu erfüllen. Service Level Ziele sollten SMART sein und basieren in der Regel auf Key Performance Indicator.

Servicelebenszyklus (service lifecycle)
Ein Ansatz für das IT Service Management, der die Bedeutung der Koordination und Steuerung der verschiedenen Funktionen, Prozesse und Systeme betont, die für das Management des gesamten Lebenszyklus von IT Services notwendig sind. Der Servicelebenszyklus-Ansatz betrachtet die Strategie, das Design, die Transition, den Betrieb (Operation) und die kontinuierliche Verbesserung (Continual Improvement) von IT Services. Er ist auch unter dem Namen Service Management Lebenszyklus bekannt.

Servicewartungsvorgabe (Service Maintenance Objective, SMO)
(ITIL Service Operation)
Der voraussichtliche Zeitraum, in dem ein Configuration Item aufgrund einer geplanten Wartungsaktivität nicht verfügbar sein wird.

Service Management
Eine Reihe spezialisierter organisatorischer Fähigkeiten für die Generierung eines Mehrwerts für Kunden in Form von Services.

Service Management Lebenszyklus (service management lifecycle)
Siehe Servicelebenszyklus.

Service Manager
Ein generischer Begriff für alle Manager innerhalb des Service Providers. Am häufigsten wird der Begriff für Business Relationship Manager, Prozess-Manager oder leitende Manager verwendet, die übergreifend für IT Services verantwortlich sind.

Servicemodell (service model)
(ITIL Service Strategy)
Ein Modell, das zeigt, wie die Service-Assets mit den Kunden-Assets interagieren, um einen Mehrwert zu generieren. Servicemodelle beschreiben die Struktur eines Services (wie die Configuration Items zusammen passen) und die Dynamik des Services (Aktivitäten, Ressourcenfluss und Interaktionen). Ein Servicemodell kann als Vorlage oder Blueprint (Blaupause) für viele Services genutzt werden.

Service Operation (Servicebetrieb)
(ITIL Service Operation)
Eine Phase im Lebenszyklus eines IT Service. Service Operation übernimmt die Koordination und Ausführung der Aktivitäten und Prozesse, die für die Bereitstellung und das Management der Services zu den vereinbarten Service Level für die Business-Anwender und Kunden erforderlich sind. Service Operation managt auch die Technologie, die für die Bereitstellung und den Support von Services genutzt wird. Service Operation umfasst die folgenden Prozesse: Event Management, Incident Management, Request Fulfilment, Problem Management und Access Management. Service Operation umfasst außerdem die folgenden

Funktionen: Service Desk, Technical Management, IT Operations Management und Application Management. Auch wenn diese Prozesse und Funktionen der Service Operation zugeordnet sind, so beinhalten die meisten Prozesse und Funktionen Aktivitäten in mehreren Phasen des Servicelebenszyklus. Siehe Betrieb.

Service Option
(ITIL Service Design)
(ITIL Service Strategy)
Eine Wahlmöglichkeit bezüglich Utility und Warranty, die den Kunden durch einen Core Service oder ein Service Package angeboten wird. Service Optionen werden manchmal auch als Service Level Package bezeichnet.

Service Owner (Serviceverantwortlicher)
(ITIL Service Strategy)
Eine Rolle, die für das Management eines oder mehrerer Services über ihren gesamten Lebenszyklus verantwortlich ist. Service Owner unterstützen die Entwicklung der Servicestrategie und sind für den Inhalt des Serviceportfolios verantwortlich. Siehe Business Relationship Management.

Service Package
(ITIL Service Strategy)
Zwei oder mehr Services, die kombiniert werden, um eine Lösung für ein bestimmtes Kundenbedürfnis anzubieten oder um ein bestimmtes Geschäftsergebnis zu unterstützen. Ein Service Package kann aus einer Kombination von Core Services, ermöglichenden Services und erweiternden Services bestehen und stellt ein spezifisches Maß an Utility und Warranty bereit. Den Kunden kann eine Auswahl an Utility und Warranty durch eine oder mehrere Service Optionen angeboten werden. Siehe IT Service.

Servicepipeline (service pipeline)
(ITIL Service Strategy)
Eine Datenbank oder ein strukturiertes Dokument, in der bzw. in dem alle IT Services aufgelistet sind, die zur Diskussion stehen oder sich in der Entwicklung befinden und noch nicht für den Kunden verfügbar sind. Die Servicepipeline bietet einen Überblick über mögliche zukünftige IT Services und ist Teil des Serviceportfolios, das in der Regel nicht an die Kunden weitergegeben wird.

Serviceportfolio (service portfolio)
(ITIL Service Strategy)
Die Gesamtheit aller Services, die von einem Service Provider gemanagt werden. Das Serviceportfolio wird für das Management des gesamten Lebenszyklus aller Services genutzt. Es umfasst drei Kategorien: Servicepipeline (beantragt oder in der Entwicklung), Servicekatalog (Live oder bereit zum Deployment) und stillgelegte Services. Siehe Kundenvereinbarungs-Portfolio; Service Portfolio Management.

Service Portfolio Management (SPM)
(ITIL Service Strategy)
Der Prozess, der für das Management des Serviceportfolios verantwortlich ist. Service Portfolio Management stellt sicher, dass der Service Provider die richtige Mischung an Services bereithält, um die notwendigen Geschäftsergebnisse mit einem angemessenen Investitionsniveau zu erfüllen. Beim Service Portfolio Management steht der Wert der Services im Vordergrund, den diese für das Business darstellen.

Servicepotenzial (service potential)
(ITIL Service Strategy)
Der mögliche Gesamtwert in Bezug auf die Fähigkeiten und Ressourcen des IT Service Providers.

Service Provider
(ITIL Service Strategy)
Eine Organisation, die einem oder mehreren internen Kunden oder externen Kunden Services zur Verfügung stellt. Service Provider wird häufig als Kurzform des Begriffs IT Service Provider verwendet. Siehe Typ I Service Provider; Typ II Service Provider; Typ III Service Provider.

Service Provider Schnittstelle (Service Provider Interface, SPI)
(ITIL Service Strategy)
Eine Schnittstelle zwischen dem IT Service Provider und einem Anwender, Kunden, Business-Prozess oder Supplier. Die Analyse von Service Provider Schnittstellen trägt zur Koordinierung des End-to-End-Management von IT Services bei.

Service Reporting
(ITIL Continual Service Improvement)

Aktivitäten, mit denen Berichte zu Ergebnissen und Trends hinsichtlich bestimmter Service Levels erstellt und bereitgestellt werden. Beim Service Reporting sollte das Format, der Inhalt und die Häufigkeit der Berichte zuvor mit den jeweiligen Kunden vereinbart werden.

Service Request (Serviceanfrage)
(ITIL Service Operation)
Eine formale Anfrage eines Anwenders nach etwas, das bereitgestellt werden soll, beispielsweise eine Anfrage nach Informationen oder Beratung, danach ein Passwort zurückzusetzen oder einen Arbeitsplatz für einen neuen Anwender zu installieren. Service Requests werden durch den Request Fulfilment Prozess gemanagt, normalerweise in Verbindung mit dem Service Desk. Service Request können mit einem Request for Change als Teil der Erfüllung des Anfrage verknüpft sein.

Service Sourcing (Servicevergabe)
(ITIL Service Strategy)
Die Strategie und der Ansatz zur Entscheidung, ob ein Service intern bereitgestellt oder ob die Bereitstellung an einen externen Service Provider vergeben wird, oder ob beide Möglichkeiten kombiniert werden. Service Sourcing bedeutet zudem die Ausführung dieser Strategie. Siehe Insourcing; Interner Service Provider; Outsourcing.

Service Strategy (Servicestrategie)
(ITIL Service Strategy)
Eine Phase im Lebenszyklus eines IT Service. Service Strategy definiert die Perspektive, Position, Pläne und Muster, die ein Service Provider ausführen muss, um die Geschäftsergebnisse einer Organisation zu erreichen. Service Strategy umfasst die folgenden Prozesse: Strategy Management for IT Services, Service Portfolio Management, Financial Management for IT Services, Demand Management und Business Relationship Management. Auch wenn diese Prozesse der Service Strategy zugeordnet sind, so beinhalten die meisten Prozesse und Funktionen Aktivitäten in mehreren Phasen des Servicelebenszyklus.

Service Transition (Serviceüberführung)
(ITIL Service Transition)

Eine Phase im Lebenszyklus eines IT Service. Service Transition stellt sicher, dass neue, modifizierte oder stillgelegte Services die Erwartungen des Business so erfüllen, wie sie in den Phasen Service Strategy und Service Design dokumentiert wurden. Service Transition umfasst die folgenden Prozesse: Transition Planning and Support, Change Management, Service Asset and Configuration Management, Release and Deployment Management, Service Validation and Testing, Change Evaluation und Knowledge Management. Auch wenn diese Prozesse der Service Transition zugeordnet sind, so beinhalten die meisten Prozesse Aktivitäten in mehreren Phasen des Servicelebenszyklus. Siehe Transition.

Service Validation and Testing
(ITIL Service Transition)
Der Prozess, der für die Validation und das Testen eines neuen oder geänderten IT Service verantwortlich ist. Service Validation and Testing stellt sicher, dass der IT Service den jeweiligen Designspezifikationen entspricht und den Bedürfnissen des Business gerecht wird.

Servicebewertung (service valuation)
(ITIL Service Strategy)
Die Messung der Gesamtkosten für die Erbringung eines IT Service sowie des gesamten Werts dieses IT Service für das Business. Mithilfe der Servicebewertung können sich das Business und der IT Service Provider auf den Wert eines IT Service verständigen.

Servicefähigkeit (Serviceability)
(ITIL Continual Service Improvement)
(ITIL Service Design)
Die Fähigkeit eines Drittanbieters, die Bedingungen eines Vertrags einzuhalten. Dieser Vertrag umfasst den vereinbarten Grad der Zuverlässigkeit, Wartbarkeit und Verfügbarkeit für ein Configuration Item.

Seven-Step Improvement Process
(ITIL Continual Service Improvement)
Der Prozess, der verantwortlich für die Definition und das Management der Schritte ist, die benötigt werden, um Verbesserungen zu identifizieren, zu definieren, zu sammeln, zu verarbeiten, zu analysieren,

zu präsentieren und zu implementieren. Die Leistung des IT Service Providers wird kontinuierlich durch diesen Prozess gemessen und Verbesserungen an Prozessen, IT Services und der IT-Infrastruktur durchgeführt, um die Effizienz, Effektivität und Wirtschaftlichkeit zu erhöhen. Verbesserungsmöglichkeiten werden im CSI Register aufgezeichnet und gemanagt.

Shared Service Provider
Siehe Typ II Service Provider.

Schicht (shift)
(ITIL Service Operation)
Eine Gruppe oder ein Team von Personen, denen eine bestimmte Rolle über einen festgelegten Zeitraum zugewiesen ist. Zum Beispiel könnte das für IT Operations Control zuständige Personal in vier Schichten eingeteilt sein, die im Wechsel für die Erbringung eines IT Service verantwortlich sind, der 24 Stunden am Tag verfügbar sein soll.

Schwachstelle (vulnerability)
(Je nach Kontext auch Verwundbarkeit)
Eine anfällige Stelle, die von einer Bedrohung ausgenutzt werden könnte. Zum Beispiel ein offener Firewall-Port, ein Passwort, das nie geändert wird, oder ein leicht entzündlicher Bodenbelag. Eine fehlende Steuerung wird ebenfalls als Schwachstelle bezeichnet.

Simulations-Modelling
(ITIL Continual Service Improvement)
(ITIL Service Design)
Eine Technik, bei der ein detailliertes Modell erstellt wird, um das Verhalten eines IT Service oder anderen Configuration Item zu prognostizieren. Bei der Entwicklung eines Simulationsmodells werden häufig das derzeitige Configuration Item, das modelliert werden soll, sowie fiktive Auslastungen oder Transaktionen verwendet. Simulationsmodelle werden im Capacity Management eingesetzt, wenn präzise Ergebnisse erforderlich sind. Ein Simulationsmodell wird gelegentlich auch als Performance Benchmark bezeichnet. Siehe Analytisches Modelling; Modelling.

Single Point of Contact
(ITIL Service Operation)
Der Single Point of Contact dient als einzige, konsistente Schnitts-

telle für die Kommunikation mit einer Organisation oder einem Geschäftsbereich. Der Single Point of Contact eines IT Service Providers wird in der Regel als „Service Desk“ bezeichnet.

Single Point of Failure (SPOF)
(ITIL Service Design)
Jedes Configuration Item, das durch einen Fehler einen Incident verursachen kann und für das noch keine Gegenmaßnahme implementiert wurde. Ein SPOF kann eine Person, ein Schritt in einem Prozess oder einer Aktivität oder eine Komponente der IT-Infrastruktur sein. Siehe Ausfall.

Skaleneffekt (economies of scale)
(ITIL Service Strategy)
Die Verringerung der durchschnittlichen Kosten, die durch den verstärkten Einsatz eines IT Service oder Asset erreicht wird. Siehe Verbundvorteil.

SLAM-Diagramm (SLAM chart)
(ITIL Continual Service Improvement)
Ein SLAM- (Service Level Agreement Monitoring) Diagramm wird für das Monitoring und die Berichterstattung für Ergebnisse in Bezug auf bestimmte Service Level Ziele verwendet. In einem SLAM-Diagramm wird in der Regel anhand bestimmter Farben dargestellt, ob ein vereinbartes Service Level Ziel innerhalb der vergangenen 12 Monate erreicht, verfehlt oder beinahe verfehlt wurde.

SMART
(ITIL Continual Service Improvement)
(ITIL Service Design)
Akronym als Gedächtnisstütze für die Eigenschaften der Ziele in Service Level Agreements und Projektplänen. Steht für Specific (spezifisch), Measurable (messbar), Achievable (erreichbar), Relevant (relevant), Time-bounded (Termin-gebunden).

Snapshot
(ITIL Continual Service Improvement)
(ITIL Service Transition)
Der derzeitige Zustand eines Configuration Item, Prozesses oder jeden anderen Datensatzes, der zu einem bestimmten Zeitpunkt aufgezeichnet

wird. Snapshots können durch Discovery Tools oder mithilfe manueller Techniken wie ein Assessment erfasst werden. Siehe Baseline; Benchmark.

Sofortige Wiederherstellung (immediate recovery)
(ITIL Service Design)
Eine Wiederherstellungsoption, die auch als „Hot Standby" bezeichnet wird. Dabei erfolgt die Wiederherstellung des IT Service ohne eine signifikante Beeinträchtigung des Services für den Kunden. Für eine sofortige Wiederherstellung werden häufig Spiegelungs-, Lastausgleichs- und Split-Site-Technologien eingesetzt.

Software Asset Management (SAM)
(ITIL Service Transition)
Der Prozess, der für Nachverfolgung und Berichtswesen in Bezug auf die Nutzung und Besitzverhältnisse von Software Assets über ihren gesamten Lebenszyklus verantwortlich ist. Software Asset Management ist ein Teil des übergeordneten Service Asset and Configuration Management Prozesses. Dieser Prozess (SAM) wird in den ITIL Kernpublikationen nicht im Detail beschrieben.

Source
Siehe Service Sourcing.

Spezifikation (specification)
Eine formale Definition von Anforderungen. Eine Spezifikation kann zur Definition technischer oder operativer Anforderungen verwendet werden und kann intern oder extern sein. Viele öffentliche Standards umfassen einen Code of Practice und eine Spezifikation. Die Spezifikation definiert den Standard, auf dessen Grundlage ein Audit für eine Organisation ausgeführt werden kann.

Stakeholder
Eine Person, die ein bestimmtes Interesse mit einer Organisation, einem Projekt, einem IT Service etc. verbindet. Stakeholder können an Aktivitäten, Zielen, Ressourcen oder Ergebnissen interessiert sein. Zu den Stakeholdern können Kunden, Partner, Mitarbeiter, Anteilseigner, Inhaber etc. gehören. Siehe RACI.

Standard
Eine verbindliche Anforderung. Standards können internationale Standards (z. B. ISO/IEC 20000), interne Standards (z. B.

ein Sicherheitsstandard für die Unix-Konfiguration) oder vom Gesetzgeber verordnete Standards (z. B. zur Aufbewahrung von Buchhaltungsunterlagen) sein. Der Begriff „Standard" bezeichnet außerdem bestimmte Codes of Practice oder Spezifikationen, die von Standardisierungsorganisationen wie der ISO oder BSI veröffentlicht werden. Siehe Leitlinie.

Standard-Change
(ITIL Service Transition)
Ein vorab genehmigter Change, der von geringem Risiko ist, relativ häufig eingesetzt wird und einem bestimmten Verfahren oder einer Arbeitsanweisung folgt. Zum Beispiel die Zurücksetzung eines Passworts oder die Bereitstellung der Grundausstattung für einen neuen Mitarbeiter. Für die Implementierung von Standard-Changes sind keine RFC's erforderlich. Sie werden über andere Mechanismen erfasst und verfolgt, wie z. B. über einen Service Request. Siehe Change-Modell.

Standard Operating Procedures (Standardbetriebsabläufe, SOP)
(ITIL Service Operation)
Verfahren, die vom IT Operations Management verwendet werden.

Standby
(ITIL Service Design)
Der Begriff wird für Ressourcen verwendet, die nicht zur Erbringung von Live IT Services erforderlich sind, sondern zur Unterstützung von IT Service Continuity Plänen dienen. Ein Standby-Rechenzentrum kann z. B. dazu eingerichtet werden, um Vereinbarungen zu Hot Standby, Warm Standby oder Cold Standby zu unterstützen.

Statement of Requirements (Anforderungserklärung, SOR)
(ITIL Service Design)
Ein Dokument, das alle Anforderungen für einen Produktkauf bzw. für einen neuen oder geänderten IT Service enthält. Siehe Terms of Reference.

Status
Die Bezeichnung eines erforderlichen Felds, das in vielen Record-Typen enthalten ist. Der Status gibt die aktuelle Phase des zugehörigen Configuration Item, Incident, Problems etc. innerhalb des Lebenszyklus an.

Statusnachweis (status accounting)
(ITIL Service Transition)
Die Aktivität, die für Aufzeichnung und Berichterstattung des Lebenszyklus jedes Configuration Item verantwortlich ist.

Steuerung (control)
Eine Methode für das Management von Risiken, um sicherzustellen, dass ein Business-Ziel erreicht oder ein Prozess eingehalten wird. Beispiele für Steuerungen umfassen Richtlinien, Verfahren, Rollen, RAID-Systeme, Türschlösser etc. Eine Steuerung wird manchmal auch als Gegenmaßnahme oder Sicherheitsmaßnahme bezeichnet. Der Begriff „Steuerung" bezeichnet darüber hinaus das Management der Auslastung oder des Verhaltens eines Configuration Item, Systems oder IT Service.

Steuerungsperspektive
(ITIL Service Strategy)
Ein Ansatz für das Management von IT Services, Prozessen, Funktionen, Assets etc. Es können mehrere unterschiedliche Steuerungsperspektiven für denselben IT Service, Prozess etc. vorhanden sein, so dass sich unterschiedliche Einzelpersonen oder Teams jeweils auf die für sie wesentlichen und relevanten Aspekte ihrer jeweiligen Rolle konzentrieren können. Beispiele für Steuerungsperspektiven umfassen ein reaktives und proaktives Management innerhalb des IT-Betriebs oder eine Betrachtung des Lebenszyklus aus dem Blickwinkel eines Anwendungsprojekt-Teams.

Storage Management
(ITIL Service Operation)
Der Prozess ist verantwortlich für das Management der Speicherung und Pflege von Daten während ihres gesamten Lebenszyklus.

Strategisch (strategic)
(ITIL Service Strategy)
Die höchste der drei Planungs- und Bereitstellungsebenen (strategisch, taktisch, operativ). Zu den strategischen Aktivitäten zählen die Festlegung von Zielen und die langfristige Planung zum Erreichen der angestrebten Vision.

Strategisches Asset (strategic asset)
(ITIL Service Strategy)
Jedes Asset, das die Basis

für eine Kernkompetenz, eine herausragende Leistung oder einen nachhaltigen Wettbewerbsvorteil ermöglicht, oder das einem Geschäftsbereich erlaubt, eine geschäftliche Möglichkeit wahrzunehmen. Teil der Service Strategy ist es zu identifizieren, wie IT als strategisches Asset anstatt als interne administrative Funktion gesehen werden kann.

Strategie (strategy)
(ITIL Service Strategy)
Ein strategischer Plan zur Erlangung vordefinierter Ziele.

Strategy Management for IT Services
(ITIL Service Strategy)
Der Prozess, der für die Definition und Anpassung der Perspektive, Position, Pläne und Muster einer Organisation bezüglich ihrer Services und des Managements dieser Services verantwortlich ist. Sobald die Strategie definiert wurde, ist das Strategy Management for IT Services auch dafür verantwortlich sicherzustellen, dass die angestrebten Geschäftsergebnisse erreicht werden.

Stilllegen (retire)
(ITIL Service Transition)
Die dauerhafte Entfernung eines IT Service oder eines anderen Configuration Item aus der Live-Umgebung. Das Stilllegen ist bei vielen Configuration Items Bestandteil des Lebenszyklus.

Stückkosten (unit cost)
(ITIL Service Strategy)
Die Kosten, die für den IT Service Provider durch die Bereitstellung einer einzelnen Komponente eines IT Service entstehen. Zum Beispiel die Kosten für einen einzelnen Desktop-PC oder eine einzelne Transaktion.

Super-User
(ITIL Service Operation)
Ein Anwender, der anderen Anwendern hilft und sie bei der Kommunikation mit dem Service Desk oder anderen Bereichen des IT Service Providers unterstützt. Super-User sind häufig Experten für die Geschäftsprozesse, die durch einen IT Service unterstützt werden, und liefern in der Regel Unterstützung bei kleineren Incidents oder bei Schulungen.

Supplier
(ITIL Service Design)
(ITIL Service Strategy)

Eine Drittpartei, die für die Bereitstellung von Waren oder Services verantwortlich ist, die für die Erbringung von IT Services benötigt werden. Zu den Suppliern zählen u. a. Hardware- und Softwareanbieter, Netzwerk- und Telekommunikationsanbieter oder Outsourcing-Organisationen. Siehe Supply Chain; Underpinning Contract.

Supplier and Contract Management Information System (SCMIS)
(ITIL Service Design)
Eine Kombination von Tools, Daten und Informationen, die zur Unterstützung des Supplier Management genutzt werden. Siehe Service Knowledge Management System.

Supplier Management
(ITIL Service Design)
Der Prozess, der verantwortlich dafür ist, sicherzustellen, dass Supplier ein positives Kosten-Nutzen-Verhältnis liefern, dass alle Verträge mit Suppliern die Anforderungen des Business unterstützen und alle Supplier ihre vertraglichen Verpflichtungen erfüllen. Siehe Supplier and Contract Management Information System.

Supply Chain (Lieferkette)
(ITIL Service Strategy)
Die von Suppliern innerhalb einer Wertschöpfungskette ausgeführten Aktivitäten. An einer Supply Chain sind in der Regel mehrere Supplier beteiligt, von denen jeder zur Wertsteigerung eines bestimmten Produkts oder Service beiträgt. Siehe Wertschöpfungsnetzwerk.

Support-Gruppe (support group)
(ITIL Service Operation)
Eine Gruppe von Personen mit technischen Fachkenntnissen. Support-Gruppen stellen den Technical Support bereit, der von allen IT Service Management Prozessen benötigt wird. Siehe Technical Management.

Support-Stunden (support hours)
(ITIL Service Design)
(ITIL Service Operation)
Die Zeiten, zu denen der Support den Anwendern zur Verfügung steht. In der Regel bezieht sich dies auf die Zeiten, in denen der Service Desk erreichbar ist. Support-Stunden sollten in einem Service Level Agreement definiert werden. Sie können von den Servicestunden abweichen. Beispielsweise

könnten sich die Servicestunden über 24 Stunden pro Tag, Support-Stunden hingegen auf die Zeit zwischen 07:00 und 19:00 Uhr erstrecken.

SWOT-Analyse
(ITIL Continual Service Improvement)
Technik, die die internen Stärken und Schwächen einer Organisation und die externen Gelegenheiten und Bedrohungen, die die Organisation nutzen kann bzw. zu bewältigen hat, überprüft und analysiert. SWOT steht für „Strengths" (Stärken), „Weaknesses" (Schwächen), „Opportunities" (Chancen) und „Threats" (Bedrohungen).

System
Elemente, die zusammenwirken, um ein bestimmtes Ziel zu erreichen. Beispiel:

- ein Computersystem einschließlich Hardware, Software und Anwendungen
- ein Management-System einschließlich des Frameworks aus Richtlinie, Prozessen, Funktionen, Standards, Leitlinien, Hilfsmitteln und Tools, die gemeinsam geplant und gemanagt werden, wie zum Beispiel ein Quality Management System
- ein Datenbank-Management-System oder Betriebssystem mit zahlreichen Softwaremodulen, die zur Ausführung bestimmter zusammenhängender Funktionen vorgesehen sind.

System Management
Der Bereich des IT Service Management, bei dem nicht das Management von Prozessen, sondern das Management der IT-Infrastruktur im Vordergrund steht.

T

Taktisch (tactical)
Die mittlere der drei Planungs- und Bereitstellungsebenen (strategisch, taktisch, operativ). Zu den taktischen Aktivitäten zählen die mittelfristigen Pläne, die zum Erreichen bestimmter Ziele, in der Regel innerhalb mehrerer Wochen oder Monate, erforderlich sind.

Tätigkeitsbeschreibung (job description)
Ein Dokument, das die für eine einzelne Person erforderlichen Rollen, Verantwortlichkeiten, Fähigkeiten und das Wissen beschreibt. Eine Tätigkeitsbeschreibung kann mehrere Rollen

beinhalten. Beispielsweise die Rolle des Configuration Managers und Change Managers kann von ein und derselben Person besetzt werden.

Technical Management
(ITIL Service Operation)
Die Funktion, die für die Bereitstellung von technischem Fachwissen zur Unterstützung von IT Services und für das Management der IT-Infrastruktur verantwortlich ist. Das Technical Management definiert die Rollen von Support-Gruppen sowie die erforderlichen Tools, Prozesse und Verfahren.

Technical Observation (Technische Überwachung, TO)
(ITIL Continual Service Improvement)
(ITIL Service Operation)
Eine Technik, die bei der Serviceverbesserung, der Problemuntersuchung und dem Availability Management verwendet wird. Dabei treffen sich Mitarbeiter des Technical Support, um das Verhalten und die Performance eines IT Service zu überwachen und Verbesserungsvorschläge einzubringen.

Technical Support
Siehe Technical Management.

Terms of Reference (Aufgabenstellung, TOR)
(ITIL Service Design)
Ein Dokument, in dem die Anforderungen, der Umfang, die Ergebnisse, die Ressourcen und der Zeitplan für ein Projekt oder eine Aktivität festgelegt sind.

Test
(ITIL Service Transition)
Eine Aktivität, mit der überprüft wird, ob ein Configuration Item, IT Service, Prozess usw. den Spezifikationen oder vereinbarten Anforderungen entspricht. Siehe Service Validation and Testing; Abnahme.

Testumgebung (test environment)
(ITIL Service Transition)
Eine gesteuerte Umgebung, in der Configuration Items, Releases, IT Services, Prozesse usw. getestet werden.

Third-Level Support (third-line support)
(ITIL Service Operation)
Die dritte Ebene in einer Hierarchie von Support-Gruppen, die mit der Lösung von Incidents und der Untersuchung von Problemen befasst sind. Mit

jeder Ebene sind mehr Know-how und Fertigkeiten von Experten vorhanden bzw. mehr Zeit oder weitere Ressourcen verfügbar.

Tolerierter Datenverlust aufgrund von Ausfällen (Recovery Point Objective, RPO)
(ITIL Service Design)
(ITIL Service Operation)
Die maximale Menge an Daten, die bei der Wiederherstellung eines Service nach einer Unterbrechung verloren gehen darf. Der RPO wird als Zeitspanne vor dem Ausfall ausgedrückt. Ein RPO von einem Tag kann beispielsweise durch tägliche Backups unterstützt werden, so dass maximal Datenmengen aus dem Zeitraum von 24 Stunden verloren gehen können. RPOs sollten für jeden IT Service verhandelt, vereinbart, dokumentiert und anschließend als Anforderungen für das Service Design und IT Service Continuity Pläne verwendet werden.

Total Cost of Ownership (TCO)
(ITIL Service Strategy)
Eine Methodik, die beim Treffen von Investitionsentscheidungen verwendet wird. TCO beurteilt nicht nur die Anfangskosten oder den Kaufpreis, sondern die gesamten Lebenszykluskosten, die durch das Eigentum an einem bestimmten Configuration Item entstehen. Siehe Total Cost of Utilization.

Total Cost of Utilization (TCU)
(ITIL Service Strategy)
Eine Methodik, die beim Treffen von Investitions- und Service Sourcing Entscheidungen verwendet wird. TCU beurteilt die gesamten Lebenszykluskosten, die für den Kunden durch die Verwendung eines IT Service entstehen. Siehe Total Cost of Ownership.

Total Quality Management (TQM)
(ITIL Continual Service Improvement)
Eine Methodik für das Management kontinuierlicher Verbesserungen mithilfe eines Quality Management Systems. TQM etabliert eine Kultur, bei der alle Personen innerhalb einer Organisation in den Prozess kontinuierlicher Monitoring- und Verbesserungsaktivitäten eingebunden sind.

Transaktion (transaction)
Eine eigenständige Funktion,

die von einem IT Service ausgeführt wird. Zum Beispiel die Überweisung von Zahlungen von einem Bankkonto auf ein anderes. Eine einzelne Transaktion kann ein vielfaches Hinzufügen, Löschen und Modifizieren von Daten beinhalten. Wenn nur eine dieser Aktionen fehlschlägt, kann die gesamte Transaktion nicht ausgeführt werden.

Transferkosten (transfer cost)
(ITIL Service Strategy)
Eine Kostenart, die Ausgaben erfasst, die im Namen eines anderen Teils der Organisation getätigt werden. Beispielsweise könnte der IT Service Provider für einen externen Berater zahlen, der durch die Finanzabteilung eingesetzt wird und die Kosten dafür transferieren. Der IT Service Provider würde dies als Transferkosten erfassen.

Transition (Überführung)
(ITIL Service Transition)
Eine Zustandsänderung, die mit dem Übergang eines IT Service oder eines anderen Configuration Item von einem Lebenszyklusstatus in den nächsten einhergeht.

Transition Planning and Support
(ITIL Service Transition)
Der Prozess, der für die Planung aller Service Transition Prozesse und die Koordinierung der hierfür benötigten Ressourcen verantwortlich ist.

Trendanalyse (trend analysis)
(ITIL Continual Service Improvement)
Die Analyse von Daten, um bestimmte zeitabhängige Muster zu identifizieren. Die Trendanalyse wird beim Problem Management dazu verwendet, häufige Ausfälle oder anfällige Configuration Items zu identifizieren. Beim Capacity Management dient sie als Modelling-Werkzeug, mit dem zukünftiges Verhalten prognostiziert werden soll. Sie wird auch als Management-Werkzeug zur Identifizierung von Mängeln bei IT Service Management Prozessen verwendet.

Tuning
Die Aktivität, mit der Änderungen geplant werden, um die zur Verfügung stehenden Ressourcen so effizient wie möglich zu nutzen. Tuning wird im Allgemeinen im Kontext von IT Services und Komponenten

eingesetzt. Das Tuning ist Teil des Capacity Management, das zudem das Performance-Monitoring sowie die Implementierung der erforderlichen Änderungen beinhaltet. Tuning wird auch Optimierung genannt, insbesondere im Kontext von Prozessen und nicht-technischen Ressourcen.

Typ I Service Provider
(ITIL Service Strategy)
Ein interner Service Provider, der Teil eines Geschäftsbereichs ist. Innerhalb einer Organisation können mehrere Typ I Service Provider vorhanden sein.

Typ II Service Provider
(ITIL Service Strategy)
Ein interner Service Provider, der gemeinsam genutzte (Shared) IT Services für mehr als einen Geschäftsbereich bereitstellt. Typ II Service Provider werden auch Shared Service Provider genannt.

Typ III Service Provider
(ITIL Service Strategy)
Ein Service Provider, der IT Services für externe Kunden bereitstellt.

U

Umfang (scope)
Das Ausmaß oder der Rahmen, innerhalb dessen ein Prozess, ein Verfahren, eine Zertifizierung, ein Vertrag etc. Gültigkeit hat. Der Umfang des Change Management kann beispielsweise alle Live IT Services und die damit verbundenen Configuration Items umfassen. Der Umfang eines Zertifikats nach ISO/IEC 20000 kann alle IT Services beinhalten, die von einem bestimmten Rechenzentrum bereitgestellt werden.

Umgebung (environment)
(ITIL Service Transition)
Ein Teil der IT-Infrastruktur, der für einen bestimmten Zweck eingesetzt wird. Beispiele dafür sind: Live-Umgebung, Testumgebung, Build-Umgebung. Wird auch im Begriff „physische Umgebung" als Bezeichnung für Räumlichkeiten, Klimaanlage, Stromversorgungssystem etc. verwendet. Umgebung bezeichnet darüber hinaus allgemein die äußeren Bedingungen mit Einfluss oder Auswirkungen auf etwas.

Underpinning Contract (Vertrag mit Drittparteien, UC)
(ITIL Service Design)

Ein Vertrag zwischen einem IT Service Provider und einer Drittpartei. Die Drittpartei stellt Waren oder Services zur Verfügung, die die Bereitstellung eines IT Service für einen Kunden unterstützen. Der Underpinning Contract definiert Ziele und Verantwortlichkeiten, um die in einem oder mehreren Service Level Agreements vereinbarten Service Level Ziele zu erreichen.

Unterstützender Service (supporting service)
(ITIL Service Design)
Ein IT Service, der nicht direkt durch das Business genutzt wird, jedoch für den IT Service Provider benötigt wird, um einen Kunden-gerichteten Service bereitzustellen (z. B. ein Directory Service oder ein Backup Service). Unterstützende Services können auch Services sein, die nur durch den IT Service Provider genutzt werden. Alle unterstützenden Services, die Live sind inklusive derer die für das Deployment bereitstehen, werden im Servicekatalog zusammen mit Informationen über ihre Beziehungen zu Kunden-gerichteten Services und anderen CI's erfasst.

Unternehmensfinanzmanagement (enterprise financial management)
(ITIL Service Strategy)
Die Funktion und Prozesse, die für das Management der Anforderungen an die Budgetplanung, Kostenrechnung und Leistungsverrechnung einer Organisation insgesamt verantwortlich sind. Das Unternehmensfinanzmanagement wird manchmal als Unternehmensfinanzabteilung bezeichnet. Siehe Financial Management for IT Services.

Ursache (root cause)
(ITIL Service Operation)
Die zugrunde liegende oder ursprüngliche Ursache für einen Incident oder ein Problem.

Ursachenanalyse (Root Cause Analysis, RCA)
(ITIL Service Operation)
Eine Aktivität, die die Ursache eines Incident oder Problems identifiziert. Die Ursachenanalyse konzentriert sich in der Regel auf Ausfälle in der IT-Infrastruktur. Siehe Serviceausfallanalyse.

Use Case (Anwendungsfall) (als Methode oft unübersetzt)
(ITIL Service Design)

Eine Technik zur Definition erforderlicher Funktionalitäten und Ziele sowie für das Design von Tests. Use Cases definieren realistische Szenarios, in denen Interaktionen zwischen Anwendern und einem IT Service oder einem anderen System beschrieben werden.

Utility
(ITIL Service Strategy)
Die Funktionalität, die von einem Produkt oder Service angeboten wird, um einem bestimmten Bedürfnis gerecht zu werden. „Utility" wird häufig auch bezeichnet als „das, was ein Service tut", und kann genutzt werden, um zu bestimmen, ob ein Service in der Lage ist, die erforderlichen Ergebnisse zu liefern, oder anders, ob er zweckmäßig ist. Die Wertschöpfung eines IT Services entsteht aus der Kombination von Utility und Warranty. Siehe Service Validation and Testing.

V

Validation (Validierung)
(ITIL Service Transition)
Eine Aktivität, mit der sichergestellt wird, dass neue oder veränderte IT Services, Prozesse, Pläne oder andere Ergebnisse den Bedürfnissen des Business entsprechen. Die Validation stellt sicher, dass die Anforderungen des Business erfüllt werden, auch wenn sich diese seit dem ursprünglichen Design geändert haben. Siehe Abnahme; Qualifizierung; Service Validation and Testing; Verifizierung.

Variable Kosten (variable cost)
(ITIL Service Strategy)
Diese Kosten sind abhängig von der Häufigkeit der Nutzung eines Services, wie viele Produkte produziert werden, der Anzahl und Arten der Anwender sowie von anderen Faktoren abhängig, die nicht im Voraus festgelegt werden können.

Value on Investment (Investitionswert, VOI)
(ITIL Continual Service Improvement)
Eine Messgröße für den erwarteten Nutzen einer Investition. Beim VOI wird sowohl der finanzielle als auch der immaterielle Nutzen berücksichtigt. Siehe Return on Investment.

Verbundvorteil (economies of scope)
(ITIL Service Strategy)
Die Verringerung der einem IT

Service zugeordneten Kosten, indem ein vorhandenes Asset für einen zusätzlichen Zweck eingesetzt wird. Beispiel dafür ist die Bereitstellung eines neuen IT Service aus einer vorhandenen IT Infrastruktur. Siehe Skaleneffekt.

Vereinbarte Servicezeit (Agreed Service Time, AST)
(ITIL Service Design)
Ein Synonym für Servicestunden, das häufig in formalen Berechnungen der Verfügbarkeit verwendet wird. Siehe Ausfallzeit.

Vereinbarung (agreement)
Ein Dokument, das die formale Absprache zwischen zwei oder mehr Parteien beschreibt. Eine Vereinbarung ist nicht rechtlich bindend, sofern sie nicht Teil eines Vertrags ist. Siehe Service Level Agreement; Operational Level Agreement.

Verfahren (procedure)
Ein Dokument, in dem schrittweise die Durchführung einer Aktivität beschrieben ist. Verfahren werden als Teil von Prozessen definiert. Siehe Arbeitsanweisung.

Verfügbarkeit (availability)
(ITIL Service Design)
Fähigkeit eines Configuration Item oder IT Service, bei Bedarf die dafür vereinbarte Funktion auszuführen. Die Verfügbarkeit wird durch Aspekte in Bezug auf Zuverlässigkeit, Wartbarkeit, Servicefähigkeit, Performance und Sicherheit bestimmt. Die Verfügbarkeit wird in der Regel als Prozentwert ausgedrückt, der häufig basierend auf der vereinbarten Servicezeit und der Ausfallzeit berechnet wird. Gemäß der Best Practice wird die Verfügbarkeit mithilfe von Messgrößen aus dem Business-Ergebnis des IT Service berechnet.

Verifizierung (verification)
(ITIL Service Transition)
Eine Aktivität, mit der sichergestellt wird, dass neue oder veränderte IT Services, Prozesse, Pläne oder andere Ergebnisse vollständig, genau und zuverlässig sind und den jeweiligen Design-Spezifikationen entsprechen. Siehe Abnahme; Validation; Service Validation and Testing.

Verifizierung und Audit (verification and audit)
(ITIL Service Transition)
Die Aktivitäten, mit denen sichergestellt wird, dass die In-

formationen im Configuration Management System präzise sind und dass alle Configuration Items identifiziert und erfasst wurden. Die Verifizierung beinhaltet routinemäßige Prüfungen im Rahmen von anderen Prozessen. Zum Beispiel die Verifizierung der Seriennummer eines Desktop-PC's, wenn ein Anwender einen Incident meldet. Ein Audit ist eine periodisch durchgeführte, formale Prüfung.

Verrechnungseinheit (chargeable item)
(ITIL Service Strategy)
Ein Ergebnis eines IT Services, das zur Kalkulation der Abrechnung an Kunden genutzt wird (z. B. Anzahl der Transaktionen, Anzahl der Desktop PC's)

Version
(ITIL Service Transition)
Eine Version dient dazu, eine bestimmte Baseline eines Configuration Item zu identifizieren. Für Versionen wird in der Regel eine Namenskonvention verwendet, anhand derer die Abfolge oder das Datum jeder Baseline identifiziert werden kann. Beispiel: Version 3 der Lohnbuchhaltungs-Anwendung enthält überarbeitete Funktionen aus Version 2.

Vertrag (contract)
Eine rechtlich bindende Vereinbarung zwischen zwei oder mehr Parteien.

Vertraulichkeit (confidentiality)
(ITIL Service Design)
Ein Sicherheitsprinzip, das fordert, dass ausschließlich autorisierte Personen auf Daten zugreifen können.

Verwaltung des Anlagevermögens (fixed asset management)
(ITIL Service Transition)
Der Prozess, der für die Verfolgung und das Berichten der Werte und Besitzverhältnisse von Anlagegütern während ihres gesamten Lebenszyklus verantwortlich ist. Die Verwaltung des Anlagevermögens pflegt das Asset-Register und wird normalerweise eher durch das Business als durch die IT-Organisation durchgeführt. Die Verwaltung des Anlagevermögens wird in den ITIL Kernpublikationen nicht im Detail beschrieben.

Vision
Eine Vision beschreibt, in welche Richtung sich eine Organisation zukünftig weiterentwickeln

möchte. Sie wird vom oberen Management ausgearbeitet und wird zur Unterstützung der strategische Planung und der Beeinflussung der Kultur der Organisation genutzt. Siehe Mission.

Vital Business Function (Kritische Business-Funktion, VBF)
(ITIL Service Design)
Ein Teil eines Geschäftsprozesses, der für den Erfolg des Business entscheidend ist. Vital Business Functions sind wichtige Faktoren, die beim Business Continuity Management, IT Service Continuity Management und Availability Management berücksichtigt werden müssen.

W

Warm Standby
Siehe zügige Wiederherstellung.

Wartbarkeit (Maintainability)
(ITIL Service Design)
Ein Maß dafür, wie schnell und effektiv der normale Betrieb für ein Configuration Item oder einen IT Service nach einem Ausfall wiederhergestellt werden kann. Die Wartbarkeit wird häufig als MTRS gemessen und berichtet. Der Begriff „Wartbarkeit" wird auch im Zusammenhang mit der Entwicklung von Software oder IT Services verwendet, und bezeichnet dann die Fähigkeit, ob ein Change oder eine Reparatur einfach durchgeführt werden kann.

Warranty
(ITIL Service Strategy)
Die Zusicherung, dass ein Produkt oder Service den vereinbarten Anforderungen entspricht. Dies kann eine formale Vereinbarung sein wie ein Service Level Agreement oder ein Vertrag. Es kann aber auch eine Marketing Botschaft oder ein Markenimage sein. Warranty bezieht sich auf die Fähigkeit eines Services verfügbar zu sein, wenn er benötigt wird, die erforderliche Kapazität bereitzustellen und die erforderliche Zuverlässigkeit im Sinne der Kontinuität und Sicherheit zu bieten. „Warranty" wird häufig auch bezeichnet als „die Art und Weise, wie der Service bereitgestellt wird", und kann genutzt werden, um zu bestimmen, ob ein Service einsatzfähig ist. Die Wertschöpfung eines IT Services entsteht aus der Kombination von Utility und Warranty. Siehe Service Validation and Testing; Service Warranty.

Wertschöpfungskette (value chain)
(ITIL Service Strategy)
Eine Abfolge von Prozessen, mit denen Produkte oder Services erstellt werden, die für einen Kunden von Wert sind. Jeder Schritt dieser Abfolge baut auf den vorhergehenden auf und trägt zur Gesamtheit des Produkts oder Services bei. Siehe Wertschöpfungsnetzwerk.

Wertschöpfungsnetzwerk (value network)
(ITIL Service Strategy)
Eine komplexe Reihe von Beziehungen zwischen zwei oder mehreren Gruppen oder Organisationen. Werte werden durch den Austausch von Wissen, Informationen, Waren oder Services generiert. Siehe Partnerschaft; Wertschöpfungskette.

Wiederherstellen (restore)
(ITIL Service Operation)
Die Maßnahmen, mit denen ein IT Service den Anwendern im Anschluss an Reparatur und Instandsetzung nach einem Incident wieder zur Verfügung gestellt wird. Dies ist das wichtigste Ziel des Incident Management.

Wiederherstellung des Service (restoration of service)
Siehe Wiederherstellen.

Wiederherstellungsoption (recovery option)
(ITIL Service Design)
Eine Strategie, in der die Reaktion auf die Unterbrechung eines Service definiert wird. Häufig verwendete Strategien sind manueller Workaround, gegenseitige Vereinbarung, allmähliche Wiederherstellung, zügige Wiederherstellung, schnelle Wiederherstellung und sofortige Wiederherstellung. Wiederherstellungsoptionen können auf dedizierte Einrichtungen oder auf Einrichtungen von Drittparteien zurückgreifen, die von mehreren Business-Organisationen gemeinsam genutzt werden.

Workaround (Umgehungslösung)
(ITIL Service Operation)
Die Reduzierung oder Beseitigung der Auswirkungen von Incidents oder Problemen, für die noch keine vollständige Lösung verfügbar ist, z. B. durch den Neustart eines ausgefallenen Configuration Item. Workarounds für Probleme werden in Known Error Records dokumentiert. Workarounds für Incidents, die nicht über zugeordnete Problem Records verfügen, werden in Incident Records dokumentiert.

Wirtschaftlichkeit (cost effectiveness)
Ein Maß für das Gleichgewicht zwischen der Effektivität und den Kosten für einen Service, einen Prozess oder eine Aktivität. Bei einem wirtschaftlichen Prozess werden die Ziele unter Aufwendung minimaler Kosten erreicht. Siehe Key Performance Indicator; Return on Investment; Kosten-Nutzen-Verhältnis.

Z

Zertifizierung (certification)
Ausgabe eines Zertifikats, um die Konformität mit einem Standard zu bestätigen. Die Zertifizierung umfasst einen formalen Audit durch eine unabhängige akkreditierte Organisation. Der Begriff „Zertifizierung" bezeichnet darüber hinaus die Erlangung eines Zertifikats als Beleg dafür, dass eine Person eine bestimmte Qualifikation erreicht hat.

Ziel (objective)
Das von einem Prozess, einer Aktivität oder einer Organisation erwartete Ergebnis, das notwendig ist, um seinen/ihren Zweck zu erfüllen. Ziele werden in der Regel als messbare Elemente ausgedrückt. Der Begriff "Ziel" bezeichnet informell auch eine Anforderung.

Zügige Wiederherstellung (intermediate recovery)
(ITIL Service Design)
Eine Wiederherstellungsoption, die auch als „Warm Standby" bezeichnet wird. Bei der zügigen Wiederherstellung werden in der Regel bewegliche oder feste Anlagen eingesetzt, die über Computersysteme und Netzwerkkomponenten verfügen. Im Rahmen des IT Service Continuity Plans müssen die Hardware und Software konfiguriert und Daten wiederhergestellt werden. Die zügige Wiederherstellung benötigt typischerweise eine Wiederherstellungszeit von einem bis zu drei Tagen.

Zuverlässigkeit (reliability)
(ITIL Continual Service Improvement)
(ITIL Service Design)
Ein Richtwert, der wiedergibt, wie lange ein Configuration Item oder IT Service seine vereinbarte Funktion ohne Unterbrechung ausführen kann. Wird in der Regel als MTBF oder

MTBSI angegeben. Der Begriff „Zuverlässigkeit“ bezeichnet auch die Wahrscheinlichkeit, dass Prozesse, Funktionen etc. den gewünschten Output erzielen. Siehe Verfügbarkeit.

Zweckmäßig (fit for purpose)
(ITIL Service Strategy)
Die Fähigkeit, ein vereinbartes Maß an Utility zu liefern. Zweckmäßig wird auch genutzt, um informell einen Prozess, ein Configuration Item, einen IT Service etc. zu beschreiben, mit dem die zugehörigen Ziele oder Service Levels erreicht werden können. Zweckmäßigkeit benötigt geeignetes Design, geeignete Einführung, Steuerung und Wartung.

12

ABKÜRZUNGS-VERZEICHNIS

12. Abkürzungsverzeichnis der Service Management Fachbegriffe

ACD	Automatic Call Distribution (Automatische Anrufverteilung)
AM	Availability Management
AMIS	Availability Management Information System
ASP	Application Service Provider
AST	Vereinbarte Servicezeit (Agreed Service Time)
BCM	Business Continuity Management
BCP	Business Continuity Plan
BIA	Business-Auswirkungsanalyse (Business Impact Analysis)
BMP	Best Management Practice
BRM	Business Relationship Manager
BSI	British Standards Institution
CAB	Change Advisory Board
CAPEX	Investitionsausgaben (Capital Expenditure)
CCM	Component Capacity Management
CFIA	Component Failure Impact Analysis
CI	Configuration Item (Konfigurationselement)
CMDB	Configuration Management Database
CMIS	Capacity Management Information System
CMM	Capability Maturity Model
CMMI	Capability Maturity Model Integration
CMS	Configuration Management System
COBIT	Control OBjectives for Information and related Technology
COTS	Commercial off the Shelf
CSF	Kritischer Erfolgsfaktor (Critical Success Factor)
CSI	Continual Service Improvement
CTI	Computer Telefonie Integration
DIKW	Data-to-Information-to-Knowledge-to-Wisdom
DML	Definitive Media Library (Maßgebliche Medienbibliothek)
ECAB	Emergency Change Advisory Board

ELS	Early Life Support
eSCM-CL	eSourcing Capability Model for Client Organizations
eSCM-SP	eSourcing Capability Model for Service Providers
FTA	Fault Tree Analysis (Fehlerbaumanalyse)
IRR	Interne Zinsfuß-Methode (Internal Rate of Return)
ISG IT	IT Steering Group
ISM	Information Security Management
ISMS	Information Security Management System
ISO	International Organization for Standardization
ISP	Internet Service Provider
IT	Informationstechnologie
ITSCM	IT Service Continuity Management
ITSM	IT Service Management
IVR	Interaktive Spracherkennung (Interactive Voice Response)
KEDB	Known Error Datenbank
KPI	Key Performance Indicator
LOS	Servicelinie (Line of Service)
MIS	Management Informationssystem
M_o_R	Management of Risk
MTBF	Mean Time Between Failures (Durchschnittliche Zeit zwischen zwei Ausfällen)
MTBSI	Mean Time Between Service Incidents (Durchschnittliche Zeit zwischen zwei Service-Incidents)
MTRS	Mean Time to Restore Service (Durchschnittliche Zeit bis zur Wiederherstellung des Service)
MTTR	Mean Time to Repair (Durchschnittliche Zeit bis zur Reparatur)
NPV	Barwert-Methode (Net Present Value)
OLA	Operational Level Agreement (Vereinbarung auf Betriebsebene)
OPEX	Betriebsausgaben (Operational Expenditure)
PBA	Business-Aktivitätsmuster (Pattern of Business Activity)
PDCA	Plan-Do-Check-Act (Planen-Durchführen-Überprüfen-Handeln)

PFS	Voraussetzung für den Erfolg (Prerequisite for Success)
PIR	Post Implementation Review
PMBOK	Project Management Body of Knowledge
PMI	Project Management Institute
PMO	Projektmanagement Office
PRINCE2	PRojects IN Controlled Environments
PSO	Projected Service Outage (Voraussichtliche Serviceunterbrechung)
QA	Qualitätssicherung (Quality Assurance)
QMS	Quality Management System
RACI	Responsible (zuständig für die Durchführung), Accountable (letztlich verantwortlich), Consulted (muss/soll beteiligt werden, liefert Input), Informed (muss über den Fortschritt informiert werden)
RCA	Ursachenanalyse (Root Cause Analysis)
RFC	Request for Change
ROA	Return on Assets (Asset-Ertrag)
ROI	Return on Investment (Investitionsertrag)
RPO	Tolerierter Datenverlust aufgrund von Ausfällen (Recovery Point Objective)
RTO	Maximale Wiederherstellungszeit nach einem Ausfall (Recovery Time Objective)
SAC	Serviceabnahmekriterien (Service Acceptance Criteria)
SACM	Service Asset and Configuration Management
SAM	Software Asset Management
SCM	Service Capacity Management
SCMIS	Supplier and Contracts Management Information System
SDP	Service Design Package
SFA	Serviceausfallanalyse (Service Failure Analysis)
SIP	Serviceverbesserungsplan (Service Improvement Plan)
SKMS	Service Knowledge Management System
SLA	Service Level Agreement (Service Level Vereinbarung)

SLM	Service Level Management
SLP	Service Level Package
SLR	Service Level Anforderung (Service Level Requirement)
SMART	Spezifisch, Messbar, Erreichbar, Relevant, Termingebunden (Specific, Measurable, Achievable, Relevant, Time-bounded)
SMIS	Security Management Information System
SMO	Servicewartungsvorgabe (Service Maintenance Objective)
SoC	Separation of Concerns
SOP	*Standard Operating Procedure (Standardbetriebsablauf)*
SOR	Statement of Requirements (Anforderungserklärung)
SOX	Sarbanes-Oxley (US-amerikanisches Gesetz)
SPI	Service Provider Schnittstelle (Service Provider Interface)
SPM	Service Portfolio Management
SPOF	Single Point of Failure
TCO	Total Cost of Ownership
TCU	Total Cost of Utilization
TO	Technical Observation (Technische Überwachung)
TOR	Terms of Reference (Aufgabenstellung)
TQM	Total Quality Management
UC	Underpinning Contract (Vertrag mit Drittparteien)
UP	Anwenderprofil (User Profile)
VBF	Vital Business Function (Kritische Business-Funktion)
VOI	Value on Investment (Investitionswert)
WIP	In Arbeit (Work in Progress)

13

LITERATUR-VERZEICHNIS

13. Literaturverzeichnis

The Official Introduction to ITIL Service Lifecycle
ISBN-No. 9780113313099

Service Strategy.
ISBN-No. 9780113313044

Service Design.
ISBN-No. 9780113313051

Service Transition.
ISBN-No. 9780113313068

Service Operation.
ISBN-No. 9780113313075

Continual Service Improvement.
ISBN-No.9780113313082

Frameworks für das IT Management.
ISBN-No. 9789087530860

PRINCE2 - Erfolgreiche Projekte managen mit PRINCE2
ISBN-No. 9780113312146

ISO/IEC 20000 - Eine Einführung
ISBN-No. 9789087532888

Management of Risk: Guidance for Practitioners
ISBN-No. 9780113310388

IT Governance basierend auf COBIT
ISBN-No. 9789077212417

For Successful Risk Management: Think M_o_R
ISBN-No. 9780113310647

Managing Successful Programmes
ISBN-No. 9780113313273

14

INTERESSANTE WEBLINKS

14. Interessante Weblinks

SERVIEW GmbH
www.serview.de

SERVIEW bei Facebook
www.facebook.com/SERVIEW

SERVIEW bei XING
www.xing.com/companies/serview-vorsprungerleben

SERVIEW Best Management Practice Kongress
www.bmpk.de

SERVIEW CERTIFIEDTOOL
www.serview.de

AXELOS Limited
www.axelos.com

PEOPLECERT
www.peoplecert.org